“十四五”国家重点出版物出版规划项目

生态环境损害鉴定评估系列丛书　总主编　高振会

生态环境损害价值评估理论、方法与实务

主　编　张依然

副主编　高振会　刘子怡

参　编　唐小娟　高　蒙　李宁杰　李　奥
　　　　王朵铎　周　琳　马文涛　周思祺

主　审　舒俭民

山东大学出版社
SHANDONG UNIVERSITY PRESS
·济南·

内容简介

生态环境损害价值评估是一门新兴的综合性和应用型很强的交叉学科研究方向。本教材基于环境科学、生态学、经济学、法学等多学科的理论和方法，通过生态环境损害价值评估导论、评估原理、评估方法、案例实务四个模块，比较系统地构建了生态环境损害价值评估的理论和方法体系，同时介绍了环境污染、生态破坏、生物资源损害等多种损害情景下生态环境损害价值评估的具体应用实践。

本书可供生态环境损害科研院所研究人员参考使用，也可作为高等院校环境类相关专业本科生、研究生教材，还可作为生态环境损害司法鉴定人员资格考试培训教材。

图书在版编目(CIP)数据

生态环境损害价值评估理论、方法与实务 / 张依然主编. —济南：山东大学出版社，2024.10
（生态环境损害鉴定评估系列丛书 / 高振会总主编）
ISBN 978-7-5607-7749-8

Ⅰ. ①生… Ⅱ. ①张… Ⅲ. ①生态环境—环境污染—危害性—评估—教材 Ⅳ. ①X826

中国国家版本馆 CIP 数据核字(2023)第 002158 号

责任编辑 祝清亮
文案编辑 蒋新政
封面设计 王秋忆

生态环境损害价值评估理论、方法与实务
SHENGTAI HUANJING SUNHAI JIAZHI PINGGU LILUN,FANGFA YU SHIWU

出版发行 山东大学出版社
社　　址 山东省济南市山大南路 20 号
邮政编码 250100
发行热线 (0531)88363008
经　　销 新华书店
印　　刷 济南乾丰云印刷科技有限公司
规　　格 787 毫米×1092 毫米 1/16
　　　　 15.5 印张 310 千字
版　　次 2024 年 10 月第 1 版
印　　次 2024 年 10 月第 1 次印刷
定　　价 56.00 元

生态环境损害鉴定评估系列丛书
编委会

总　序

生态环境损害责任追究和赔偿制度是生态文明制度体系的重要组成部分，有关部门正在逐步建立和完善包括生态环境损害调查、鉴定评估、修复方案编制、修复效果评估等内容的生态环境损害鉴定评估政策体系、技术体系和标准体系。目前，国家已经出台了关于生态环境损害司法鉴定机构和司法鉴定人员的管理制度，颁布了一系列生态环境损害鉴定评估技术指南，为生态环境损害追责和赔偿制度的实施提供了快速定性和精准定量的技术指导，这也有利于促进我国生态环境损害司法鉴定评估工作的快速和高质量发展。

生态环境损害涉及污染环境、破坏生态造成大气、地表水、地下水、土壤、森林、海洋等环境要素和植物、动物、微生物等生物要素的不利改变，以及上述要素构成的生态系统功能退化。因此，生态环境损害司法鉴定评估涉及的知识结构和技术体系异常复杂，包括分析化学、地球化学、生物学、生态学、大气科学、环境毒理学、水文地质学、法律法规、健康风险以及社会经济等，呈现出典型的多学科交叉、融合特征。然而，我国生态环境司法鉴定评估体系建设总体处于起步阶段，在学科建设、知识体系构建、技术方法开发等方面尚不完善，人才队伍、研究条件相对薄弱，需要从基础理论研究、鉴定评估技术研发、高水平人才培养等方面持续发力，以满足生态环境损害司法鉴定科学、公正、高效的需求。

为适应国家生态环境损害司法鉴定评估工作对专业技术人员数量和质量的迫切需求，司法部生态环境损害司法鉴定理论研究与实践基地、山东大学生态环境损害鉴定研究院、中国环境科学学会环境损害鉴定评估专业委员会组织编写了生态环境损害鉴定评估系列丛书。本丛书共十二册，涵盖了污染物性质鉴定、地表水与沉积物环境损害鉴定、空气污染环境损害鉴定、土壤与地下水环境损害鉴定、海洋环境损害鉴定、生态系统环境损害鉴定、其他环境损害鉴定及相关法律法规等，内容丰富，知识系统全面，理论与实践相结合，可供环境法医学、环境科学与工程、生态学、法学等相关专业研究人员及学生使用，也可作为环境损害司法鉴定人、环境损害司法鉴定管理者、环境资源政府主管部门相关人员、公检法工作人员、律师、保险从业人员等人员继续教育的培训教材。

鉴于编者水平有限，书中难免有不当之处，敬请批评指正。

2023年12月

前 言

随着我国进入工业化、城镇化快速发展阶段，生态环境污染事件越来越多，重大环境污染事故也频频发生，环境保护工作正面临着前所未有的压力和挑战。党的十八大以来，以习近平同志为核心的党中央高度重视生态文明建设，将保护生态环境提升到前所未有的国家战略高度，生态环境损害赔偿制度改革成效明显。2020年颁布的《中华人民共和国民法典》，标志着生态环境损害赔偿制度的正式确立。生态环境损害赔偿逐步走上快速、正规发展轨道。近几年来，环境损害赔偿诉讼案件大量增加。据不完全统计，近三年已达10 000余件。根据最高人民法院对近年来环境污染致损案件的统计结果，我国环境损害赔偿案件立案数量以年均25%的速度增长。2020年，全国法院依法妥善审理各类环境资源刑事、民事、行政诉讼案件及公益诉讼案件、生态环境损害赔偿诉讼案件25.3万件。根据生态环境部统计结果，自2018年全国试行生态环境损害赔偿制度以来，截至2022年1月，各地共办理生态环境损害赔偿案件9 800多件，涉及金额超过100亿元。

生态环境损害价值评估是一个新兴的综合性和应用性很强的交叉学科研究方向，是生态环境损害鉴定评估工作的重要环节，是生态环境损害赔偿及司法裁决的关键依据。环境污染、生态破坏等生态环境损害行为会对人身、财产等私人利益造成损害，亦会对生态环境本身造成损害。对私人的侵权损害，可以量化为民事主体人身、财产的实际损失。但是，对生态环境公共利益的损害却难以直接量化。不法企业在沙漠排污，造成的生态环境损害价值如何鉴定？不法人员盗伐森林，造成的森林生态系统损害如何追责？森林、草原、湿地、荒漠等生态系统损害的经济价值如何评估？评估时究竟以什么为标准？这些都需要通过对生态环境损害价值评估理论、方法研究以及对生态环境损害案例的价值评估实践不断进行探索。

本书共分为5章。第1章为生态环境损害价值评估导论，重点介绍了国内外生态环境损害鉴定及价值评估的产生与发展，我国生态环境损害价值评估相关概念以及生态环境损害价值评估的目的与原则，评估主体和客体，评估内容和方法，评估程序等；第2章主要介绍生态环境损害价值评估原理，由环境经济学及其基本理论、生态环境损害价值评估的理论基础和生态环境损害价值评估方法体系组成；第3章至第5章为生态环境损害价值评估方法及应用案例，详细介绍了环境污染、生态破坏、生物资源损害三类生态环境损害情景下各自适用的损害价值评估方法，同时提供了相应的应用案例供参考。

本书由张依然担任主编，具体分工如下：第1章由张依然、唐小娟编写，第2章由刘子怡、王朵铎、周琳、马文涛、周思祺编写，第3章由高振会、刘子怡、唐小娟编写，第4章由张依然、李宁杰编写，第5章由张依然、高蒙编写。张依然、高振会、李奥负责全书的统稿工作，李宁杰负责校对工作。

在本书编写过程中，中国环境科学研究院舒俭民研究员、中国科学院大学资源与环境学院张元勋教授、吉林大学新能源与环境学院段海燕教授、东南大学经济管理学院陈志斌教授、中南财经政法大学张琦教授等提出了许多宝贵的意见，同时，山东大学生态环境损害鉴定研究院全体师生也给予了大力支持和帮助，在此向他们一并表示感谢。此外，还要特别感谢山东省生态环境厅、司法部生态环境损害司法鉴定理论研究与实践基地、中国环境科学学会环境损害鉴定评估专业委员会、中国环境科学学会生态遥感监测与评估专业委员会等对本书的大力支持。

由于编者水平有限，加上时间仓促，本书难免存在不妥和疏漏之处，恳请各位读者批评指正，以便我们在以后的修订中进一步完善。同时，我们期待与相关研究领域专业人士一起，共同探讨这一新兴的交叉学科研究方向的发展。

编 者

2023 年 11 月

目　录

第1章　生态环境损害价值评估导论

随着我国生态环境损害赔偿制度和环境公益诉讼制度的相继建立，我国生态环境损害鉴定评估工作得到较快发展，各地因生态环境损害引起的侵权赔偿纠纷案件不断增多。生态环境损害价值评估作为一门应用性很强的新兴交叉学科研究方向，是生态环境损害鉴定评估工作的重要环节，是生态环境损害赔偿及司法裁决的关键依据，已经成为环境司法审判领域的热点和难点。本章主要介绍国内外环境法医学、生态环境损害鉴定评估的起源，生态环境损害价值评估的产生与发展，生态环境损害价值评估的概念框架以及生态环境损害价值评估的目的和原则、主体和客体、内容和方法及评估程序等基础要素。

1.1　生态环境损害价值评估的产生与发展

生态环境损害价值评估，是指服务于生态环境损害鉴定评估，应用经济学评估方法，以货币形式量化特定时点生态环境损害数额的活动。在我国，生态环境损害价值评估得以快速发展，是由于生态环境损害赔偿、环境公益诉讼等快速发展的迫切需求。与此同时，生态环境损害价值评估理论、评估技术的不断发展，为开展生态环境损害价值评估提供了多种途径和方法，生态环境损害价值评估的准确性不断提高。该领域的实务案例快速增加，评估需求逐步得到满足。

1.1.1　生态环境损害价值评估的产生

1.1.1.1　环境法医学学科的起源

生态环境损害价值评估是环境法医学学科的一个重要的研究方向，因此，其产生可以追溯到环境法医学这一新兴交叉学科的诞生。

环境法医学(Environmental Forensics)是为满足法律、环境污染调查需求而发展起来的一门涉及化学、环境科学、生态学、法学、经济学和医学等多学科的前沿学科。通常所说的法医鉴定是指人对人的攻击造成人体伤害,为了赔偿和追责,通过医学方法进行科学鉴定,对伤残程度进行等级确定。而环境法医学是指人类活动对生态环境造成影响和破坏后,将生态环境拟人化,通过对生态环境的受损和影响程度进行科学检测、鉴定、评估,最终找出肇事者,并对生态环境的损坏程度做出判定,对损坏的价值数额及修复所花费的费用给出科学结论,为赔偿和追责提供科学依据。

1990 年,美国环境保护专家罗伯特·马礼逊(Robert Morrison)首次提出环境法医学的学科概念。之后他出版的《环境法医学概论》是世界上第一本对该学科进行深入探讨研究的著作。2000 年,《环境法医学》杂志创刊,其主题涉及大气、水体、土壤和生物圈等环境介质下污染问题的各个方面。2002 年,国际环境法医学会在美国马萨诸塞州成立。2003 年,英国威尔士大学在全球率先设置环境法医学相关专业课程。目前,美国佛罗里达大学、英国克兰菲尔德大学、瑞典厄勒布鲁大学等多所大学设置了相应的专业或者课程。环境法医学发展至今已经有 30 年的历史,其研究范围也从最初的石油烃化学指纹鉴定,扩展到广泛的污染事件调查和溯源。

环境法医学在国外已形成一套相对成熟的体系,而在我国,相关研究起步较晚。2008 年,国际环境法医学学术年会在青岛召开。2015 年,中国环境科学学会环境损害鉴定评估专业委员会成立,这是由与环境损害鉴定有关的多家单位组成的全国性学术团体,涵盖了我国生态环境损害鉴定评估行业各领域的权威专家,拥有包括多位院士与国际知名外籍专家在内的顾问团队。2021 年 1 月,山东大学在国内首次自主增设“环境法医学”交叉学科,并设立了环境法医学硕士、博士培养点。环境法医学是建立在跨学科理论基础上的交叉学科,涉及化学、环境科学、生态学、法学、经济学和医学等多个学科领域,并以生态环境损害鉴定、评估、赔偿和修复为研究内容,共设置污染物分析与溯源技术、生态环境变化与风险、生态环境损害与人群健康效应、生态环境损害价值、生态环境损害司法鉴定政策法规和技术标准五个研究方向。

1.1.1.2 生态环境损害鉴定评估行业的兴起

生态环境损害价值评估是生态环境损害鉴定评估的一个重要环节,因此其产生还要追溯到生态环境损害鉴定评估这一行业的兴起。

国外生态环境损害鉴定评估的行业需求起源于 20 世纪 80 年代中期美国和欧共体的保险诉讼。针对为污染提供保险的保单(尤其是英国保险公司),保险公司需要鉴定污染事件是否属于“突然和意外释放”的保险索赔范畴。此后,美国的律师开始尝试聘请环境顾问(主要是化学家和地质学家),帮助鉴定污染物排放是否为突发事件的问题。1989年3月突发的“埃克森·瓦尔迪兹”号油轮漏油事故,导致阿拉斯加州威廉王子湾约267 000桶共3.8万吨原油泄漏。鉴于事故经济损失达数十亿美元且技术难点多,大量专家参与了关键环节的鉴定,如辨识海底自然渗漏、鉴定漂移到威廉王子湾的焦油球和其他有记录的石油碳氢化合物的排放等。该事件是到那时为止专家参与人数最多的海上漏油事件。之后,人们逐渐认识到专业技术及专家团队在环境污染事件鉴定中的重要性,环境损害鉴定评估行业也正式兴起。随着越来越多的环境污染事件开始聘请专业技术人员或机构进行生态环境损害鉴定评估,该行业评估范围也从最开始的溢油鉴定和溯源,逐渐扩展到广泛的污染事件调查和溯源。

我国的生态环境损害鉴定评估行业是我国生态文明建设、生态文明体制改革重大战略的产物。随着我国进入工业化、城镇化快速发展阶段,发达国家二三百年出现的环境问题在我国已集中显现,生态环境污染事例越来越多,重大环境污染事故也频频发生,环境保护工作正面临着前所未有的压力和挑战。党的十八大以来,以习近平总书记为核心的党中央高度重视生态文明建设,将生态环境损害赔偿制度改革作为生态文明体制改革的一项重要任务,保护生态环境被提升到前所未有的国家战略高度。然而,我国生态环境损害鉴定评估机制的缺失,在一定程度上影响了“环境有价、损害担责”的有效落实,与我国面临的生态环境形势及对环境保护工作的要求不相适应。2005年2月28日第十届全国人民代表大会常务委员会第十四次会议通过的《全国人民代表大会常务委员会关于司法鉴定管理问题的决定》提出司法鉴定统一管理后,在法医、物证和声像资料三大传统司法鉴定外,环境损害司法鉴定作为第一项三类外的鉴定类别,正式有管理规定出台。2011年,原环境保护部专门组建团队,启动环境损害鉴定评估研究与实践工作,并适时开展试点工作。2015年,环境损害司法鉴定被纳入统一登记管理范围,这是我国环境损害司法鉴定制度化、规范化、科学化发展的重要标志。2015年,《中共中央、国务院关于加快推进生态文明建设的意见》提出“建立独立公正的生态环境损害评估制度”。2017年,中共中央办公厅、国务院办公厅印发了《生态环境损害赔偿制度改革方案》(中办发〔2017〕68号),明确规定“国家建立健全统一的生态环境损害鉴定评估技术标准体系”。此后,随着我国环境损害鉴定评估制度的建立和不断完善,生态环境损害赔偿及诉讼案件大量增加。相关的评估机构及技术人员为各类生态环境损害案件提供的专业的第三方鉴定评估服务有效支撑了我国环境管理、司法审判等相关工作,切实维护了人民群众的环境权益。

1.1.2 国外生态环境损害价值评估的发展经验

1.1.2.1 美国经验

美国是第一个建立完备的环境损害鉴定评估制度的国家,在环境损害鉴定评估方面的法律制度也相对完善。虽然其国家性质与立法体系与我国并不相同,但是在环境损害鉴定评估制度方面的一些先进技术和制度经验等很多方面都值得我国借鉴学习。

(1)美国环境损害鉴定评估主体

首先是美国国家环保局,其具有独立领导权,因此在对环境损害的评估与赔偿上有足够的能力保持中立而免受干涉。美国国家环保局负责告知损害或潜在损害、与受托人协商损害鉴定评估计划、鼓励受托人与责任方就损害评估问题进行协商等。

美国自然资源受托人是环境损害鉴定评估主要主体之一,通常为美联邦各大部门、州政府以及印第安人事务局。受托人接受委托并对受托范围内的自然资源进行管理,以及在自然资源环境遭受污染损害或可能存在损害时开展鉴定评估及索赔工作,主要职责是在案件中进行损害鉴定评估以及关于被损害资源环境的修复。此外,受托人还可以就损害赔偿相关事宜向污染者实施起诉权,要求责任方自行评估或对环境进行恢复及承担相关费用。

(2)美国环境损害鉴定评估依据

美国联邦宪法将有关生态环境保护及损害鉴定的精神贯彻于政府权力以及公民权利之中。对环境保护及损害鉴定的具体要求常见于环境保护基本法,如 1969 年美国国会通过了《国家环境政策法》,并制定了各个领域的环境保护法律。其中《综合环境应对、补偿及义务法》规定,任何有害物质的排污者都要为其损害行为承担责任;《石油污染法》规定,对水体或毗连区域泄漏石油的主体有赔偿的义务;《联邦水污染控制法》对《石油污染法》中没有规定的航道的石油或有害物质污染责任进行了规定;《国家公园系统资源保护法》规定了对国家公园实施资源破坏的任何主体的法律责任;《海洋保护、研究和保护区法》规定了在规划的海洋保护区内损害自然资源的法律责任。这些法律授予相关部门制定环境损害鉴定评估制度的权力,并为损害量化提供了技术根据。

(3)美国环境损害鉴定评估方法

美国在自然资源损害鉴定评估方法上主要有两大规则:第一个是出自《清洁水法》和《综合环境应对、补偿及义务法》的美国内政部(United States Department of the Interior,DOI)于 1994 年发布的评估导则(简称 DOI 规则)。该导则主要作为《清洁水法》因石油及其他危险物质泄漏污染致环境损害的鉴定评估的依据标准,并用经济方法对自然资源的使用价值进行评估与鉴定。第二个是出自《石油污染法》的美国国家海洋和大气管理局(National Oceanic and Atmospheric Administration，NOAA)制定的石油污染造成自然资源损害评估规则(简称 NOAA 规则)，其主要应用是作为石油泄漏导致的海洋水体及生物受损害的鉴定评估依据标准，其中的恢复费用是责任方赔偿依据。这两种规则都以自然资源"基线"作为环境污染损害量化的参考标准，且都关注环境损害的"期间损失"。规则中各类环境污染事件都有统一规定的具体的损害鉴定评估依据标准，有利于环境损害鉴定评估及后期修复和赔偿等相关工作的顺利进行。

此外，美国内政部下属的土地管理局、国家公园管理局、鱼类和野生动物管理局依据自然资源损害评估法规，分别针对土壤和国家公园自然资源损害以及自然资源损害的价值量化制定了相关的技术导则。美国商务部下属的国家海洋和大气管理局针对石油泄漏制定了自然资源损害评估行政法规，并依据该法规制定了相关的技术导则。可见，上述自然资源损害评估技术方法主要针对危险废物泄漏导致的地表水和土壤环境损害、石油污染导致的海洋生态系统损害以及污染排放导致的国家公园生态系统损害提出了损害评估框架，从方法上更偏重恢复方案的制定，不能满足我国损害类型多样、污染与生态破坏行为并重的现实需求。我国需要构建适应本国国情的生态环境损害鉴定评估技术标准体系。

(4)美国环境损害鉴定评估特点

在诉讼对象上，在以生态损害为诉讼内容的案例中，政府和普通公众之间形成了原告和被告的关系。这些案例大都体现出环境保护相关法律重视生态保护和公民健康，鼓励公众参与以及政府积极作为。但美国现行立法对公民诉讼主体有适格条件的限制，并非任何自然人或者环境保护组织都有相应的起诉权。特殊的规定仅见于《石油污染法》。该法赋予了自然人部分的诉权，即依据该法，自然人可以起诉联邦官员，要求法院限令该官员依照石油污染法实施法律、履行职责。

在评估过程中，《综合环境应对、补偿及义务法》将环境损害评估分为预评估期、评估计划期、评估期、后评估期四个评估阶段；《石油污染法》将环境损害鉴定评估工作分为预评估期、恢复计划期、恢复实施期三个阶段。预期评估的规定，不仅能够及时对受损害自然资源环境进行有效评估，而且通过对不需要进行评估的案件进行过滤，能够有效提高评估效率、节约社会资源。此外，美国生态损害的赔偿范围比较广泛，包括生态损害评估和修复费用、拆迁费用、对生态环境本身的减损所应作的赔偿、研究发展费、管理费等多方面，力图通过制度保障尽可能地进行生态恢复和生态重建。

1.1.2.2　欧盟经验

欧盟在环境损害鉴定评估制度上的规定与美国有很多相似之处。例如，欧盟也规定了环境污染报告义务、分阶段的环境污染损害鉴定评估模式等。但欧盟的组织形式决定了其法律体系的国际性，不同的渊源和层次类型法律之间相互衔接、紧扣，保障了环境损害后评估工作的顺利、公正进行。

(1)欧盟环境损害鉴定评估主体

欧盟发布的《关于预防和补救环境损害的环境责任指令》(简称 ELD 指令)授权各成员国根据国内法进行独立设立和规定，即在环境损害鉴定评估主体、机构设置和运行方式的规定上，各成员国有权在不与联盟条约相违背的情形下根据本国具体情况结合国内法进行规定。因此，欧盟有关环境损害鉴定评估的主体由各成员国自行确定，同样在鉴定工作的进行、鉴定机构的建立以及鉴定办法和技术规范方面也给予各成员国很大的自主权。

(2)欧盟环境损害鉴定评估依据

欧盟环境损害鉴定评估依据主要有通用于各成员国间的条约、用于解决成员国间法律适用冲突且优先于成员国法律的条例、责令特定成员国限期为所负义务而立法的指令以及非强制性的软法。这使各国环境污染损害鉴定评估工作既能统一于成员国间的条例，也能够充分结合成员国内具体情况。

2000 年前，欧盟有关环境损害的鉴定评估主要以人为本，注重人身健康以及财产安全，如《环境责任绿皮书》《关于危害环境的活动造成损害的民事责任公约》中的相关规定；而在 2000 年后，欧盟各成员国大都侧重于自然污染和人为污染所造成的自然资源损害以及生态环境损害。2004 年，《关于预防和补救环境损害的环境责任指令》的出台在欧盟各成员国中发挥了富有成效的表率作用，各国以此为基础陆续颁布了符合各国国情的与生态环境损害相关的法律法规。其中，意大利制定的环境损害评估的相关法案也是来源于欧盟的整体框架，并在 2006 年将其变成基本法律(No.152/2006)，将规范、程序、准则等运用到实际中开展评估。

(3)欧盟环境损害鉴定评估方法

在评估方法上，欧盟关于环境损害的评估方法被统一规定在《关于预防和补救环境损害的环境责任指令》中。该指令为所有成员国进行环境损害评估必须遵循的法律框架。欧盟使用的评估方法主要有价值等价分析法、资源等价分析法和生态等价分析法。在进行环境损害鉴定评估时，要根据实际情况选择不同的评估方法，借以估算出各个备选的治理和修复方案的成本费用，最后从中选择出治理、复原效果最好，经济成本最低的方案计划。治理和复原方案制定之后，应适期进行监督管理，并撰写检测报告，将其列为方案的组成部分，并划入审查和监督的范围。

此外，欧盟基本沿用了美国自然资源损害评估(Natural Resource Damage Assessment,

NRDA)技术框架。《关于预防和补救环境损害的环境责任指令》推荐在评估环境损害和选择适合恢复项目时采用资源等值法、服务等值法或价值等值法,并创建了 REMEDE (Resource Equivalency Methods for Assessing Environmental Damage in the EU)工具包。该工具包包括初始评估、确定和量化损害、确定和量化增益、确定补偿性恢复措施的规模、监测和报告五个步骤。

(4)欧盟环境损害鉴定评估特点

在评估过程中,欧盟将环境损害评估程序分为五个阶段:初始评估、确定和量化损害、确定和量化增益、确定补偿性恢复措施的规模、监测和报告。该过程要求对发生的生态破坏和环境污染事故进行详细描述,确立、评估已发生或者将要发生的环境污染的类型、性质、程度、范围(包括时间和空间两个维度)以及生态环境所受到的不利影响;在此基础上,选择合适的评估方法,并对受损的自然资源进行损害评估,确定基本修复的方法以及修复的程度;制订具体的生态环境治理、生态破坏及环境污染修复计划,通过实地调研和收集受损区域的相关数据资料初步确定生态破坏及环境污染的损害程度及范围,在此基础上拟订更为具体的备选方案,并进一步评估每种具备可行性的治理和恢复办法的增益情况。

在立法模式上,如果关注的是因环境污染导致的人身损害和财产损害的赔偿问题,则立法的重点应是民事赔偿责任;如果关注的是环境本身受到污染所产生的生态和自然的损失,则立法的重点应是行政责任。而欧盟立法从民事责任过渡到行政责任,并非调整方式的转变,而是调整方式的深化。在环境损害的民事责任领域,各国原有的民法或侵权法实际上都不足以解决重大疑难的环境侵权案件以及保护环境污染受害当事人的利益。因此在一般侵权法之外要制定单独的环境损害赔偿法,这也是当时德国、丹麦、瑞典等国的现实情况。而当环境污染中环境本身的损害成为重点时,采用更有效的行政法自然就成为国家的首选。这种公私法互补的模式值得我们学习。

1.1.2.3 日本经验

经过多年的实践,日本在环境损害鉴定评估制度方面的发展已比较完善。但不同于美国、欧盟的环境损害,日本将生态破坏和环境污染及其造成的损失统称为公害。经过长期的探索,日本建立起一套独特的公害救济制度。在“四大公害”污染事件的实践背景下,日本在环境损害鉴定评估及污染治理方面的法律规定极具实践性和可操作性。因此日本的成功经验对我国环境损害鉴定评估制度的完善极具借鉴价值。

(1)日本环境损害鉴定评估主体

日本环境损害鉴定评估的主体机制主要来源于治理公害事件的实践。中央和地方分层级的主体负责制度是日本在环境损害鉴定评估工作实践中形成的主要工作方式。其中，由环境省负责环境损害鉴定评估相关工作，其他省配合其工作，它们组成中央层面的负责主体；而各类环境损害鉴定评估机构成为地方各级政府进行环境损害鉴定评估工作的地方层面的负责主体；除此之外，还有由卫生健康专家组成的审查委员会来对相关公害疾病进行认定。

(2)日本环境损害鉴定评估依据

1898年施行的《日本民法典》规定，因故意或过失侵害他人权利的人，负因此而产生损害的赔偿责任。日本的环境损害鉴定评估便充分体现了该原则。1967年颁布的《公害对策基本法》，针对各类环境污染问题总结了公害防治对策基本条款，明确了防治公害的主体职责；1968年制定、1973年修订的《公害健康被害补偿法》建立了因环境公害造成健康损失的补偿制度，列出了认定和费用负担的标准；1970年颁布的《公害纠纷处理法》，对公害纠纷处理的程序、方式和方法等做出了明确的规定，并在实际的处理过程中以调解磋商赔付方式为主；1972年修改的《大气污染防治法》和《水质污染防治法》，规定污染者即使没有过错也应对其造成的任何损害承担民事责任。此外，在《行政诉讼法》《公害健康受害补偿法》《行政不服审查法》等诸多法律法规中都有关于公害健康损害赔偿的行政给付制度的规定；20世纪90年代以后，随着《日本环境基本法》以及一系列防止公害的技术和法规的颁布，日本环境损害评估的相关制度开始逐渐完善。此外，日本还制定了《公害防止事业费企事业者负担法》，运用政府和社会资本合作办法来解决累积性的公害问题并加以规定。

(3)日本环境损害鉴定评估方法

在评估方法上，日本运用中央和地方相结合的办法，以中央为基础。地方采用发展的环境损害鉴定评估准则，根据具体的情况制定环境损害与赔偿认定方法。在如何确定公众健康程度的问题上，日本制定的“暴露期限、指定地区、指定疾病”的标准具体性极强，所以在认定公害健康的问题上被广泛应用并推广。此外，还有针对新潟水俣病的损害赔偿请求方式(“一律请求”方式)，熊本水俣病诉讼中的“包括请求”方式，四日市哮喘病诉讼中以平均工资为基础算定遗失利益的新方法等。

(4)日本环境损害鉴定评估特点

在环境损害鉴定评估的目标上，因为“四大公害”污染事件对日本国民的伤害主要体现在身体健康的损害和赖以生存的生活环境的摧毁方面，所以与其他国家相比，日本政府承担了更多的救济与修复责任，并将环境污染损害的救济重点放在了人身救济与生活环境的修复上。经过多年的努力，日本已经建立了一套针对水俣病、SO_2污染区以及会导致疾病和健康损害的因素的公害行政救济机制，用于损害鉴定评估和赔偿。

在评估过程中，日本公害健康损害的认定程序分为以下四步：第一步，先由医生诊断受害者情况；第二步，各委员会采用诉讼外的纠纷解决方法对受害者的相关证明材料进行书面审查；第三步，确定审查结果；第四步，指定政府相关工作人员将认定意见通知申请人。

在制度建设上，公害健康损害赔偿的行政给付制度是日本的特色制度。其主要针对普通民众难以通过民事诉讼获得赔偿和医疗保障这一现象，通过对潜在的可能造成环境损害的企业收取排污费，再通过公共行政机关的简易措施来判断企业的行为是否属于“公害病”，一旦判断为“公害病”就立刻展开行动。

1.1.3　我国生态环境损害价值评估的发展及现状

1.1.3.1　制度与法规

我国的环境损害鉴定评估制度始于20世纪80年代，是伴随着环境保护的相关立法中环境损害赔偿制度的确立而产生的。例如：1987年《中华人民共和国民法通则》初步规定了环境污染损害中民事责任的承担内容；1989年《中华人民共和国环境保护法》对该内容进行补充，规定单位也可以成为环境污染受损的请求主体；1999年《中华人民共和国海洋环境保护法》(修订)增加了关于第三者责任的相关规定；2004年《中华人民共和国野生动物保护法》确定了环境污染致野生动物查处补偿办法；2008年《中华人民共和国水污染防治法》明确了水污染受害当事人的请求排除危险、赔偿损失的权利；2010年《中华人民共和国侵权责任法》规定了环境致害的侵权责任；2011年《环境污染损害数额计算推荐方法(第Ⅰ版)》(环发〔2011〕60号)开始启动对环境损害鉴定评估工作的尝试。

2011年之后，我国的生态环境损害鉴定评估制度逐步形成并不断完善。2013年党的十八届三中全会提出，要建立生态环境损害赔偿制度；2014年通过的《中华人民共和国环境保护法》和《环境损害鉴定评估推荐方法(第Ⅱ版)》(环办〔2014〕90号)，初步形成了生态环境损害赔偿制度；2015年中共中央办公厅、国务院办公厅印发了《生态环境损害赔偿制度改革试点方案》(中办发〔2015〕57号)，标志着生态环境损害鉴定评估赔偿制度在司法实践中推行；2017年通过的《生态环境损害赔偿制度改革方案》(中办发〔2017〕68号)，指出要建立生态环境损害评估标准体系；2019年发布的《最高人民法院关于审理生态环境损害赔偿案件的若干规定(试行)》(法释〔2019〕8号)，进一步完善了生态环境损害评估标准体系；同年，司法部编著的、北京大学出版社出版的《生态环境损害鉴定评估法律法规与标准汇编》，是我国目前生态环境损害鉴定评估制度最全面的参考依据；2020年《中华人民共和国民法典》通过，将生态环境损害赔偿和修复制度以法典化形式确立。尽管多部法律法规、行政规范性文件、司法解释中都有生态环境损害鉴定评估的相关内容(见表 1-1)，但内容分散杂乱、碎片化情况较为严重，缺乏体系化建设，且现行法律法规中没有针对生态环境损害价值评估而设定的特定条款，关于生态环境损害价值评估的内容较多地体现在技术标准规范中。

表 1-1 我国生态环境损害鉴定评估法律及司法解释规定情况

法律和司法解释		原则性规定	管理主体规定	对机构、人员的规定	行为规范	监督管理
法律	《中华人民共和国环境保护法》	第 32、47 条	第 32 条			
	《中华人民共和国突发事件应对法》	第 57 条				
	《中华人民共和国刑法》					第 305 条
	《中华人民共和国民事诉讼法》	第 79 条			第 80、81 条	第 81 条
	《中华人民共和国刑事诉讼法》	第 146 条			第 147 条第 1 款	第 147 条第 2 款
	《中华人民共和国行政诉讼法》	第 33 条				
	《中华人民共和国森林法》	第 68 条				
	《中华人民共和国土壤污染防治法》	第 97 条				
	《中华人民共和国固体废物污染环境防治法》	第 121、122 条				
	《中华人民共和国民法典》	第 1234、1235 条				
司法解释	《全国人民代表大会常务委员会关于司法鉴定管理问题的决定》(2015 年修正)	第 1 条	第 2、3、7、13、14、15、16 条	第 4、5、6、8 条	第 8、9、10、11、12 条	第 13 条
	《关于办理环境污染刑事案件适用法律若干问题的解释》(法释〔2023〕7 号)		第 13 条			
	《关于实施刑事诉讼法若干问题的规定》(2012 年发布)				第 29 条	

续表

法律和司法解释		原则性规定	管理主体规定	对机构、人员的规定	行为规范	监督管理
司法解释	《最高人民法院关于适用〈中华人民共和国民事诉讼法〉的解释》(法释〔2022〕11号)				第227条	
	《最高人民法院关于民事诉讼证据的若干规定》(法释〔2019〕19号)			第27条	第27、59、60、61条	
	《最高人民法院关于审理环境民事公益诉讼案件适用法律若干问题的解释》(法释〔2020〕20号)	第10条				
	《最高人民法院关于审理生态环境损害赔偿案件的若干规定(试行)》(法释〔2020〕17号)	第10条		第10条		

1.1.3.2　技术标准

中国的环境损害价值评估研究工作开展得较晚且理论基础相对薄弱。2007年,原国家海洋局颁布的《海洋溢油生态损害评估技术导则》(HY/T 095—2007)是中国第一个生态环境损害评估的技术文件,该文件对海洋生态直接损失、生境修复、生物种群恢复等损害评估规定了具体的费用计算方法;2011年,原环境保护部出台了《关于开展环境污染损害鉴定评估工作的若干意见》(环发〔2011〕60号)和《环境污染损害数额计算推荐方法(第Ⅰ版)》(环发〔2011〕60号),开始逐步探索和构建有关环境污染损害鉴定评估的基本制度和框架,其中针对污染修复费用的计算规定了虚拟治理成本法和修复费用法;2014年,司法部制定的《农业环境污染事故司法鉴定经济损失估算实施规范》(SF/Z JD0601001—2014)规定了农业环境污染事故引起的农产品、农业环境及其他财产损失的估算方法;同年,原环境保护部颁布了《环境损害鉴定评估推荐方法(第Ⅱ版)》(环办〔2014〕90号),该方法以专门条款的形式对生态环境损害价值评估原则、方法等予以明确规定;原环境保护部印发的《突发环境事件应急处置阶段环境损害评估推荐方法》(环办〔2014〕118号)规范了针对发生突然的环境污染事件时,所要采取的评估程序和价值评估方法;2017年实施的《海洋生态损害评估技术导

则 第1部分:总则》(GB/T 34546.1—2017)中规定了海洋生态环境遭到污染时,所要采取的损害评估方法;2016—2020年,原环境保护部印发了《生态环境损害鉴定评估技术指南 总纲》(环办政法〔2016〕67号)、《生态环境损害鉴定评估技术指南 损害调查》(环办政法〔2016〕67号)、《生态环境损害鉴定评估技术指南 土壤与地下水》(环办法规〔2018〕46号)、《生态环境损害鉴定评估技术指南 地表水与沉积物》(环办法规函〔2020〕290号)等指导性技术文件,进一步规范了生态环境损害价值评估方法和技术要求。

2020年12月,生态环境部和国家市场监督管理总局在原有生态环境损害鉴定评估相关技术文件的基础上,联合发布了《生态环境损害鉴定评估技术指南 总纲和关键环节 第1部分:总纲》(GB/T 39791.1—2020)、《生态环境损害鉴定评估技术指南 总纲和关键环节 第2部分:损害调查》(GB/T 39791.2—2020)、《生态环境损害鉴定评估技术指南 环境要素 第1部分:土壤和地下水》(GB/T 39792.1—2020)、《生态环境损害鉴定评估技术指南 环境要素 第2部分:地表水和沉积物》(GB/T 39792.2—2020)、《生态环境损害鉴定评估技术指南 基础方法 第1部分:大气污染虚拟治理成本法》(GB/T 39793.1—2020)、《生态环境损害鉴定评估技术指南 基础方法 第2部分:水污染虚拟治理成本法》(GB/T 39793.2—2020)六项国家标准,并替代原有的技术文件。相关国家标准的发布标志着中国生态环境损害鉴定评估技术标准体系的初步建立,为规范生态环境损害鉴定评估工作、确定损害价值评估方法等方面提供了有力的技术支撑。

1.1.3.3 评估机构

我国的环境损害鉴定评估机构逐渐规范化,2011年,《环境保护部关于开展环境污染损害鉴定评估工作的若干意见》(环发〔2011〕60号)第一次提出设立环境污染损害鉴定评估机构的相关试点工作;2014年,原环境保护部发布《环境损害鉴定评估推荐机构名录(第一批)》(环办〔2014〕3号),推荐了我国第一批环境损害鉴定评估机构,2016年发布了《环境损害鉴定评估推荐机构名录(第二批)》(环办政法〔2016〕10号);同年,原环境保护部颁布了《关于成立环境保护部环境损害鉴定评估专家委员会的通知》(环办政法函〔2016〕1311号),并与司法部联合发布了《司法部环境保护部关于印发〈环境损害司法鉴定机构登记评审办法〉〈环境损害司法鉴定机构登记评审专家库管理办法〉的通知》(司发通〔2016〕101号),规定了社会鉴定机构的登记评审办法;2018年,司法部和生态环境部联合印发了《环境损害司法鉴定机构登记评审细则》(司发通〔2018〕54号),将鉴定类别分为七类,并针对各类污染物的鉴定提出了对从业人员的专业要求及能力具体要求。截至2021年年底,我国15个省份的环境损害司法鉴定机构数量显著增加,全国拥有环境损害司法鉴定机构220家、鉴定人3 800余名(分别见图1-1和图1-2)。

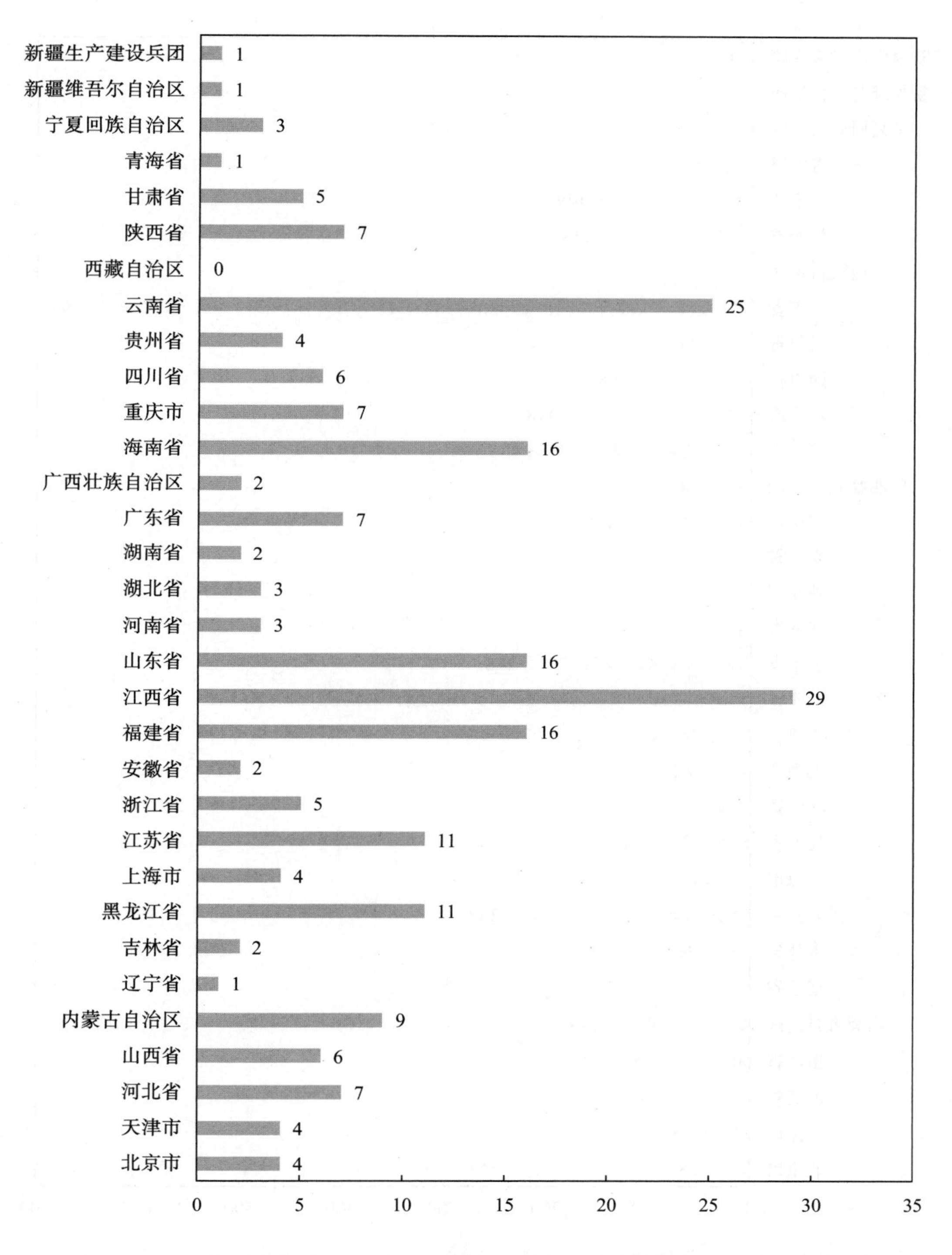

图 1-1　2021 年我国各省、自治区、直辖市及新疆生产建设兵团环境损害司法鉴定机构数量

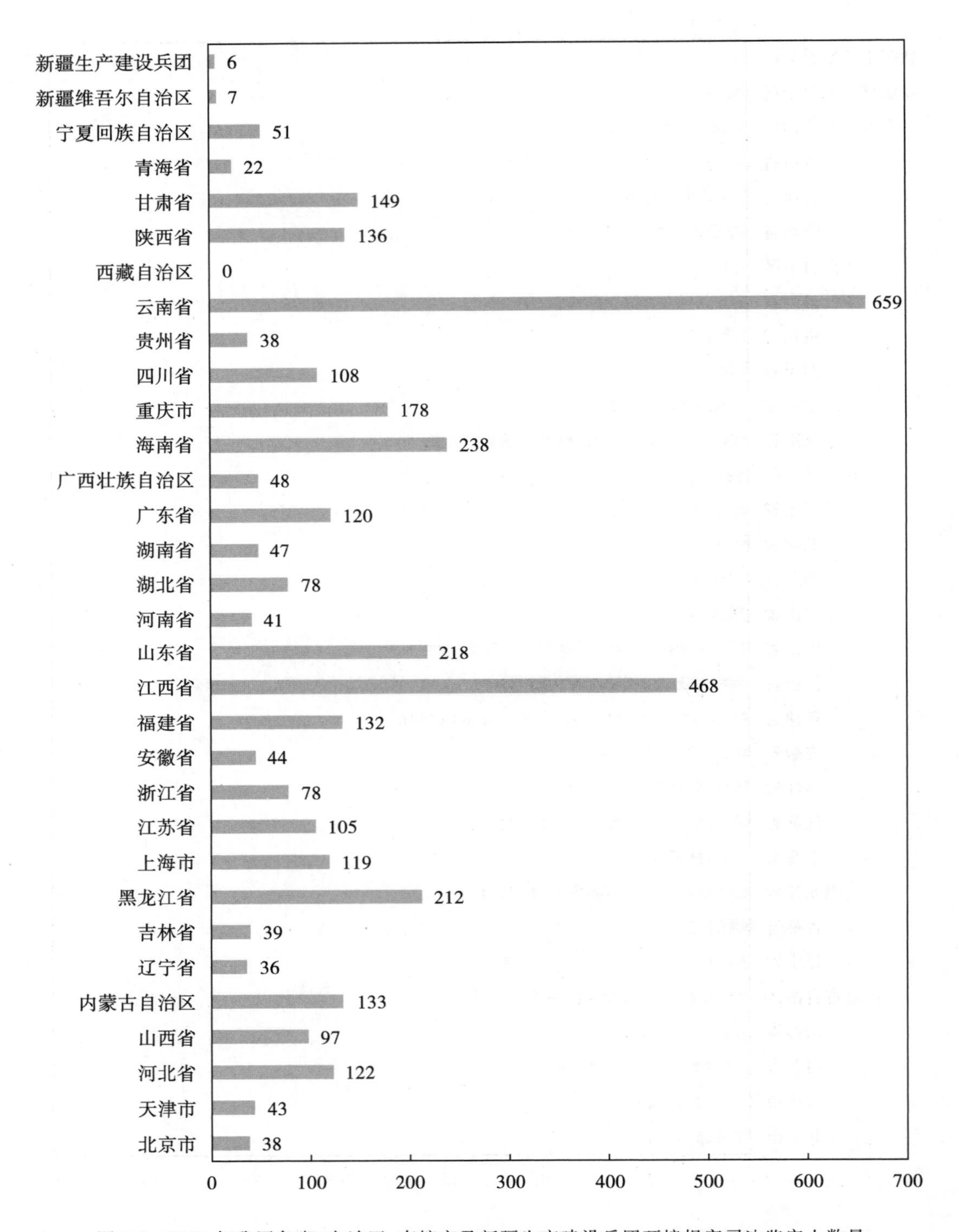

图 1-2 2021 年我国各省、自治区、直辖市及新疆生产建设兵团环境损害司法鉴定人数量

1.2　生态环境损害价值评估概念框架

1.2.1　生态环境损害基本概念

1.2.1.1　生态环境

生态环境是“生态”和“环境”两个名词的组合。1865年，勒特合并两个拉丁词 λóros（其意为研究）和 oikos（其意为房屋或住所）构成生态学（Ökologie）一词。1866年，德国生物学家恩斯特·海克尔提出生态学的概念。他认为生态学是研究动物与植物之间、动植物及环境之间相互影响的一门学科。环境总是相对于某一中心事物而言的。人类社会以自我为中心，认为环境可以理解为人类生活的外在载体或围绕着人类的外部世界，即人类赖以生存和发展的物质条件的综合体。《中华人民共和国环境保护法》第一章第二条从法学角度对环境下了定义：“本法所称环境，是指影响人类生存和发展的各种天然的和经过人工改造的自然因素的总体，包括大气、水、海洋、土地、矿藏、森林、草原、湿地、野生生物、自然遗迹、人文遗迹、自然保护区、风景名胜区、城市和乡村等。”

可以看出，生态与环境既有区别又有联系。生态偏重于生物与其周边环境的相互关系，更多地体现出系统性、整体性、关联性；而环境更强调以人类生存发展为中心的外部因素，更多地体现为人类社会的生产和生活提供的广泛空间、充裕资源和必要条件。

基于生态环境损害的核心要义，本书倾向于将生态环境定义为影响人类生存和发展的各种自然要素、生态系统及其服务功能的总和，包括大气、水、土壤、动物、植物、微生物等环境要素和生物资源以及它们构成的森林、湿地、草地、城市、海洋等生态系统及其供给服务、调节服务、文化服务等生态系统服务功能。

1.2.1.2　生态环境损害

(1)生态环境损害基本概念

美国内政部将“损害”定义为：直接或间接暴露于溢油或有害物质释放及其反应产物，导致自然资源化学、物理性质或活性长期的或短期的可测量的负面的变化。美国国家海洋和大气管理局对自然资源损害的定义与美国内政部的定义基本一致。欧盟将环境损害明确界定为：对受保护物种和自然栖息地的损害、对水和土地的损害，其中对受保护物种和自然栖息地的损害是指任何对达到或者维持这些物种或栖息地的良好保育状况有重大不利影响的损害;对水的损害是指任何对有关水的生态、化学和(或)数量状况,以及(或)2000/60/EC(水框架指令)定义的生态潜能,造成重大不利影响的损害;对土地的损害是指由于直接或间接向土地内、土地表层或土地深层引入物质、药品、生物体或微生物体而造成的任何土地污染,并且该土地污染产生了使人类健康蒙受不利影响的重大风险。

我国生态环境损害的概念随着生态环境损害鉴定评估制度的发展而不断地演变。《环境污染损害数额计算推荐方法(第Ⅰ版)》(环发〔2011〕60 号)、《环境损害鉴定评估推荐方法(第Ⅱ版)》(环办〔2014〕90 号)、《生态环境损害赔偿制度改革方案》(中办发〔2017〕68 号)、《生态环境损害鉴定评估技术指南　总纲和关键环节　第 1 部分:总纲》(GB/T 39791.1—2020)、《生态环境损害赔偿管理规定》(环法规〔2022〕31 号)等先后对环境污染损害、环境损害和生态环境损害的内涵进行了界定(见表 1-2)。

表 1-2　相关文件中与生态环境损害相关的概念及定义

序号	相关文件	关于生态环境损害的概念	具体定义
1	《环境污染损害数额计算推荐方法(第Ⅰ版)》(环发〔2011〕60 号)	环境污染损害	环境污染损害指环境污染事故和事件造成的各类损害,包括环境污染行为直接造成的区域生态环境功能和自然资源破坏、人身伤亡和财产损毁及其减少的实际价值,也包括为防止污染扩大、污染修复和(或)修复受损生态环境而采取的必要的、合理的措施而发生的费用,在正常情况下可以获得利益的丧失,污染环境部分或完全修复前生态环境服务功能的期间损害
2	《环境损害鉴定评估推荐方法(第Ⅱ版)》(环办〔2014〕90 号)	环境损害	环境损害指因污染环境或破坏生态行为导致人体健康、财产价值或生态环境及其生态系统服务的可观察的或可测量的不利改变
3	《环境损害鉴定评估推荐方法(第Ⅱ版)》(环办〔2014〕90 号)	生态环境损害	生态环境损害指由于污染环境或破坏生态行为直接或间接地导致生态环境的物理、化学或生物特性的可观察的或可测量的不利改变,以及提供生态系统服务能力的破坏或损伤
4	《生态环境损害赔偿制度改革方案》(中办发〔2017〕68 号)	生态环境损害	生态环境损害指因污染环境、破坏生态造成大气、地表水、地下水、土壤、森林等环境要素和植物、动物、微生物等生物要素的不利改变,以及上述要素构成的生态系统功能退化

续表

序号	相关文件	关于生态环境损害的概念	具体定义
5	《生态环境损害鉴定评估技术指南 总纲和关键环节 第1部分:总纲》(GB/T 39791.1—2020)	生态环境损害	生态环境损害指因污染环境、破坏生态造成环境空气、地表水、沉积物、土壤、地下水、海水等环境要素和植物、动物、微生物等生物要素的不利改变,及上述要素构成的生态系统的功能退化和服务减少
6	《生态环境损害赔偿管理规定》(环法规〔2022〕31号)	生态环境损害	生态环境损害指因污染环境、破坏生态造成大气、地表水、地下水、土壤等环境要素和植物、动物、微生物等生物要素的不利改变,以及上述要素构成的生态系统功能退化

《环境损害鉴定评估推荐方法(第Ⅱ版)》(环办〔2014〕90号)较早地提出了"生态环境损害"的概念,将其定义为"由于污染环境或破坏生态行为直接或间接地导致生态环境的物理、化学或生物特性的可观察的或可测量的不利改变,以及提供生态系统服务能力的破坏或损伤"。此定义主要参考了美国自然资源损害评估相关法规中对自然资源损害的定义,强调了损害的可观察和可测量的特征。

随着我国生态环境损害赔偿制度改革试点工作的进行及在全国的推广,《生态环境损害赔偿制度改革试点方案》(中办发〔2015〕57号)和《生态环境损害赔偿制度改革方案》(中办发〔2017〕68号)进一步完善了生态环境损害的概念,将其定义为"因污染环境、破坏生态造成大气、地表水、地下水、土壤、森林等环境要素和植物、动物、微生物等生物要素的不利改变,以及上述要素构成的生态系统功能退化"。《生态环境损害鉴定评估技术指南 总纲和关键环节 第1部分:总纲》(GB/T 39791.1—2020)对生态环境损害的定义进一步完善,将其定义为"因污染环境、破坏生态造成环境空气、地表水、沉积物、土壤、地下水、海水等环境要素和植物、动物、微生物等生物要素的不利改变,及上述要素构成的生态系统的功能退化和服务减少"。与之前的定义相比,该标准主要做出两点修订:第一,环境要素包括环境空气、地表水、沉积物、土壤、地下水、海水,将"大气"修订为更加规范的"环境空气",增加了沉积物和海水两类环境要素;第二,将"上述要素构成的生态系统功能的退化"修订为"上述要素构成的生态系统的功能退化和服务减少"。这项修订旨在强调对生态服务功能存量破坏和服务流量减少都要进行评估。

2022年4月28日,生态环境部、最高检察院等11个相关部门共14家单位印发的

《生态环境损害赔偿管理规定》(环法规〔2022〕31号)中,将生态环境损害定义为"因污染环境、破坏生态造成大气、地表水、地下水、土壤等环境要素和植物、动物、微生物等生物要素的不利改变以及上述要素构成的生态系统功能退化"。这是目前业界最为公认的关于生态环境损害的概念。

(2)生态环境损害基本构成

生态环境损害包括基本损害、期间损害和永久损害。其中,基本损害、期间损害为可恢复的生态环境损害,而永久损害为不可恢复的生态环境损害。

基本损害指因污染环境、破坏生态、自然资源损害导致生态环境的物理、化学和生物性质发生不利改变,以及由此导致的功能丧失或退化,其恢复的目标是生态环境本身的性质、结构和功能等。对基本损害的补救措施对应生态环境恢复中的基本恢复——生态环境物理、化学、生物性质和支持功能的恢复。

期间损害是自生态环境损害发生到恢复至基线期间,生态系统服务功能的丧失或减少,其恢复的目标是补偿生态环境损害发生期间的服务丧失。对期间损害的恢复对应生态环境恢复中的补偿性恢复。美国《综合环境反应、补偿及义务法》《石油污染法》都对期间损害做了定义。欧盟《关于预防和补救环境损害的环境责任指令》中沿用了美国法律中关于期间损害的概念,即期间损害指基本和补偿性恢复生效前,被破坏的自然资源和(或)服务不能发挥生态功能或为其他自然资源或公众提供服务而造成的损失。这里需要强调的是,期间损害是生态系统服务功能的实物量的丧失或减少,其计算方法在《生态环境损害鉴定评估技术指南 总纲和关键环节 第1部分:总纲》(GB/T 39791.1—2020)中做了规定。该方法以受损生态为整体对生态服务功能实物量进行评估,根据计算得出的受损服务或资源数量制定补偿性恢复方案。

永久损害即不可恢复的生态环境损害,是指"受损生态环境及其生态服务功能难以恢复,其向人类或其他生态系统提供服务的能力完全丧失",是期间损害的一种。欧美法律中并没有永久损害的定义。为了便于人们理解"不可恢复的生态环境损害",《生态环境损害赔偿制度改革方案》(中办发〔2017〕68号)首次提出生态环境损害的赔偿范围包括"生态环境功能永久性损害造成的损失",《中华人民共和国民法典》第一千二百三十四条沿用了这一规定。永久损害既可以通过补偿性恢复的方式予以恢复,也可以通过价值量化的方式进行损害数额计算。

(3)与生态环境损害相关的概念辨析

与生态环境损害有关的概念主要有"环境侵权""环境侵害"和"环境损害"。通常情况下,"环境侵权"是指行为人污染或者破坏环境造成他人合法权益遭受侵害后应当承担法律责任的一种侵权行为。《中华人民共和国民法典》出台以前，部分学者认为《中华人民共和国民法通则》《中华人民共和国侵权责任法》和《中华人民共和国环境保护法》（环法规〔2022〕31号）等法律法规中关于“环境侵权”只偏重规定了“环境污染”，将环境侵权限定为人身、财产权利的侵害，而忽略了对生态环境的保护。事实上，这种观念随着法律的调整和司法实践而有所改变。

当前环境侵权的概念有广义和狭义之分。狭义的环境侵权即普通的环境侵权，是指因行为人活动，致使生态环境和自然资源遭受破坏或污染而侵害他人人身、财产权益，依法应当承担民事责任的一种侵权行为。2009年出台的《中华人民共和国侵权责任法》第六十五条规定：“因污染环境造成损害的，污染者应当承担侵权责任。”该法结合最高人民法院关于审理环境侵权责任纠纷案件的司法解释等，建立起了普通环境侵权制度，成为我国追究行为人环境污染责任，保护公民人身、财产权益的主要实体法依据。当时的环境侵权责任多侧重于保护公民人身、财产等环境私益，对于如何救济生态环境本身遭受的损害关注度不够。广义的环境侵权除包含损害环境私益以外，还包含侵犯环境公益的概念。环境公益诉讼和生态环境损害赔偿诉讼的兴起，促使人们达成基本共识：环境污染行为不仅会对公民的人身、财产权益造成损害，同时也会对生态环境本身造成一定的负面影响，这种负面状态的存续，必然会最终影响到该区域人类的生活质量和生命健康水平。2014年之后，《中华人民共和国环境保护法》《中华人民共和国民事诉讼法》《中华人民共和国行政诉讼法》《生态环境损害赔偿管理规定》（环法规〔2022〕31号）等法律法规、政策文件增设了环境公益诉讼和生态环境损害赔偿制度，目的是维护环境公共利益。《中华人民共和国民法典》第七编“侵权责任”第七章“环境污染和生态破坏责任”更是对现有规范环境侵权行为的规定进行了条文增补和体系扩充。与之前的《中华人民共和国侵权责任法》相比，《中华人民共和国民法典》有两点变化：一是章节名称从“环境污染责任”变更为“环境污染和生态破坏责任”，“生态破坏责任”的添加在逻辑上更为周延，不仅包括污染环境的行为，也涵盖了滥用生态资源、破坏生态的行为，意味着对自然环境所承载的公共利益的维护；二是确定“私益＋公益”的两种侵权认定模式。第一千二百二十九条、第一千二百三十条主要适用于环境私益侵权。第一千二百三十四条、第一千二百三十五条规定了环境污染、生态破坏行为的归责原则、请求权主体、修复方式等内容，从维护环境公益角度确立规范内容。第一千二百三十一条、第一千二百三十二条、第一千二百三十三条则可共同适用于环境私益侵权和环境公益侵权。《中华人民共和国民法典》实质上将环境侵权范畴体系进行了类型划分，即分为侵害公民人身、财产权益的普通环境侵权和侵害环境公共权益的生态环境侵权两种侵权认定模式。

综上所述，我国现行立法中环境侵权的概念逐步转向涵盖“环境污染和生态破坏”，兼顾环境“私益和公益”，不再仅限定于对人身、财产权益的侵害。

“环境侵害”与“环境侵权”的概念更加相似，二者均含有污染环境、破坏生态的含义。但前者侧重于从侵害行为本身进行说明，后者更加侧重于违法行为侵害了合法的环境权益，在法律领域较为常用。而“环境损害”与“环境侵害”“环境侵权”相比，更注重从损害的后果方面进行说明，因此三者的概念较易区分。

相较而言，“环境损害”与“生态环境损害”的概念容易混淆，甚至有的学者将两者等同使用。事实上，在美国、欧盟等国家和地区，“环境损害”也被用来专指生态环境损害，但我国对二者的概念有所区分。2014 年原环境保护部发布的《环境损害鉴定评估推荐方法(第Ⅱ版)》(环办〔2014〕90 号)中，分别给出“环境损害”和“生态环境损害”的定义并明确了相关含义。其中，第 4.1 条规定，“环境损害”是指“因污染环境或破坏生态行为导致人体健康、财产价值或生态环境及其生态系统服务的可观察的或可测量的不利改变”。第 4.5 条专门规定了“生态环境损害”，即“指由于污染环境或破坏生态行为直接或间接地导致生态环境的物理、化学或生物特性的可观察的或可测量的不利改变，以及提供生态系统服务能力的破坏或损伤”。由此可见，生态环境损害专指生态环境本身的损害，与人身损害、财产损害并列；而环境损害包括了人身损害、财产损害和生态环境损害。从规范的概念体系上看，生态环境损害是环境损害的下位概念(见图 1-3)。将环境侵权行为所造成的损害加以区分(人身损害、财产损害、生态环境损害)，为建立生态环境损害赔偿制度提供了前提。

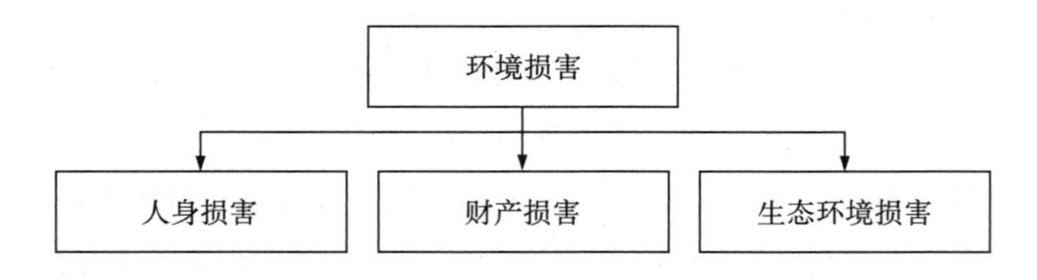

图 1-3　生态环境损害与环境损害

1.2.1.3　生态环境恢复

美国自然资源委员会把生态恢复定义为：使一个生态系统恢复到较接近于受干扰前状态的过程。根据《环境科学大辞典》，生态恢复是指帮助恢复和管理生态完整性的过程，生态完整性包括生物多样性、生态过程和结构、区域和历史关系以及可持续文化实践的变异性的关键范围。生态恢复是对生态系统停止人为干扰，以减轻负荷压力，依靠生

态系统的自我调节能力与自组织能力使其向有序的方向进行演化;或者利用生态系统的这种自我恢复能力,辅以人工措施,使遭到破坏的生态系统逐步恢复或使生态系统向良性循环方向发展;主要指那些在自然突变和人类活动影响下受到破坏的自然生态系统的恢复与重建工作。生态系统整合性包括生物多样性、生态过程和结构、区域及历史情况、可持续的社会时间等广泛的范围。

根据《环境保护辞典》,环境修复是指对被污染的环境采取物理、化学和生物学技术措施,使存在于环境中的污染物质浓度减少或毒性降低或完全无害化。根据《生态环境损害鉴定评估技术指南 总纲》(环办政法〔2016〕67号),环境修复是指污染清除完成后,为进一步降低环境中的污染物浓度,采用工程和管理手段将环境污染导致的人体健康或生态风险降至可接受风险水平的过程。环境修复是最近几十年发展起来的环境工程技术,根据修复对象的不同可以分为大气环境修复、水体环境修复、土壤环境修复及固体废物环境修复等类型。根据环境修复所采用的方法,环境修复技术可分为物理修复技术、化学修复技术及生物修复技术等。

根据《生态环境损害鉴定评估技术指南 总纲》(环办政法〔2016〕67号),生态环境恢复是指采取必要、合理的措施将受损生态环境及其服务功能恢复至基线并补偿期间损害的过程,包括环境修复和生态服务功能的恢复。期间损害的大小取决于基本恢复方案的恢复路径与恢复所需的时间。从图1-4中可以看出,期间损害量的计算高度依赖于对受影响区域采取的基本恢复方法类型:若采取人工恢复措施,受损的资源与服务可以较快地恢复到基线状态,相应的期间损害量较小(期间损害量为A区域);若采取自然恢复措施,受损的资源与服务恢复到基线状态需要较长时间,相应的期间损害量较大(期间损害量为A区域和B区域之和)。可以说,环境资源量和服务量的期间损害与所选择的基本恢复方案密切相关,即所选择的基本恢复方案在很大程度上决定了环境资源量和服务量的期间损害量。在某些情况下,即使采取了恢复措施,受损的环境也可能始终无法恢复到基线水平(见图1-5)。总体来说,生态环境恢复是指利用基本恢复、补偿性恢复或补充性恢复等工程措施实现生态环境损害的等值填补。此外,根据方式的不同,生态环境恢复又可分为直接恢复和替代恢复。当不具备直接恢复条件时,基本恢复、补偿性恢复和补充性恢复都采用替代恢复的方式。

(1)基本恢复

基本恢复是指采取必要、合理的自然或人工措施将受损的生态环境及其服务功能恢复至基线的过程。基线水平是指污染环境、破坏生态行为未发生时,生态环境及其生态系统服务的状态。

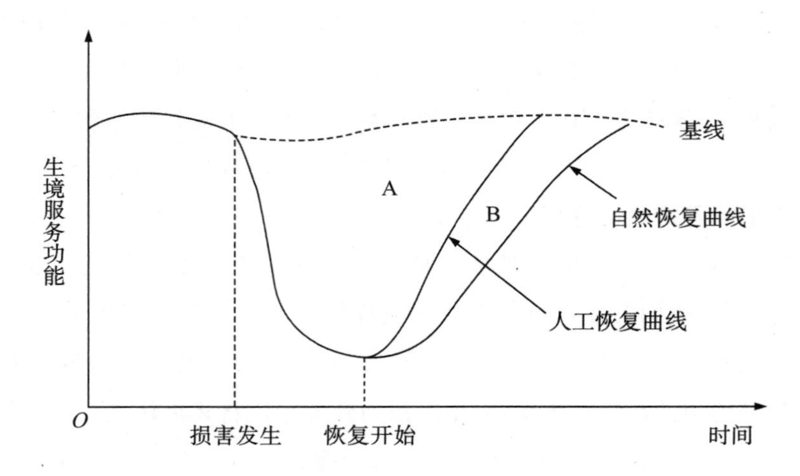

图 1-4　受损生态环境恢复过程(可恢复情形)

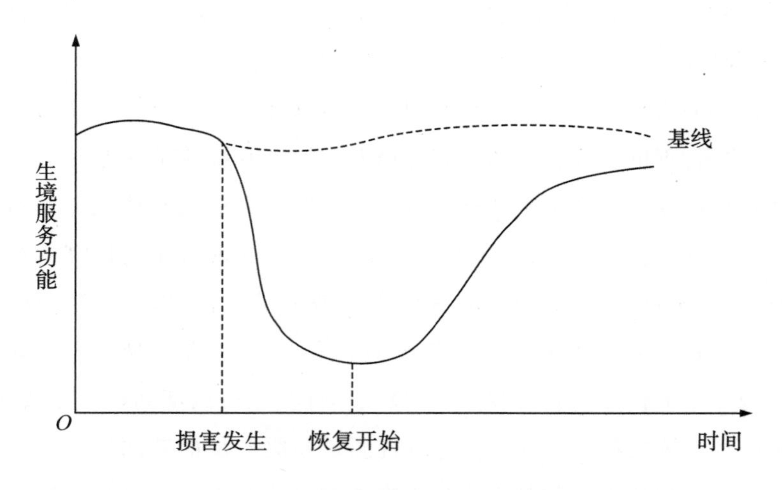

图 1-5　受损生态环境恢复过程(部分不可恢复情形)

(2)补偿性恢复

补偿性恢复是指采取必要、合理的措施补偿生态环境期间损害的过程,即补偿生态环境从开始发生损害到恢复至基线水平期间,受损生态环境原本应该提供的生态系统服务。

(3)补充性恢复

补充性恢复是指基本恢复无法完全恢复受损的生态环境及其服务功能,或补偿性恢复无法补偿期间损害时,采取额外的、弥补性的措施进一步恢复受损的生态环境及其服务功能并补偿期间损害的过程。如果在跟踪基本恢复和补偿性恢复的实施情况,进行必要的生态环境损害调查和监测后,发现基本恢复和补偿性恢复没有达至预期恢复目标，则需开展补充性恢复，以确保生态环境恢复到基线水平，并对期间损害给予等值填补。

(4)替代修复

《生态环境损害鉴定评估工作指南与手册》给出的替代恢复的定义如下："根据等量分析原则，通过异位或原位资源或服务增量的方式采取的恢复措施和活动，确保恢复措施获得的资源或生态服务收益与生态环境损害造成的资源或生态服务功能损失相等。替代恢复包括污染治理、环境监测、环境修复和生态恢复等替代修复和恢复等相关活动，应当根据生态环境损害发生地的实际情况筛选制定替代恢复方案。"根据主体不同，替代修复包括政府组织实施替代修复、企业自主实施替代修复。企业可以通过直接向国库缴纳生态环境损害赔偿金，由当地政府组织实施该事件的生态环境修复。也可以通过企业自主实施替代修复达到生态环境恢复目标。

1.2.2　生态环境损害价值基本概念

1.2.2.1　生态环境价值

从哲学角度看，价值属于关系范畴。从认识论上来说，价值是指客体能够满足主体需要的效益关系，是表示客体的属性和功能与主体需要之间的一种效用、效益或效应关系。在人类和生态环境这一对关系中，人类是主体，生态环境是客体，生态环境价值体现在人类对生态环境客体满足其需要和发展过程中的经济判断、人类在处理与生态环境主客体关系上的伦理判断以及自然生态系统作为独立于人类主体而独立存在的系统功能判断。生态环境所包括的土地、森林、空气、阳光等有形物质实体和环境容量、环境自身调节能力等对人类都具有使用价值。同时，生态环境是经济社会发展的物质基础，能够给人类带来收益，是一种自然的资源财富。生态环境能够满足人类生存、发展以及享受所需要的物质性产品和舒适性服务。因此，生态环境是有价值的。

此外，从经济学角度看，生态环境的供给在一定时空条件下保持稳定，但面对人类急剧增加的需求量时变得相对稀缺。稀缺性导致竞争性使用，使价格杠杆调节供求关系发生效应。同时，人类为保护生态环境投入大量的劳动力，且生态环境可作为生产要素进入人类生产和生活活动。生态环境因包含了人类劳动、可提供生产要素并同时具有效用和稀缺性而具有价值。

基于哲学和经济学的价值内涵，结合生态环境损害定义，可将生态环境价值分为生态环境存量价值和生态系统服务流量价值两部分(见图 1-6)。生态环境存量价值是指生态环境的“家底”,是生态系统服务流量价值产生的基础和来源。从经济学角度看,生态环境存量价值类似于经济学中的“本金”或“银行存款”,而生态系统服务流量价值类似于经济学中的“机会成本”或“利息”。生态环境存量价值包含环境要素存量价值、生物要素存量价值和生态系统存量价值。生态系统服务流量价值包括供给服务流量价值、调节服务流量价值和文化服务流量价值。

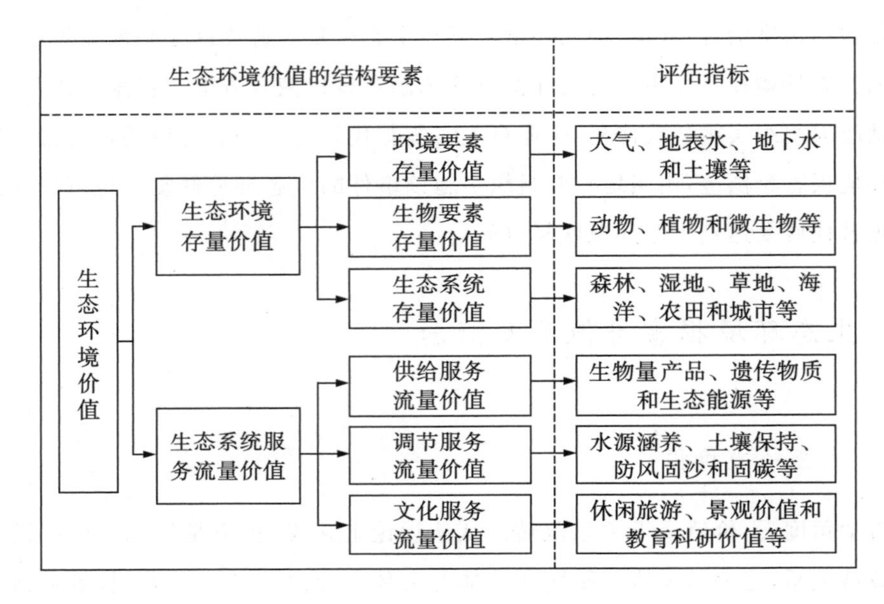

图 1-6 生态环境价值的结构要素和评估指标体系

1.2.2.2 生态环境损害价值

生态环境损害是指因污染环境、破坏生态造成大气、地表水、地下水、土壤等环境要素和植物、动物、微生物等生物要素的不利改变以及上述要素构成的生态系统功能退化。因此,本书倾向于将生态环境损害价值定义为对生态环境损害行为造成的生态环境要素不利改变和生态系统功能退化等损失实物量进行统一货币量化的损害数额。从生态环境损害鉴定评估客体上看,生态环境损害价值主要包括生态环境损害行为造成的环境要素、生物要素和它们组成的生态系统结构的存量价值损失及其产生的生态系统服务的流量价值损失(见图 1-7)。其中,生态系统服务流量价值损害由供给服务价值损害、调节服务价值损害和文化服务价值损害构成。从生态环境损害类型上看,生态环境损害价值包括基本损害造成的损失、期间损害造成的损失和永久损害造成的损失。

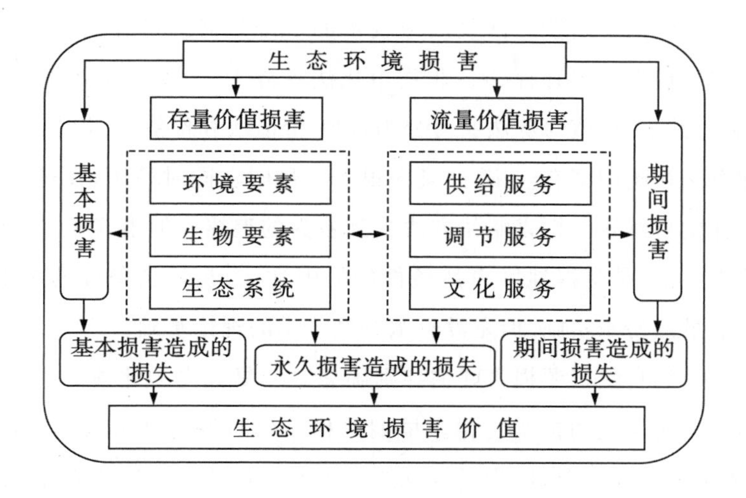

图 1-7　生态环境损害价值构成

1.2.2.3　生态环境损害价值评估

生态环境损害价值评估是指评估主体按照规定的程序和方法，综合运用科学技术和专业知识，调查评估污染环境或破坏生态行为造成的环境要素、生态系统、自然资源等提供的产品和服务损失的实物量，基于生态环境损害是否已经恢复、是否需要恢复、是否能够恢复等情况，确定生态环境恢复至基线并补偿期间损害的恢复措施，并以货币化形式计量生态环境损害实物量及恢复费用的过程。生态环境损害价值评估的基础是衡量人们对环境产品或服务的偏好程度，即人们对于环境改善的支付意愿或者忍受环境损害的接受补偿意愿。

发达国家的自然资源损害评估方法的发展和完善有两个特点：一是对于环境损害的认识经历了单纯从经济学角度出发、建立在环境价值理论基础上的方法体系到形成一套自然科学、管理学以及经济学理论相结合的方法体系的过程；二是环境损害评估方法的完善并不是一种单纯的学术发展历程，而是一个与自然资源损害评估的法律以及司法案例相互推动、共同作用的过程。

迄今为止，环境损害价值评估方法分为两大类：货币化方法和非货币化方法。货币化方法是一种基于经济评价的方法，它指通过计算受损害的自然资源的价值来量化损害赔偿，试图将自然资源的价值货币化的方法。经济评价法通常要求对自然科学与经济学进行认真的整合。货币化方法可归结为四大类：市场价值法、揭示偏好法、陈述偏好法和效益转移法。非货币方法也叫作“替代等值分析法”，是一种基于恢复的方法，通过建立受损害的自然资源与补偿受损的自然资源的一种等量关系，根据补偿受损害自然资源所需要的恢复成本量化损害赔偿。恢复成本技术的基础是对提供补偿性生态效益所需的恢复措施类型进行科学和工程评估。非货币化法可分为三大类：资源对等法、服务对等法、价值对等法。其中，价值对等法又可分为价值-价值法和价值-成本法。

上述两种方法在美国都有应用，并且在很多项目中会同时使用，在过去10年中基于恢复的量化和补偿自然资源损害赔偿方法受到各界的追捧。但事实上，基于恢复的量化方法也有其局限性：一是受损地区自然条件的局限性，二是社会条件的局限性。也有学者批评这种方法虽然易于实施，但是没有福利经济学的理论基础。

《石油污染法》的自然资源损害评估导则确立了恢复优先的评估方法，其程序代表了美国损害评估领域所发生的根本变化。早期的程序（即《综合环境应对、补偿及义务法》规定的程序）强调损害赔偿金，用货币将自然资源使用价值的损失进行量化。《石油污染法》规定的重点是根据使受损害自然资源及其服务恢复到基线状态所发生的实际成本来计算损害赔偿金。虽然《综合环境应对、补偿及义务法》和《石油污染法》在规定上有一些差别，但是实际上，《综合环境应对、补偿及义务法》的评估也大多按照恢复的方法进行。

美国的DOI与NOAA规则都注重自然资源“基线”的确定，并以此作为环境污染损害量化的参考标准。而且，两种规则都关注了自然资源自损害发生到恢复至基线状态这一时段内丧失的生态服务，即“期间损失”。但两种规则在目的与方法上也有不同，DOI规则注重以经济学工具评估自然资源使用价值，而NOAA规则的重点是以将受损害自然资源恢复到基线状态所发生的实际工程费用为依据计算损害赔偿金额。

根据《环境损害鉴定评估推荐方法（第Ⅱ版）》（环办〔2014〕90号）中的规定，可以从两个方面对生态环境损害进行认定（见图1-8）：一是损害的内容为生态环境的物理、化学、生物特性的不利改变或者提供生态系统服务能力的破坏或损伤，是对“质”的认定；二是损害可观察、可测量，是对“量”的评估。目前我国主要采用的方法有替代等值分析方法和环境价值评估方法。

替代等值分析方法包括资源等值分析方法、服务等值分析方法和价值等值分析方法。该方法以“恢复受损的生态环境”为目的，符合当前国际研究趋势。但该方法要求“恢复的环境及其生态系统服务与受损的环境及其生态系统服务具有同等或可比的类型和质量”，需要预测受损的资源和服务在损害发生到恢复基线这段时间内每年受损的资源和服务量的大小，而损害的程度随着时间变化，这个动态的变化过程给评估测算带来了较大的困难。而环境价值评估方法以“经济价值”评估为主，把环境的价值转换成可量化的商品、服务、偏好、成本的形式，间接估算环境的损失，量化成货币的形式。该方法操作性较强，评估结果往往更易于理解。

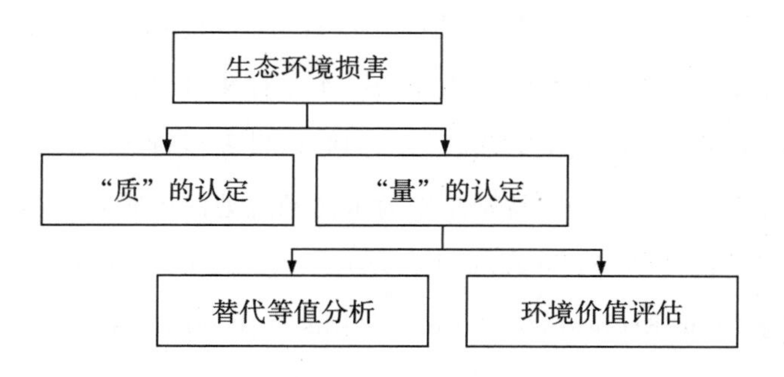

图 1-8 生态环境损害认定

1.2.3 生态系统服务内涵及分类

关于生态系统服务的概念早在 19 世纪后期的生态学及其分支学科中就被提出，但是只停留在定性描述阶段。20 世纪 70 年代初，霍尔德伦和欧利希①(1974)首次提出生态系统服务的科学概念。此后，戴利②(1997)提出"生态系统服务功能是指整体系统与生态过程中形成的、维持人类生存的自然环境条件及效用"。科斯坦萨等③(1997)用生态系统产品和服务表示人类从生态系统服务中直接或者间接获得的效益。随后，德·格鲁特等④(2002)探讨了生态系统功能与生态系统产品和服务之间的关系，并将生态系统服务功能定义为自然过程及其组成部分提供产品和服务，从而满足人类直接或者间接需要的能力。这些均为生态系统服务研究及政策应用奠定了理论基础。

生态环境遭到破坏时，不仅会使其对人类提供的服务水平降低，同时还会对生物生存造成影响。美国内政部颁布的《自然资源损害评估规章》中关于生态服务的定义区别于以上以人类为中心的生态服务定义，强调了生态系统为人类和其他生物生存提供必要生存要素的功能，将生态服务划分为使用价值和非使用价值两类。使用价值强调人类从生态系统中所获取的旅游、休闲娱乐等惠益，而非使用价值强调生态系统作为各类生物

① HOLDREN J P, EHRLICH P R. Human population and the global environment[J]. American scientist, 1974, 62(3): 282-297.

② DAILY G C. Nature's service: societal dependence on natural ecosystems[M]. Washington, DC: Island Press, 1997.

③ COSTANZA R, DEARGE R, GROOT R, et al. The total value of the world's ecosystem services and natural capital[J]. Nature, 1996, 387(6630): 253-260.

④ DE GROOT R S, WILSON M A, BOUMANS R M J. A typology for the classification description and valuation of ecosystem functions, goods and services[J]. Ecological economics, 2002, 41(3): 393-408.

的栖息地，为物种生存提供生境服务的功能。该规章不单独对生态系统的供给、调节和文化服务进行评估，而是把生态系统生境作为一个整体来评估。

进入21世纪后，联合国环境规划署、开发计划署、世界银行等机构以及《生物多样性公约》《联合国防治荒漠化公约》《关于特别是作为水禽栖息地的国际重要湿地公约》等共同发起联合国千年生态系统评估(Millennium Ecosystem Assessment,MA)。此后，生态系统与生物多样性经济学(The Economics of Ecosystems & Biodiversity, TEEB)、国际环境经济核算体系(System of Environmental Economic Accounting,SEEA)被相继提出。

生态系统服务的分类是其价值评估的基础，这直接影响到价值评估的结果。分类过细或者过粗，都会影响评估结果的可重复性或准确性。国内外关于生态系统服务功能也有许多不同的分类体系。德·格鲁特[①](1992)提出将生态系统服务功能分为四类：调节功能、承载功能、生产功能和信息功能。弗里曼[②](1993)提出另一种分类方法：为经济系统输入原材料、维持生命系统、提供舒适性服务，以及分解、转移和容纳经济活动的副产品。戴利[③](1997)将生态系统服务功能分为三大类：生活与生产物种的提供、生命支持系统的维持和精神生活的享受。科斯坦萨等[④](1997)将全球生态系统服务功能分为17类：气候调节、大气调节、扰动调节、水调节、水供给、控制侵蚀和保持沉积物、土壤形成、养分循环、废物处理、传粉、生物防治、避难所、食物生产、原材料、基因资源、休闲、文化。联合国发布的《千年生态系统评估报告》根据评价和管理的需求，将生态系统服务功能分为四大类：供给服务、调节服务、文化服务和支持服务。TEEB沿用MA的分类体系，将生态系统服务分为供给服务、调节服务、文化服务和栖息地服务共四大类22项服务。联合国于2013年发布的《环境经济核算体系实验生态系统核算》(System of Environmental Economic Accounting: Experimental Ecosystem Accounting,SEEA-EEA)将生态系统服务分为调节、供给和文化服务三大类，认为支持服务不是人类最终惠益的终端服务。

随着生态系统服务研究的不断发展和完善，联合国千年生态系统评估、生态系统与生物多样性经济学、国际环境经济核算体系三个生态系统服务框架逐步成为目前通用的

---

① DE GROOT R S. Functions of nature: evaluation of nature in environmental planning, management and decision making[M]. Groningen: Wolters Noordhoff, 1992.

② FREEMAN Ⅲ A M, HERRIGES J A, KLING C L. The measurement of environmental and resources values: theory and methods[M]. Washington, DC: Resources for the Future Press, 1993.

③ DAILY G C. Nature's service: societal dependence on natural ecosystems[M]. Washington, DC: Island Press, 1997.

④ COSTANZA R, DEARGE R, GROOT R, et al. The total value of the world's ecosystem services and natural capital[J]. Nature, 1996, 387(6630): 253-260.

三种国际分类系统。这三种框架下的生态系统概念和分类存在许多共同特征，如三者的生态系统服务分类都包括供给服务、调节服务和文化服务，但由于开发背景及目的不同，各自展现出不同的特点。因此，本节主要对上述三类生态系统服务国际框架的概念和分类分别进行介绍。

1.2.3.1　千年生态系统评估框架下的生态系统服务

千年生态系统评估是2001年6月5日（世界环境日）由联合国正式启动的为期四年的国际合作项目，它的主要目的是评估生态系统变化对人类福祉的影响，为加强生态系统的保护与可持续利用、提高生态系统对人类福祉的贡献奠定科学基础。千年生态系统评估是响应政府对《生物多样性公约》《联合国防治荒漠化公约》《拉姆萨尔湿地公约与迁移物种公约》等国际公约所提供的信息的需求而启动的。同时，也为了满足包括商业团体、卫生部门、非政府组织以及原著居民在内的其他利益相关方的需求。该项目于2005年完成，总开支约2 500万美元。项目所有成果均经过了专家和政府两轮评审，征求了185个国家和地区的意见，收到了850位评审者的评审意见，最终形成81篇评估报告（由95个国家1 360名学者编写完成），极大地满足了决策者对生态系统与人类福祉之间相互联系方面科学信息的需求。

千年生态系统评估的实施，为在全球范围内推动生态学的发展和改善生态系统管理工作做出了极为重要的贡献，它是生态学发展到一个新阶段的里程碑。千年生态系统评估的贡献主要有以下三个方面：一是首次在全球尺度上系统、全面地揭示了各类生态系统的现状和变化趋势、未来变化的情景和应采取的对策以及它们与人类社会发展之间的相互关系，为在全球范围内落实环境领域的有关国际公约所提出的任务，进而为实现联合国的千年发展目标提供了充分的科学依据；二是丰富了生态学的内涵，明确提出了生态系统的状况和变化与人类福祉密切相关，将研究“生态系统与人类福祉”作为现阶段生态学研究的核心内容和引领21世纪生态学发展的新方向；三是提出了评估生态系统与人类福祉之间相互关系的框架（见图1-9），并建立了多尺度、综合评估它们各个组分之间相互关系的方法。千年生态系统评估的实施，标志着生态学已经发展到以深入研究生态系统与人类福祉的相互关系、全面为社会经济的可持续发展服务为主要表征的新阶段。因此，千年生态系统评估的实施受到了各个阶层的广泛关注，其成果在全世界引起强烈的反响。

千年生态系统评估对海洋、沿海、内陆湿地、森林、旱地、岛屿、山区、极地、耕地和城市10个类别开展全球评估，每个类别都包括不同的生态系统。千年生态系统评估对生态系统给出了如下定义:生态系统是植物、动物和微生物群落及其周围的无机环境相互作用形成的动态、复合的功能单元,树洞里一个临时的小水洼以及辽阔的海洋盆地,都可以被称为一个生态系统。千年生态系统评估的对象包括了所有生态系统类型,既包括自然生态系统,如干扰相对较轻的天然林地,又包括农业用地、城市用地等经过人类集约化管理而改变了的生态系统,以及多种利用方式相混合的景观等。

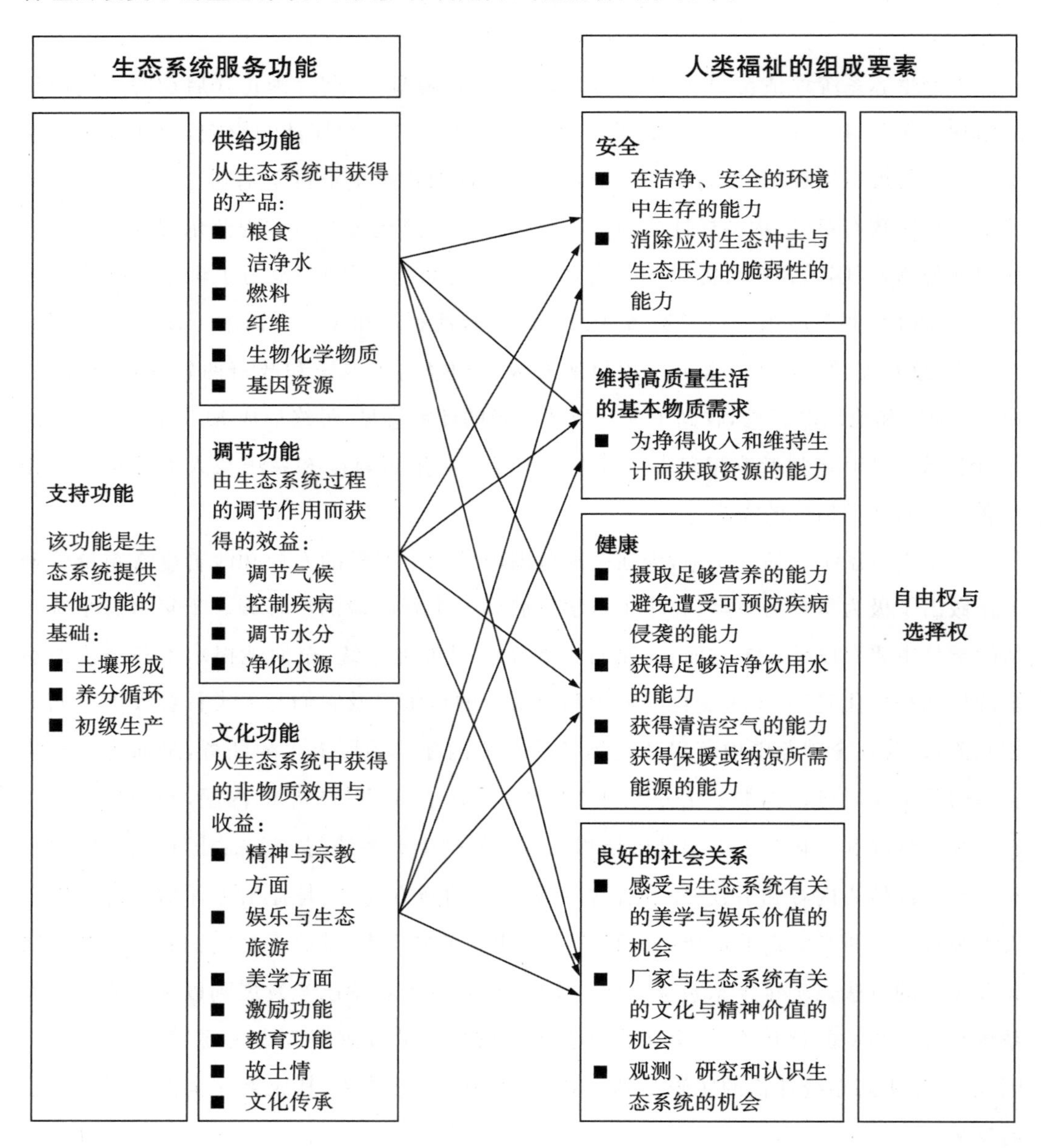

图 1-9　千年生态系统评估中生态系统服务功能分类及其与人类福祉之间的关系

千年生态系统评估尤其重视对生态系统服务的评估，其将生态系统服务定义为“人类从生态系统中获得的惠益”。这些惠益可以概况为四大类：供给服务（如粮食、水、木材、纤维和遗传资源等）、调节服务（如调节气候、洪涝、干旱、疾病、水质和处理废弃物等）、支持服务（如土壤形成、光合作用、养分循环等）和文化服务（如消遣娱乐、美学享受、精神世界的满足、宗教以及其他非物质方面的效益）。这些惠益的变化将以多种方式影响人类的福利状况。尽管可以通过文化和科技等手段减缓环境变化所带来的影响，但是人类最终还是要完全依靠生态系统服务的流动而得以生存。千年生态系统评估项目的研究报告(2005)指出，过去40年里，24项生态系统服务中有15项(约占评估的60%)正在退化或者处于不可持续利用状态，包括淡水、渔业捕捞、净化空气和水源、调节区域和地方气候、调控自然灾害以及控制病虫害等。这些生态系统服务丧失和衰退所造成的损失非常巨大，并且损失正在不断增加。千年生态系统评估的生态系统服务分类体系如下：

(1)供给服务

供给服务指生态系统为人类提供的各种产品。这些产品包括：

①食物。包括人类从植物、动物和微生物中获取的各种食物产品，如农作物、家畜、水产鱼类、野生食物等。

②纤维材料。生态系统衍生的材料，如木材、棉花、麻类、丝绸、羊毛、薪柴等。

③燃料。包括用作能源的木材、家畜粪便及其他生物原料。

④遗传资源。指动植物繁育和生物技术所需的基因和遗传信息。

⑤生物化学物、天然药材及药物。指从生态系统中获得的药物、药材、生物杀虫剂（如沙蚕毒素）、食品添加剂（如藻酸盐）等。

⑥淡水。为人类饮用、工业和灌溉提供的淡水资源。由于淡水又是其他生命生存所必需的，所以淡水也可以认为是一项支持服务。

(2)调节服务

调节服务指人类从生态系统的调节作用中获得的惠益。这些惠益主要包括：

①空气质量调节。生态系统既可以向大气中释放化学物质，也可以从大气中吸收化学物质，它会在多个方面对空气质量产生影响。

②气候调节。生态系统可以同时在局地和全球范围内对气候产生影响。在局地尺度上，土地覆被变化可影响温度和降水等局地小气候；在全球尺度上，可以吸收和存储温室气体，因此在减缓全球气候变化中发挥着重要作用。

③水分调节。土地覆被变化可以在时间和数量规模上影响地表径流、洪水以及含水层蓄水等过程，尤其是可以改变生态系统的蓄水潜力，如湿地和森林向农田转化、农田向城市转化等土地覆被的变化。

④水土侵蚀控制。植被覆盖在土壤保护、防止塌方和滑坡等方面起着重要作用。

⑤水质净化和废弃物处理。内陆湿地、滨海水域及海洋等生态系统能够帮助过滤和分解进入其中的污染废弃物，森林、草地等陆地生态系统能够通过土壤层和亚土壤层中的生态过程吸收和降解一部分废弃物。

⑥疾病控制。生态系统变化可以直接改变人类病原体（如霍乱等）以及带菌媒介（如蚊子）的多度。

⑦病虫害控制。生态系统变化可以影响农田农作物病虫害及家畜疾病的流行。

⑧授粉。生态系统变化可以影响授粉媒介（如蜜蜂）的分布、多度和授粉有效性。

⑨自然灾害控制。滨海生态系统（如珊瑚礁和红树林等）可以有效减少飓风和巨浪造成的损害。

（3）文化服务

文化服务指通过精神满足、发展认知、思考、消遣和体验美感而使人类从生态系统中获得的非物质惠益。这些惠益包括：

①文化多样性。生态系统多样性是人类文化多样性形成的影响因素之一。

②精神与宗教价值。许多宗教都将精神和信仰寄存于生态系统或者生态系统的组成要素中（如宗教物种、宗教林等）。

③知识体系。生态系统可以影响由不同文化导致的知识系统类型的多样性。

④教育价值。生态系统及其结构、过程可为国家、社区等正式或者非正式的教育提供基本素材。

⑤创作灵感。生态系统可以为艺术、民间传说、国家象征、建筑和广告等提供丰富的创作灵感源泉。

⑥美学价值。人类可以从生态系统的各个方面获得美的感受，发现美的价值。如对公园的支持、对美景的追逐以及房屋选址时优先考虑优美的生态环境等。

⑦社会关系。生态系统可以影响特定文化下的社交关系类型。如渔民社区、游牧社区、农业社区三者之间存在着有明显区别的社会关系模式。

⑧归属感。许多人追求“故土情结”的归属感，并且通常这种归属感与他们当地的环境特征密切联系。

⑨文化遗产价值。人类会对其国家和地方独有的、重要的人文景观或者具有重要文化价值的物种赋予很高的价值。

⑩娱乐与生态旅游。人们通常会基于特定地方的自然或人文景观来选择他们休闲时间的去处。

（4）支持服务

支持服务指对于供给服务、调节服务和文化服务三类生态系统服务的生产所必需的那些服务。支持服务与供给服务、调节服务和文化服务的区别在于，支持服务对人类的影响是间接的、长期的，而其他服务对人类的影响往往是直接的、短期的。支持服务包括：

①土壤形成。许多供给服务（如食物、材料等的生产）依靠于土壤肥力，因此土壤的形成速度可以从许多方面间接影响人类从生态系统中获得的惠益。

②光合作用。植物光合作用可以产生大多数有机体生存所必需的氧气。

③初级生产。植物等无机营养型生物通过能量和养分的吸收和累积进行有机物生产。

④养分循环。大约20种生命所必需的元素（如氮、磷等）在生态系统的不同组分中维持着不同的浓度，且通过生态系统进行循环。

⑤水循环。水通过生态系统进行循环，而生物生存离不开这一循环过程。

1.2.3.2　生态系统与生物多样性经济学（TEEB）框架下的生态系统服务

生态系统与生物多样性经济学是指生态系统和生物多样性经济学全球研究项目。二战以后，持续的生态系统退化和生物多样性丧失，使得世界经济一直处于非可持续发展状态。生态系统服务在传统经济体系中没有定价，因此人们往往无法觉察到生态系统服务的丧失，这反过来不仅影响人类福祉，还会逐渐破坏经济体系的可持续性。2007年，G8＋5国家的环境部部长在德国波茨坦会晤，会上提议发起“对生物多样性的全球经济效益、丧失生物多样性的代价、未能采取防护措施产生的后果以及采取有效保护措施的成本进行分析的行动”，进而为生物多样性保护提供令人信服的经济论据。基于此倡议，2008年，德国和欧盟委员会提出“生态系统与生物多样性经济学”项目，该项目迅速得到联合国环境规划署的支持和国际社会的响应，这是继MA后，联合国组织实施的又一项针对生态系统和生物多样性的重要研究。目前TEEB由联合国环境规划署主导，由德意志银行的高级银行家苏克德夫领导。TEEB办公室设在瑞士日内瓦，相关技术由下设的咨询董事会负责。咨询董事会的成员由政策、生态和经济领域的知名专家组成。TEEB理念得到了国际社会的广泛支持，其中欧盟委员会，德国联邦环境、自然保护和核安全部，英国环境、食品和农村事务部，挪威外交部，荷兰住房部，英国国际发展部，世界自然保护联盟，瑞典国际发展合作署等均为TEEB的合作伙伴与支持者。

TEEB的总体目标是通过经济手段为生物多样性相关政策的制定提供理论依据和技术支持。具体目标包括：提升全社会对生物多样性价值的认知；开发生物多样性和生态系统服务价值评估的方法与工具；开发将生物多样性与生态系统服务价值纳入决策、生态补偿、自然资源有偿使用的指标体系和工具与方法；通过经济手段推动生物多样性的主流化进程，从而提高生物多样性保护效果。TEEB的应用共分为三步：一是认识生物多样性价值，揭示生物多样性为人类福祉提供的服务；二是示范生物多样性价值（包括评估价值和宣传价值),揭示生态系统服务和生物多样性在经济发展中的重要作用;三是捕获生物多样性价值(政策应用),将生物多样性价值纳入区域发展规划和相应政策,使其主流化。

TEEB将生态系统服务定义为"生态系统对人类福祉的直接和间接贡献"。这基本上遵循MA的定义,只是它对服务和福利进行了更精细的区分,并明确承认服务可以以多种、间接的方式使人们受益。根据TEEB框架,生态系统服务分为供给服务、调节服务、栖息地服务及文化服务四大类,共22种生态系统服务类型(见表1-3)。该分类方法与MA的分类方法大体上相同,最主要的差异在于TEEB为突出生态系统为迁徙物种和基因库"保护者"(自然生境可以通过自然选择过程保持基因库的多样性)提供栖息地的重要性,将栖息地服务作为独立的一个大类。同时,省略了营养循环等支持服务,在TEEB中支持服务被视为生态过程的一个子集。这些服务的可用性直接取决于提供服务的栖息地状态。如果涉及商业物种,例如在红树林生态系统中产卵的鱼和虾类,但成虫在很远的地方被捕获,那么这项繁育服务本身就具有经济价值。此外,生态系统的基因库保护服务的重要性日益得到认可,既是保护的"热点"(越来越多的资金投入其中),也是维持商业物种的原始基因库(通过创建植物园、动物园和基因库)。

表1-3 TEEB生态系统服务分类及指标体系

一级分类	序号	二级分类	举例
供给服务	1	食物	如鱼类、野味、水果等
	2	水源	用于饮用、灌溉、降温等
	3	原材料	如纤维、木材、薪材、饲料、肥料等
	4	遗传资源	用于作物改良、制药等
	5	药用资源	如生物化学产品、模式生物、测试生物等
	6	观赏资源	如艺术作品、观赏植物、宠物、时尚等
调节服务	7	空气质量调节	如吸附及净化粉尘、化学物质等
	8	气候调节	如碳封存、植被对降水的影响等
	9	缓和极端事件	防风暴、防洪等
	10	水流调节	如自然排水、灌溉和抗旱等
	11	废物处理	特别指水净化
	12	防侵蚀	—
	13	保持土壤肥力	如土壤形成等
	14	传粉	—
	15	生物防治	如种子传播、病虫害防治等

续表

一级分类	序号	二级分类	举例
栖息地服务	16	维护迁徙物种生命循环	如繁育服务等
	17	维护基因多样性	如保护基因库
文化服务	18	美学信息	—
	19	娱乐和旅游机会	—
	20	文化、艺术和设计灵感	—
	21	精神体验	—
	22	认知发展信息	—

(1)供给服务

供给服务是指从生态系统获得材料输出，包括食物、水和其他资源。

①食物。生态系统(包括野外生境和受管理的农业生态系统等)为食物生长提供条件。

②原材料。生态系统可提供各种建筑材料和燃料，如纤维、木材、肥料等。

③水源。生态系统提供地表水和地下水，用于饮用、灌溉等。

④医疗资源。许多植物可用作传统药物以及制药行业的原料，且可用于作物改良。

(2)调节服务

调节服务是指生态系统充当调节器所提供的服务，如调节空气和土壤质量或控制洪水和疾病。

①本地气候和空气质量调节。树木可提供遮阴并清除空气中的污染物，森林可影响降雨。

②碳捕获与储存。随着树木与植物生长，它们能够清除空气中的二氧化碳并将其有效地锁定在它们的组织中。

③缓和极端事件。生态系统和有机生命体可为自然灾害(如水灾、风暴和山洪)提供缓冲。

④废物处理。土壤和湿地中的微生物可分解人体和动物废物以及其他各种污染物。

⑤防止土壤侵蚀，保持土壤肥力。土壤侵蚀是土地劣化和沙漠化的关键因素。

⑥授粉。全球 115 种主要粮食作物中的 87 种依赖动物授粉，包括可可和咖啡等重要的经济作物。

⑦生物防治。生态系统是控制害虫和病菌传播疾病的有力措施。

(3)栖息地服务

栖息地服务是其他所有服务的基础。生态系统为植物和动物提供生存空间，它们能够维持不同种类动植物的多样性。

①物种栖息地。栖息地可提供植物或动物生存所需的条件。迁徙物种在迁徙途中

需要栖息地。

②维持基因多样性。基因多样性可用于区别不同的品种或种类，为本地栽培变种提供基础，并为将来发展经济作物和牲畜提供基因库。

(4)文化服务

文化服务指人们从接触生态系统中获得的非物质利益，包括美学、精神和心理益处。

①娱乐及精神和身体健康。自然景观和城市绿化空间对维持精神和身体健康的重要作用已日渐得到认可。

②旅游。自然旅游可提供大量经济效益，是许多国家的重要收入来源。

③美学欣赏以及文化、艺术和设计启迪。与自然环境有关的语言、知识和欣赏贯穿整个人类历史。

④精神体验与地方感。许多宗教将宗教价值观与湿地、森林等自然生态系统相结合；自然景观也构成地方标志，给人以归属感。

1.2.3.3 环境经济核算体系(SEEA)框架下的生态系统服务

环境经济核算体系是国际上公认的环境经济核算标准，它为核算环境及其与经济的关系提供了一个框架。通过采用一系列国际公认的概念、定义、分类、核算规则等，SEEA将经济信息和环境信息统筹在一起开展核算，形成一个可进行国际比较的统计方法框架。SEEA主要是为反映可持续发展目标而建立的，目的是分享资源、利用自然。在核算过程中不仅要考虑社会和经济活动，同时更要注重统计自然资源的投入以及人类的生产行为对自然资源和生态系统造成的影响。环境经济核算体系是国民核算体系的一个重要延伸和补充。SEEA主要由两个部分组成，即环境经济核算体系中心框架(System of Environmental Economic Accounting：Central Framework，SEEA-CF)和环境经济核算体系生态系统核算(Environmental Economic Accounting：Ecosystem Accounting，SEEA-EA)。

现行的SEEA-CF及SEEA-EA是环境经济核算体系经过近三十年的发展逐步修正的成果。1992年，联合国环境与发展会议的成果文件——《21世纪议程》，建议各国尽早实施环境经济账户。为响应这一建议，1993年，联合国统计委员会编制了《1993年国民核算手册：综合环境和经济核算》，提供了环境经济核算的初步总体框架。2003年，联合国统计委员会又修订颁布了《2003年国民核算手册：综合环境和经济核算》，在总结执行1993版的实践经验基础上，给出了方法上的指导。之后，联合国统计委员会不断建立并完善SEEA的各项子账户和标准，通过并颁布了《2012年环境经济核算体系中心框架》及《2012年环境经济核算体系实验生态系统核算》，并经联合国统计委员会第43届会议审议通过，SEEA-CF成为环境经济核算领域体系的首个国际统计标准。2021年，经进一步修正的《环境经济核算体系生态系统核算》发布。联合国统计委员会采用这一环境经济核算系统新框架，超越了第二次世界大战结束以来沿用至今的国内生产总值（Gross Domestic Product，GDP），确保自然资本（如森林、湿地和其他生态系统）被纳入经济报告中。

SEEA-EA 提供了一个综合全面的统计框架，用于组织有关栖息地和景观的数据、衡量生态系统服务、跟踪生态系统资产的变化，并将这些信息与经济和其他人类活动联系起来。SEEA-EA 建立在生态系统范围账户、生态系统状况账户、生态系统服务实物量账户、生态系统服务价值量账户和生态系统资产账户五个核心账户之上（见图 1-10）。每个账户由使用空间数据和有关生态系统资产及其产生的生态系统服务的信息编制而成。生态系统范围账户记录每个生态系统的总面积，在指定区域（生态系统核算区域）内按类型分类。生态系统范围账户是按生态系统类型在生态系统核算区域（例如国家、省、流域、保护区等）中随时间测量的，从而说明在核算期内从一种生态系统类型到另一种生态系统类型的范围变化。生态系统状况账户根据特定时间点的选定特征记录生态系统资产的状况，随着时间的推移记录其状况的变化，并提供有关生态系统健康的宝贵信息。生态系统服务流动账户（实物和货币）记录生态系统资产对生态系统服务的供应情况以及包括家庭在内的经济单位对这些服务的使用情况。货币生态系统资产账户记录生态系统资产的存量和存量变化（增加和减少）的信息，这包括对生态系统退化和加强的解释。

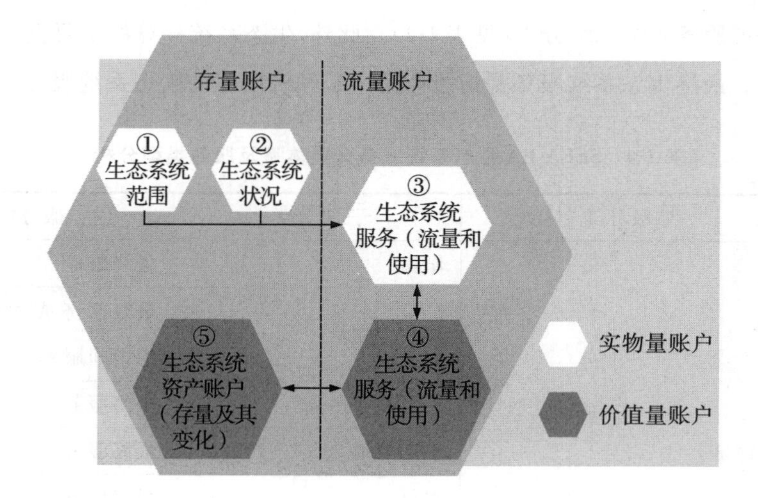

图 1-10　SEEA-EA 核心账户及其关系

按照生态系统核算的一般框架，每个生态系统资产提供一组生态系统服务。SEEA-EA 将生态系统服务定义为“生态系统对经济和其他人类活动中使用的利益的贡献”。在这一定义中，生态系统服务包括直接物质消费、被动享受和间接接受服务。因此，每个最终的生态系统服务都代表着生态系统资产和经济单位之间的流动。此外，生态系统服务包括生态系统和人之间的所有形式的互动，包括就地互动和远程互动。在生态系统核算中，生态系统服务被记录为生态系统资产和经济单位之间的流量。其中，经济单位包括国民账户中的各种机构类型，如企业、政府和家庭。生态系统服务的流动有时反映在直接的物理流动中，例如鱼类从海洋生态系统中移除；但也可能反映在间接接受生态系统服务中，例如防洪服务。在许多生态系统服务文献中，“供应”一词是指生态系统在不考虑用途的情况下提供服务的潜力或能力，而“使用”一词是指生态系统提供的服务中实际流向人类的部分。在生态系统核算中，按照标准会计处理方法，供应和使用的计量是等效的，等于生态系统资产和人之间的实际流量。在某些情况下，生态系统服务对效益的贡献是间接的，例如海草草甸提供的繁育种群服务是鱼类生物量供应服务的一种投入，而这反过来又有助于提高市场鱼类的效益。在这种情况下，繁育种群服务被视为中间服务，而生物量供应服务为最终服务。

SEEA-EA 将生态系统服务分为供给服务、调节和维持服务、文化服务三大类。供给服务包括生物量供给、遗传物质供给、水源供给 3 个二级分类；调节和维持服务包括全球气候调节、降雨模式调节、当地气候调节、空气净化、土壤质量调节、土壤和沉积物保持、固体废物修复、水质净化、水文调节、防洪、风暴缓解、噪声衰减、传粉、生物防治、种群繁育及栖息地维护 15 个二级分类；文化服务包括娱乐相关服务，视觉舒适服务，教育、科学和研究服务，精神艺术和符号象征服务 4 个二级分类(见表 1-4)。此外，生态系统核算的主要重点是衡量最终生态系统服务。最终生态系统服务是指服务用户是经济单位的生态系统服务。

表 1-4　SEEA-EA 生态系统服务分类体系及服务类型分析

一级分类	二级分类	三级分类	服务类型
供给服务	生物量	作物	最终服务
		放牧生物量	最终服务或牲畜供应服务的中间服务
		牲畜和畜产品	最终服务
		水产养殖	最终服务
		木材	最终服务
		野生鱼类和其他天然水生生物	最终服务
		野生动植物和其他生物	最终服务
	遗传物质	—	生物量供给的中间服务
	水源	—	最终服务

续表

一级分类	二级分类	三级分类	服务类型
调节和维持服务	全球气候调节	—	最终服务
	降雨模式调节(次大陆尺度)	—	最终或中间服务
	当地(微型和中型)气候调节	—	最终或中间服务
	空气净化	—	最终服务
	土壤质量调节	—	中间服务
	土壤和沉积物保持	土壤侵蚀控制服务	最终或中间服务
		滑坡缓解服务	最终服务
	固体废物修复	—	最终或中间服务
	水质净化	营养物质滞留和分解	最终或中间服务
		其他污染物滞留和分解	最终或中间服务
	水文调节	基线流量维护	最终或中间服务
		洪峰流量缓解	最终服务
	防洪	海岸保护	最终服务
		河流洪水缓解	最终服务
	风暴缓解	—	最终服务
	噪声衰减	—	最终服务
	传粉	—	最终或中间服务
	生物防治	害虫防治	最终或中间服务
		疾病控制	最终服务
	种群繁育及栖息地维护	—	中间服务
文化服务	娱乐相关服务	—	最终服务
	视觉舒适服务	—	最终服务
	教育、科学和研究服务	—	最终服务
	精神艺术和符号象征服务	—	最终服务

SEEA-EA 生态系统服务分类体系的具体描述如下：

(1)供给服务

供给服务是指从生态系统中提取或收获惠益的生态系统服务。

①生物量供给服务。生物量供给服务包括以下内容：

a.作物。作物供应服务是指生态系统对种植植物生长的贡献，这些植物由经济单位收获，可用于粮食和纤维生产、饲料和能源等。

b.放牧生物量。放牧生物量供应服务是指生态系统对放牧生物量生长的贡献，是牲畜生长的投入之一。放牧生物量不包括用于生产牲畜饲料的作物(如干草、豆粕等，其属于作物供应服务)。

c.牲畜和畜产品。牲畜供应服务是生态系统对牲畜和畜产品(如肉、奶、蛋、羊毛、皮革)生长的贡献，各经济单位(企业、政府和家庭等)将这些牲畜和畜产品用于各种用途，主要是粮食生产。

d.水产养殖。水产养殖供应服务是指生态系统对水产养殖设施中动植物(如鱼类、贝类、海藻)生长的贡献，各经济单位(企业、政府和家庭等)将这些水产品捕获后，用于各种用途。

e.木材。木材供应服务是指生态系统对树木等木本植物生物量生长的贡献，各经济单位(企业、政府和家庭等)将其收获后，用于各种用途，包括木材生产和能源。这项服务不包括非木材林产品。

f.野生鱼类和其他天然水生生物。野生鱼类和其他天然水生生物量供应服务是生态系统对鱼类和其他水生生物生长的贡献。这些生物由经济单位在非养殖的生产环境中捕获，用于各种用途，主要是食品生产。

g.野生动植物和其他生物。野生动植物和其他生物供应服务是指生态系统对野生动植物和其他生物生长的贡献，这些生物由经济单位在非养殖的生产环境中捕获或收割，用于各种用途。这些用途范围包括非木材森林产品以及与狩猎、诱捕和生物勘探活动相关的服务，但不包括野生鱼类和其他天然水生生物量(这一部分归类在野生鱼类和其他天然水生生物中)。

②遗传物质供给。遗传物质服务是指经济单位可以从生态系统中获取相应的生物群(包括种子、孢子或配子生产)进行遗传物质的利用，例如开发新的动植物品种、基因合成或直接使用遗传材料进行产品开发。

③水源供给。水源供给服务反映了水文调节、水质净化和供应各种用途水源(包括家庭消费等)的其他生态系统服务的综合生态系统贡献。

(2)调节和维持服务

调节和维持服务是指生态系统调节生物过程和影响气候、水文和生物化学循环，维持对个人和社会有益的环境条件所产生的生态系统服务。

①全球气候调节。全球气候调节服务是指生态系统通过从大气中清除(固存)碳和在生态系统中保留(储存)碳，对降低大气中温室气体浓度的贡献。这些服务支持了对大气和海洋的化学成分的调节。

②降雨模式调节(次大陆尺度)。降雨模式调节服务是指生态系统中的植被(尤其是森林)可以通过次大陆尺度的蒸散作用维持降雨模式的贡献。森林和其他植被再将水分送回大气中,从而产生降雨。内陆地区的降雨完全依靠该"蒸散—降雨"的循环过程。

③当地(微型和中型)气候调节。地方气候调节服务是指生态系统通过植被的存在对调节环境大气条件(包括微尺度和中尺度气候)的贡献,例如城市森林("绿色空间")发挥蒸发冷却作用、城市水体("蓝色空间")的作用以及树木可为人类和牲畜提供荫凉等。植被改善了人们的生活条件并支持经济生产。

④空气净化。空气净化服务是指生态系统通过其组分(尤其是植物)对污染物的沉积、吸收、固定和储存,过滤空气污染物的贡献,可以减轻污染物的有害影响。

⑤土壤质量调节。土壤质量调节服务是指生态系统对有机和无机物质分解以及保持土壤肥力和特性的贡献,例如对生物量生产的投入。

⑥土壤和沉积物保持。土壤和沉积物保持包括以下内容:

a.土壤侵蚀控制服务。土壤侵蚀控制服务是指生态系统通过植被的稳定作用减少土壤和沉积物的损失,并支持对环境的利用(如农业活动、供水)。

b.滑坡缓解服务。滑坡缓解服务是指生态系统通过植被的稳定作用,缓解或防止土壤、岩石和雪的大规模移动对人类健康和安全的潜在损害以及对建筑物和基础设施的损害影响。

⑦固体废物修复。固体废物修复服务是指生态系统通过微生物、藻类、植物和动物的作用对有机或无机物质进行转化,减轻其有害影响的贡献。

⑧水质净化。水质净化服务是指生态系统对恢复和维持地表水和地下水体化学状况的贡献,通过对营养物质和其他污染物的分解或去除,减轻污染物对人类使用或健康的有害影响。水质净化服务包括营养物质滞留和分解、其他污染物滞留和分解两部分。

⑨水文调节。水文调节服务是指生态系统对调节河流流量、地下水和湖泊地下水位的贡献。

a.基线流量维护。基线流量维护服务来源于生态系统吸收和储存水分的能力,并在旱季通过蒸散作用逐渐释放水分,从而确保水的正常流动,为最终或中间生态系统服务。

b.洪峰流量缓解。洪峰流量缓解服务来源于生态系统吸收和储存水分的能力,以此减轻洪水和相关极端水事件的影响。洪峰流量缓解服务将与河流洪水缓解服务一起,以提供防洪效益。

⑩防洪。防洪包括以下内容：

a.海岸保护。海岸保护服务是指海岸线提供的生态系统贡献，例如海岸沿线的珊瑚礁、沙堤、沙丘或红树林生态系统用于保护海岸，从而减轻潮水或风暴对当地社区的影响。

b.河流洪水缓解。河流洪水缓解服务是指河岸植被对生态系统的贡献，为高水位提供物理屏障，从而缓解洪水对当地社区的影响。河流洪水缓解服务将与洪峰流量缓解服务一起，以提供防洪效益。

⑪风暴缓解。风暴缓解服务是指生态系统中的植被可缓解风、沙和其他风暴（水相关事件除外）对当地社区的影响。

⑫噪声衰减。噪声衰减服务是指生态系统减少噪声对人的影响的贡献，减轻其有害影响。

⑬传粉。传粉服务是指生态系统中野生传粉者对作物施肥的贡献，维持或增加经济单位使用或享受的物种的丰富度和多样性。

⑭生物防治。生物防治包括以下内容：

a.害虫防治。生物防治服务是指生态系统预防或减少害虫对生物量生产过程或其他经济和人类活动影响的贡献。

b.疾病控制。疾病控制服务是指生态系统预防或减少物种对人类健康影响的贡献。

⑮种群繁育及栖息地维护。种群繁育及栖息地维护服务是指生态系统通过维持种群繁育或迁徙的栖息地、保护自然基因库，使得人类在利用物种的同时，保持物种种群数量的稳定和可持续发展。

(3)文化服务

文化服务是指与生态系统的感知或实际质量相关的体验式和无形服务。生态系统的存在和功能有助于产生一系列的文化效益。

①娱乐相关服务。娱乐相关服务是指通过生态系统的生物物理特征和质量，使人们能够通过与环境的直接、原位、物理和体验互动来使用和享受环境。这包括为当地人和非当地人（即访客，包括游客）提供的服务。娱乐相关服务也可以提供给从事娱乐性钓鱼和狩猎的人。

②视觉舒适服务。视觉舒适服务是指生态系统通过其生物物理特性和质量，提供感官效益（尤其是视觉效益），对当地生活条件做出的贡献。该服务与娱乐相关服务、噪声衰减服务等生态系统服务相结合，支撑生态系统的舒适性价值。

③教育、科学和研究服务。教育、科学和研究服务是指生态系统通过其生物物理特

性和质量,使人们能够通过与环境的智力互动来利用环境。

④精神艺术和符号象征服务。精神艺术和符号象征服务是指人们出于文化、历史、美学或宗教目的,对生态系统某些生物物理特征和质量的认定及认可。这些服务可以巩固人们的文化身份,也可以激励人们通过各种艺术媒介来表达自己。

1.2.3.4 我国生态系统生产总值(GEP)框架下的生态系统服务

SEEA-EA中关于生态系统服务价值评估部分采纳了我国生态系统生产总值(Gross Ecosystem Product,GEP)的研究成果。人类社会赖以生存和发展的生态环境构成了经济社会自然复合生态系统。为了进一步量化、衡量生存环境,2013年中国科学院生态环境研究中心和世界自然保护联盟(IUCN)借鉴国内生产总值(GDP),提出了“生态系统生产总值”的概念。2016年9月,在IUCN世界自然保护大会上,“生态系统生产总值:将生态系统服务纳入国家决策和核算体系”研讨会成功举办。2020年,中国科学院生态环境研究中心欧阳志云研究员团队首次在国际上介绍GEP的概念、核算框架、指标体系和技术方法。2021年3月,GEP被纳入联合国发布的最新国际统计标准——《环境经济核算体系——生态系统核算》。GEP核算框架第九章“生态系统服务价值量核算”详细介绍了GEP的概念,第十四章“指标和综合性报告”将GEP列为生态系统服务和生态资产价值核算指标、联合国可持续发展2050目标的衡量指标以及从原始数据到决策支撑的基本指标。

生态系统生产总值也可简称为生态产品总值,是指生态系统为人类福祉和经济社会可持续发展提供的各种最终物质产品与服务(生态产品)价值的总和(见表1-5)。生态系统生产总值核算包括生态系统物质产品、调节服务和文化服务的价值,不包括生态支持服务的价值。

物质产品是指人类从生态系统中获取的可在市场交换的各种物质产品,包括农业、林业、畜牧业、渔业产品以及淡水资源和生态能源,如食物、纤维、木材、药物、装饰材料与其他物质材料。

调节服务是指生态系统提供改善人类生存与生活环境的惠益,如调节气候、涵养水源、保持土壤、调蓄洪水、降解污染物、固定二氧化碳、氧气提供等。

文化服务是指人类通过精神感受、知识获取、休闲娱乐和美学体验从生态系统中获得的非物质惠益,包括休闲旅游和景观价值。

表 1-5 GEP 核算框架下的生态系统服务分类体系

序号	一级指标	二级指标	指标说明
1	物质产品	农业产品	从农业生态系统中获得的初级产品，如稻谷、玉米、谷子、豆类、薯类、油料、棉花、麻类、糖类、烟叶、茶叶、药材、蔬菜、水果等
2		林业产品	林木产品、林产品以及与森林资源相关的初级产品，如木材、竹材、松脂、生漆、油桐籽等
3		畜牧业产品	利用放牧、圈养或者两者结合的方式，饲养禽畜获得的产品，如牛、羊、猪、家禽、奶类、禽蛋等
4		渔业产品	利用水域中生物的物质转化功能，通过捕捞、养殖等方式获取的水产品，如鱼类、其他水生动物等
5		生态能源	生态系统中的生物物质及其所含的能量，如沼气、秸秆、薪柴、水能等
6		其他产品	用于装饰品的一些产品（如动物皮毛）和花卉、苗木等
7	调节服务	水源涵养	生态系统通过其结构和过程拦截滞蓄降水，增强土壤下渗，涵养土壤水分和补充地下水，调节河川流量，增加可利用水资源量的功能
8		土壤保持	生态系统通过其结构与过程保护土壤、降低雨水的侵蚀能力，减少土壤流失的功能
9		防风固沙	生态系统通过增加土壤抗风能力，降低风力侵蚀和风沙危害的功能
10		海岸带防护	生态系统减低海浪，避免或减小海堤或海岸侵蚀的功能
11		洪水调蓄	生态系统通过调节暴雨径流、削减洪峰，减轻洪水危害的功能
12		碳固定	生态系统吸收二氧化碳合成有机物质，将碳固定在植物和土壤中，降低大气中二氧化碳浓度的功能
13		氧气提供	生态系统通过光合作用释放出氧气，维持大气氧气浓度稳定的功能
14		空气净化	生态系统吸收、阻滤大气中的污染物，如 SO_2、NO_x、颗粒物等，降低空气污染浓度，改善空气环境的功能
15		水质净化	生态系统通过物理和生化过程对水体污染物吸附、降解以及生物吸收等，降低水体污染物浓度、净化水环境的功能
16		气候调节	生态系统通过植被蒸腾作用和水面蒸发过程吸收能量、降低气温、提高湿度的功能
17		物种保育	生态系统为珍稀濒危物种提供生存与繁衍场所的作用和价值
18	文化服务	休闲旅游	人类通过精神感受、知识获取、休闲娱乐和美学体验、康养等旅游休闲方式，从生态系统中获得的非物质惠益
19		景观价值	生态系统为人类提供美学体验、精神愉悦，从而提高周边土地、房产价值的功能

GEP 核算框架下的生态系统服务实物量评估包括三大类:物质产品实物量核算、调节服务实物量核算、文化服务实物量核算。生态系统服务实物量核算的核算项目、实物量指标和核算方法见表 1-6。

表 1-6 生态系统服务实物量核算的核算项目、实物量指标和核算方法

<table>
<tr><th>服务类别</th><th>核算项目</th><th>实物量指标</th><th>核算方法</th></tr>
<tr><td rowspan="6">物质产品</td><td>农业产品</td><td>农业产品产量</td><td rowspan="6">统计调查</td></tr>
<tr><td>林业产品</td><td>林业产品产量</td></tr>
<tr><td>畜牧业产品</td><td>畜牧业产品产量</td></tr>
<tr><td>渔业产品</td><td>渔业产品产量</td></tr>
<tr><td>生态能源</td><td>生态能源总量</td></tr>
<tr><td>其他</td><td>装饰观赏资源产量等</td></tr>
<tr><td rowspan="18">调节服务</td><td>水源涵养</td><td>水源涵养量</td><td>水量平衡法、水量供给法</td></tr>
<tr><td>土壤保持</td><td>土壤保持量</td><td>修正通用土壤流失方程(RUSLE)</td></tr>
<tr><td>防风固沙</td><td>固沙量</td><td>修正风力侵蚀模型(REWQ)</td></tr>
<tr><td>海岸带防护</td><td>海岸带防护面积</td><td>统计调查</td></tr>
<tr><td rowspan="3">洪水调蓄</td><td>湖泊:可调蓄水量</td><td rowspan="3">水量储存模型</td></tr>
<tr><td>水库:防洪库容</td></tr>
<tr><td>沼泽:滞水量</td></tr>
<tr><td rowspan="3">空气净化</td><td>净化二氧化硫量</td><td rowspan="3">污染物净化模型</td></tr>
<tr><td>净化氮氧化物量</td></tr>
<tr><td>净化颗粒物量</td></tr>
<tr><td rowspan="3">水质净化</td><td>净化化学需氧量(COD)</td><td rowspan="3">污染物净化模型</td></tr>
<tr><td>净化总氮(TN)量</td></tr>
<tr><td>净化总磷(TP)量</td></tr>
<tr><td>碳固定</td><td>固定二氧化碳量</td><td>固碳机理模型</td></tr>
<tr><td>氧气提供</td><td>氧气提供量</td><td>释氧机理模型</td></tr>
<tr><td rowspan="2">气候调节</td><td>植被蒸腾消耗能量</td><td rowspan="2">蒸散模型</td></tr>
<tr><td>水面蒸发消耗能量</td></tr>
<tr><td>物种保育</td><td>珍稀濒危物种数量</td><td>统计调查</td></tr>
<tr><td rowspan="2">文化服务</td><td>休闲旅游</td><td>游客总人数</td><td rowspan="2">统计调查</td></tr>
<tr><td>景观价值</td><td>受益土地面积或公众</td></tr>
</table>

GEP 核算框架下的生态系统服务价值评估包括生态系统物质产品价值、调节服务价值和文化服务价值，不包括生态支持服务价值。可根据不同的评估目的，评估不同类型的生态系统服务价值。

评估生态系统对人类福祉和经济社会发展的支撑作用时，生态系统生产总值为生态系统的物质产品价值、调节服务价值和文化服务价值之和。

$$GEP = EPV + ERV + ECV \tag{1-1}$$

评估生态保护成效与生态效益时，生态系统生产总值为生态系统的调节服务价值和文化服务价值之和。

$$GEP = ERV + ECV \tag{1-2}$$

式中，GEP 为生态系统生产总值；EPV 为生态系统物质产品价值；ERV 为生态系统调节服务价值；ECV 为生态系统文化服务价值。

生态系统服务价值评估指标体系由物质产品、调节服务和文化服务三大类服务构成。其中，物质产品主要包括农业产品、林业产品、畜牧业产品、渔业产品、生态能源和其他产品；调节服务主要包括水源涵养、土壤保持、防风固沙、海岸带防护、洪水调蓄、碳固定、氧气提供、空气净化、水质净化、气候调节和物种保育；文化服务主要包括休闲旅游、景观价值。生态系统生产总值实物量及价值量核算指标体系见表 1-7。

表 1-7 生态系统生产总值实物量及价值量核算指标体系

服务类别	核算科目	实物量指标	价值量指标
物质产品	农业产品	农业产品产量	农业产品产值
	林业产品	林业产品产量	林业产品产值
	畜牧业产品	畜牧业产品产量	畜牧业产品产值
	渔业产品	渔业产品产量	渔业产品产值
	生态能源	生态能源总量	生态能源产值
	其他产品	装饰观赏资源总量等	装饰观赏资源产值等
调节服务	水源涵养	水源涵养量	水源涵养价值
	土壤保持	土壤保持量	减少泥沙淤积价值
			减少面源污染价值
	防风固沙	固沙量	草地恢复成本
	海岸带防护	海岸带防护面积	海岸带防护价值
	洪水调蓄	洪水调蓄量	调蓄洪水价值

续表

服务类别	核算科目	实物量指标	价值量指标
调节服务	空气净化	净化二氧化硫量	净化二氧化硫价值
		净化氮氧化物量	净化氮氧化物价值
		净化颗粒物量	净化颗粒物价值
	水质净化	净化 COD 量	净化 COD 价值
		净化总氮量	净化总氮价值
		净化总磷量	净化总磷价值
	碳固定	固定二氧化碳量	碳固定价值
	氧气提供	氧气提供量	氧气提供价值
	气候调节	植被蒸腾消耗能量	植被蒸腾调节温湿度价值
		水面蒸发消耗能量	水面蒸发调节温湿度价值
	物种保育	珍稀濒危物种数量 保护区面积	珍稀濒危物种保育价值 保护区保育价值
文化服务	休闲旅游	游客总人数	游憩康养价值
	景观价值	受益土地与房产面积	土地、房产升值

在生态系统服务实物量核算的基础上，确定各类生态系统服务的价格，核算生态服务价值。具体而言，生态系统服务价值量核算中，物质产品价值用市场价值法进行核算，调节服务价值主要用替代成本法进行核算，文化服务价值使用旅行费用法或享乐价格法进行核算。生态系统服务价值量核算的核算项目、价值量指标和核算方法见表 1-8。

表 1-8　生态系统服务价值量核算的核算项目、价值量指标和核算方法

服务类别	核算项目	价值量指标	核算方法
物质产品	农业产品	农业产品产值	市场价值法
	林业产品	林业产品产值	
	畜牧业产品	畜牧业产品产值	
	渔业产品	渔业产品产值	
	生态能源	生态能源产值	
	其他	装饰观赏资源产值等	

续表

服务类别	核算项目	价值量指标	核算方法
调节服务	水源涵养	水源涵养价值	替代成本法
	土壤保持	减少泥沙淤积价值	替代成本法
		减少面源污染价值	替代成本法
	防风固沙	固沙价值	恢复成本法
	海岸带防护	由于防护减少的损失价值	替代成本法
	洪水调蓄	调蓄洪水价值	影子工程法
	空气净化	净化二氧化硫价值	替代成本法
		净化氮氧化物价值	替代成本法
		净化颗粒物价值	替代成本法
	水质净化	净化总氮价值	替代成本法
		净化总磷价值	替代成本法
		净化 COD 价值	替代成本法
	碳固定	固定二氧化碳价值	替代成本法
	氧气提供	氧气提供价值	替代成本法
	气候调节	植被蒸腾调节温湿度价值	替代成本法
		水面蒸发调节温湿度价值	
	物种保育	物种保育价值	保育价值法
文化服务	休闲旅游	休闲旅游价值	旅行费用法
	景观价值	景观价值	享乐价格法

1.3 生态环境损害价值评估基础

生态环境损害价值评估是综合应用价值评估相关理论和方法以及环境科学、生态学、经济学、管理学等相关学科知识，对生态环境损害价值进行评定估算的活动。在生态环境损害价值评估过程中，将会涉及评估主体、评估客体、评估目的和原则、评估内容和方法等一系列必不可少的评估要素。

1.3.1　评估目的和原则

1.3.1.1　评估目的

通过生态环境损害价值评估，量化生态环境损害实物量，筛选并给出推荐的生态环境恢复方案，最后计算生态环境损害价值，为资源环境主管部门、检察院、法院、公民、法人、社会组织等相关方处理或应对环境污染、生态破坏、生物资源损害等生态环境损害案件提供损害实物量和价值量的计算依据，服务于生态环境损害赔偿磋商或诉讼、环境公益诉讼等相关生态环境损害案件赔偿数额的确定和生态环境损害恢复方案的实施。

1.3.1.2　评估原则

考虑到我国司法鉴定的原则以及环境损害司法鉴定工作的特点，生态环境损害价值评估应遵循生态环境损害鉴定评估中合法合规、科学合理和独立客观的基本原则，既保证生态环境损害鉴定评估符合司法鉴定的基本要求，又充分考虑生态环境损害鉴定评估工作的特殊需求。

(1) 合法合规原则

鉴定评估工作应遵守国家和地方有关法律、法规和技术规范，禁止伪造数据和弄虚作假。

(2)科学合理原则

鉴定评估工作应制定科学、合理、可操作的工作方案。鉴定评估工作方案应包含严格的质量控制和质量保证措施。

(3)独立客观原则

鉴定评估机构及鉴定人员应当运用专业知识和实践经验独立客观地开展鉴定评估工作，不受鉴定评估利益相关方的影响。

此外，基于现行生态环境损害赔偿制度“应赔尽赔”的基本原则，应当对可以恢复的生态环境损害进行恢复，对不能恢复的生态环境通过价值量化给予赔偿。污染环境或破坏生态行为发生后，在生态环境损害评估启动前，已经采取必要合理措施的，对已经产生的实际支出费用进行统计汇总。对于生态环境及其服务可以恢复的部分，根据基本恢复和补偿性恢复的目标和恢复技术采用恢复费用法进行测算；对于不可恢复的部分，本着实施最严格的生态环境保护制度的原则，采用环境价值评估方法进行量化，确定生态环境损害赔偿数额；损害事实明确但无法量化范围和程度的，采用虚拟治理成本法进行量化。需要特别强调的是，采用虚拟治理成本法计算生态环境损害时，通过调整系数的引入，使得计算结果涵盖了生态服务功能的期间损害，无须额外计算生态服务功能损失。

1.3.2 评估主体和客体

1.3.2.1 评估主体

由于生态环境损害价值评估属于生态环境损害鉴定评估工作的一部分，因此，生态环境损害价值评估主体，一般指具有生态环境损害鉴定评估资质，依法从事生态环境损害评估活动并对评估活动承担法律责任的评估机构、组织和个人。由于生态环境损害鉴定活动是特殊法律活动，这一特点决定了鉴定主体资格具有叠加性，即环境损害鉴定机构、组织与在环境鉴定机构、组织中从事环境损害鉴定的鉴定人均为具有鉴定资格的主体。鉴定机构、组织和鉴定人在环境损害鉴定活动中必须进行资格叠加，方可构成环境损害鉴定活动的适格主体。目前在我国，生态环境损害鉴定评估的主要评估主体主要有环境损害司法鉴定机构、行政主管部门推荐的生态环境损害鉴定评估机构以及高校、科研院所等专家团队。

1.3.2.2 评估客体

生态环境损害价值评估客体是指评估的对象，即“评估什么”。从字面上看，生态环境损害价值评估的客体比较清楚明白，即“生态环境损害价值”，但哪些内容属于生态环境损害价值评估范畴，尚需有明确、统一的规范。

根据生态环境损害相关概念，生态环境损害价值评估的客体为生态环境损害造成的环境要素损害价值、生态系统及其服务损害价值和生物资源损害价值。其中环境要素包括大气、土壤、水等，生态系统及其服务包括森林、湿地、草地、荒漠、农田、海洋、城市等各类生态系统及其所提供的供给、调节和文化等生态系统服务，生物资源包括林木资源、野生动物资源、名木古树、农产品、渔业资源等。

1.3.3 评估内容和方法

1.3.3.1 评估内容

《中华人民共和国民法典》第七章第一千二百三十五条对环境污染和生态破坏的侵权责任造成的生态环境损害提出了明确的赔偿范围：“违反国家规定造成生态环境损害

的，国家规定的机关或者法律规定的组织有权请求侵权人赔偿下列损失和费用：（一）生态环境受到损害至修复完成期间服务功能丧失导致的损失；（二）生态环境功能永久性损害造成的损失；（三）生态环境损害调查、鉴定评估等费用；（四）清除污染、修复生态环境费用；（五）防止损害的发生和扩大所支出的合理费用。"此外，《生态环境损害赔偿管理规定》（环法规〔2022〕31号）、《最高人民法院关于审理环境民事公益诉讼案件适用法律若干问题的解释》（法释〔2020〕20号）等也对生态环境损害赔偿范围及民事责任承担方式做出明确规定（见图1-11和图1-12）。因此，在具体的生态环境损害价值评估实务案例中，生态环境损害价值评估内容通常包括生态环境基本恢复费用评估、生态环境受到损害至修复完成期间生态系统服务功能丧失导致的损害价值评估、生态环境功能永久性损害造成的损失价值评估、防止损害的发生和扩大所支出的合理费用评估等。生态环境损害价值评估需要基于生态环境损害是否已经恢复、是否需要恢复、是否能恢复等情况，制定基本恢复方案、补偿性恢复方案、替代修复方案，基于恢复费用法、环境价值评估方法等对损害价值进行量化。同时，应根据生态环境损害案件类型特征及所在区域的实际情况，综合确定评估内容和具体的评估指标。

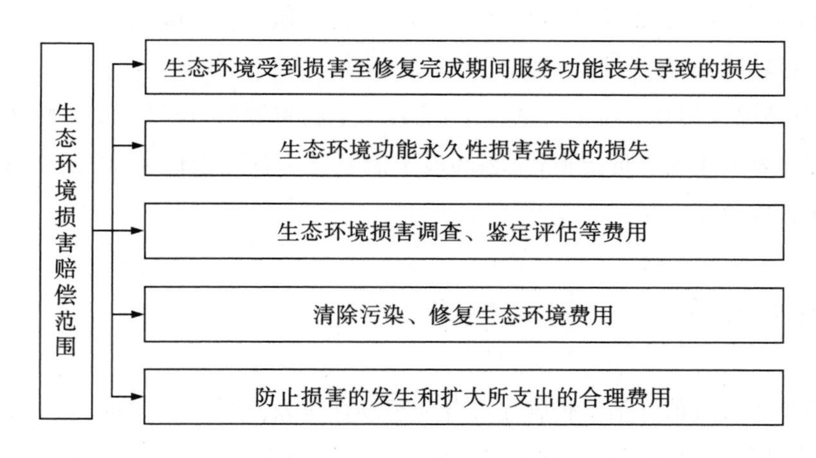

图1-11　生态环境损害赔偿范围

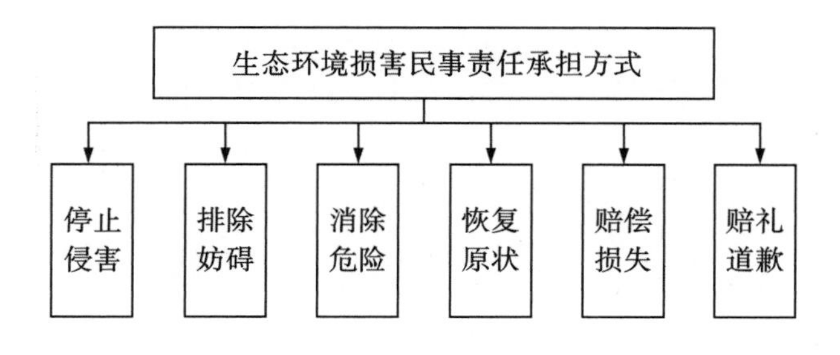

图1-12　生态环境损害民事责任承担方式

1.3.3.2 评估方法

生态环境损害评估方法包括替代等值分析方法和环境价值评估方法。替代等值分析方法包括资源等值分析方法、服务等值分析方法和价值等值分析方法。环境价值评估方法包括直接市场价值法、揭示偏好法、效益转移法和陈述偏好法。在评估时，应遵循以下原则：

(1)优先选择资源等值分析方法和服务等值分析方法。如果受损的生态环境以提供资源为主，采用资源等值分析方法；如果受损的生态环境以提供生态系统服务为主，或兼具资源与生态系统服务，采用服务等值分析方法。

(2)如果不能满足资源等值分析方法和服务等值分析方法的基本条件，可考虑采用价值等值分析方法。如果恢复行动产生的单位效益可以货币化，考虑采用价值-价值法；如果恢复行动产生的单位效益的货币化不可行(耗时过长或成本过高)，则考虑采用价值-成本法。同等条件下，优先采用价值-价值法。

(3)如果替代等值分析方法不可行，则考虑采用环境价值评估方法。根据方法的不确定性从小到大，建议依次采用直接市场价值法、揭示偏好法和陈述偏好法，条件允许时可以采用效益转移法。

(4)以下情况采用环境价值评估方法：当评估生物资源时，难以衡量生物体内污染物浓度或对照区发病率的评价指标；生态环境不能通过工程完全恢复；生态环境恢复工程的成本大于预期收益。

1.3.4 评估程序

生态环境损害价值评估工作程序可分为现场调查及资料整合分析、生态环境损害实物量化、生态环境恢复方案制定和生态环境损害价值量化四部分(见图 1-13)。

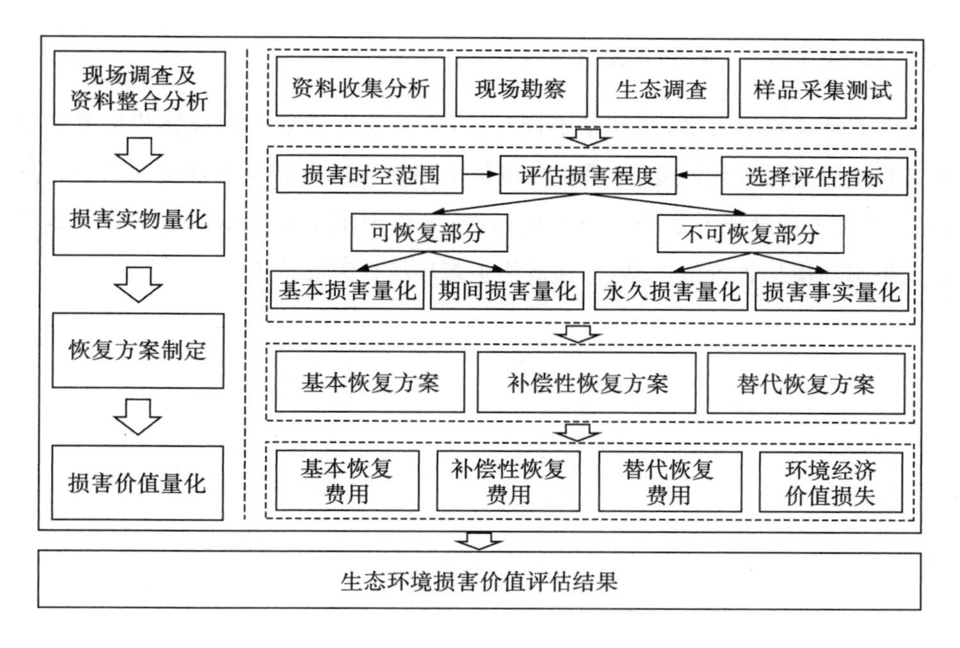

图 1-13　生态环境损害价值评估程序

1.3.4.1　现场调查及资料整合分析

收集开展生态环境损害价值评估所需要的相关文献资料、监测与统计等信息数据以及基础地理与地形图件，开展必要的生态环境实地观测和调查，进行数据预处理以及参数本地化。

1.3.4.2　生态环境损害实物量化

根据评估目的确定生态环境损害价值评估的时间和空间范围。根据环境要素、生物要素、生态系统等生态环境类型及评估的用途，选择评估指标。根据生态环境损害程度及是否可恢复，主要通过量化环境要素中特征污染物浓度或生物资源或生态服务超过基线的时间、数量、面积、体积或程度等对基本损害、期间损害、永久损害等进行实物量化。

1.3.4.3　生态环境恢复方案制定

根据评估目的及损害实物量化结果，制定多个备选的基本恢复方案。备选方案应包括采取积极的恢复措施尽快将受损生态环境恢复至基线的恢复方案和采用最少的管理措施实现自然恢复的恢复方案。经对比筛选确定基本恢复方案、补偿性恢复方案或替代恢复方案。

1.3.4.4 生态环境损害价值量化

根据生态环境恢复方案，核算基本恢复费用、补偿性恢复费用或替代恢复费用。对永久损害且不能进行替代恢复的，采用环境价值评估方法计算生态环境永久损害造成的损失；对适用虚拟治理成本法的生态环境损害，采用虚拟治理成本法评估损害价值。最后将各类生态环境损害价值汇总，得到最终生态环境损害总价值。

第2章　生态环境损害价值评估原理

本章由环境经济学及其基本理论、生态环境损害价值评估的理论基础和生态环境损害价值评估方法体系三部分组成。其中，环境经济学及其基本理论主要介绍环境经济学的产生与发展、环境经济系统理论、环境资源价值理论、外部性理论、产权理论和公共物品理论；生态环境损害价值评估的理论基础主要介绍生态环境经济评价概念和费用效益分析理论；生态环境损害价值评估方法体系主要介绍生态损害价值评估概况、替代等值法以及环境价值评估方法。

2.1　环境经济学及其基本理论

环境经济学是人类在解决环境问题实践过程中形成的一门新兴学科。环境价值评估方法的发展离不开其基本理论的支撑，以下将逐一介绍。

2.1.1　环境经济学的产生与发展

2.1.1.1　环境经济学的产生

环境经济学是在经济迅速增长，资源问题、环境问题日益严重的历史背景下产生的，是随着人类对经济与环境关系的认识逐步深入而逐渐形成的一门新兴学科。其中，环境问题是指构成环境的要素遭到损害，环境质量发生变化的一种状态，这种变化不利于人类生存和发展，甚至会带来灾害。2012年，中国社会科学院李扬在出席“中国循环经济与绿色发展论坛”时指出：“如果在GDP中扣除生态退化与环境污染造成的经济损失，我国的真实经济增长速度仅有5%左右。”[①]由此可见，环境问题实质上是经济问题。解决环

① 章轲. 社科院：中国真实GDP增速仅5%左右[EB/OL].(2012-12-17)[2022-7-23]. http://china.haiwainet.cn/n/2012/1217/c345646-17873598.html.

境问题必须从经济学角度分析环境问题产生的原因、危害，并提出解决环境问题的对策。在此背景下，环境经济学应运而生。环境经济学为人类社会可持续发展提供了新的分析方法以及制定环境经济政策的依据，在一定程度上推动了生态环境与经济的协调、可持续发展。

环境经济学存在着广义和狭义之分，狭义上的环境经济学着重从经济学角度研究环境污染产生的原因以及对其进行控制的途径；而广义上的环境经济学则应当包括生态经济学和资源经济学的内容。1952 年，美国总统物资政策委员会发表报告《自由的资源，增长和稀缺的基础》(Resources for Freedom，Foundation for Growth and Scarcity)，成为环境经济研究史上一个重要的里程碑，这标志着环境经济相关研究开始上升到政策研究层面。改革开放后，我国环境经济研究工作才真正起步。1980 年全国环境管理、环境经济、环境法学学术交流会的召开，标志着环境经济学研究开始受到中国学术界广泛关注。目前环境经济学最核心的内容是研究不同类型的污染和不同类型的自然资源的最优配置，而最优配置的前提之一则是环境价值的有效评估。

2.1.1.2　环境经济学的发展

20 世纪 20—30 年代，阿瑟・庇古提出的经济外部性理论，为分析、解决环境问题提供了新的思路。20 世纪 50 年代，西方经济学家和生态学者将环境和生态科学引入经济学研究之中，以应对严重的环境污染问题。此后在欧美国家形成了污染经济学，在日本形成了公害经济学。污染经济学和公害经济学的诞生，为环境经济学的建立奠定了基础。20 世纪 70 年代以后，环境经济学在发达国家得到了较快发展。2018 年的诺贝尔经济学奖获得者保罗・M.罗默和威廉・D.德豪斯将气候变化和技术革新因素融入宏观经济学分析之中，解释了市场经济如何与自然环境相互作用。

我国环境经济学分为三个发展阶段。第一阶段(1982 年以前)为起步阶段。1978 年我国制定了《环境经济学和环境保护技术经济八年发展规划(1978—1985)》，将环境经济学、环境管理和环境工程等列入了规划。1981 年召开的全国环境经济学术讨论会，对环境保护在国民经济中的地位和作用、环境政策和环境技术经济政策、环境保护指标体系、环境保护的经济效果、环境管理经济手段的适用等方面的问题进行了研究和探讨，并对国外广泛应用的环境费用-效益分析、投入-产出法等方法作了较系统的论述，推动了环境经济学的研究进程。第二阶段(1982—2003 年)为发展阶段。1982 年国务院颁布的《征收排污费暂行办法》(国发〔1982〕21 号)标志着环境经济进入了发展阶段。排污收费制度是环境经济学理论在环境保护工作中的具体应用。1994 年王金南编著的《环境经济学：理论・方法・政策》提供了最为完整的环境经济学框架，这是国内环境经济学系统性专著。第三阶段(2004 年至今)为完善阶段。在中国环境管理、经济与法学学会的基础上,2004 年成立的中国环境科学学会环境经济学专业委员会,标志着环境经济学进入发展完善阶段。党的十八大以来,党中央将生态文明建设作为统筹推进“五位一体”总体布局和协同推进“四个全面”战略布局的重要内容,生态文明建设深入人心。2021 年 11 月,中共中央、国务院印发《中共中央、国务院关于深入打好污染防治攻坚战的意见》,明确要以实现减污降碳协同增效为总抓手,以高水平保护推动高质量发展。2022 年 6 月,生态环境部印发《生态环境部贯彻落实扎实稳住经济一揽子政策措施实施细则》,明确了生态环境领域支撑经济平稳运行的五项重点举措。

2.1.2　环境经济系统理论

2.1.2.1　理论分析

环境与经济的关系是环境经济学研究的基本问题之一。基于哲学的辩证统一观点:环境和经济是紧密联系的,环境是经济的基础,也是经济的制约条件;经济发展对环境变化起主导作用,经济发展对环境产生好的或坏的影响,环境变化又反过来影响经济发展。从物理学角度看,经济系统会受到环境系统的制约作用。物理学中的热力学第一定律指出,在一个封闭系统中,能量和物质是不能产生和消灭的。如图 2-1 所示,从环境进入经济系统的原材料和能量,可能在经济系统中积聚起来,也可能作为废弃物回归到自然环境中。这样,过度消费就会引起环境财产(用货币衡量的环境资源)的过度贬值。当对自然环境的消费超过自然界的承载能力时,环境财产所提供的服务就会减少。当生态环境遭到破坏,生态产品供给减少并无法满足人类需要甚至威胁人类生存时,生态环境的价值才会引起人类的共同关注。环境经济评价是联系环境系统和经济系统的桥梁。2021 年,联合国首席经济学家艾利奥特・哈里斯指出,环境经济系统核算是作为一个“游戏改变者”而出现的,他同时指出“经济需要紧急救助,自然界也需要”“我们衡量的东西,就要价值化,我们价值化的东西,就要管理好”。

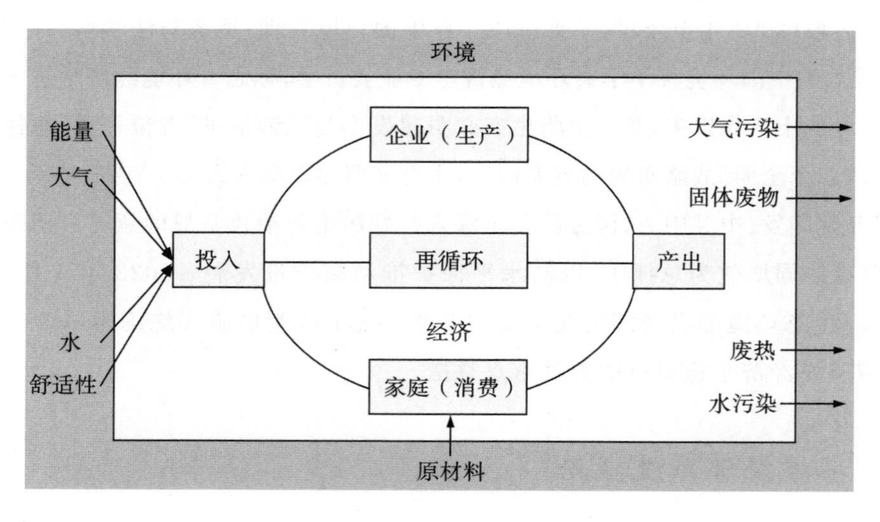

图 2-1 环境经济系统①

2.1.2.2 实践应用

(1)环境库兹涅茨曲线(EKC)

1955 年,美国经济学家西蒙·史密斯·库兹涅茨②在研究中提出了一个假设:在经济发展过程中,收入差异一开始随着经济增长而加大,随后这种差异开始缩小。在二维平面坐标系中,以收入差异为纵坐标,以人均收入为横坐标,可以绘制一条“倒 U 形”曲线。1991 年,美国经济学家格鲁斯曼和克鲁格③指出污染与人均收入的关系为“污染在低收入水平上随人均 GDP 增加而上升,在高收入水平上随 GDP 增长而下降”,这首次实证研究了环境质量与人均收入之间的关系。1992 年,世界银行发布的《世界发展报告》以“发展与环境”为主题,扩大了环境质量与收入关系研究的影响。1993 年,潘那优拓④借用 1955 年库兹涅茨界定的人均收入与收入差异之间的“倒 U 形”曲线,将环境质量与人均收入之间的这种关系称为环境库兹涅茨曲线,即 EKC 曲线(见图 2-2)。

---

① 蒂坦伯格,刘易斯.环境与自然资源经济学:第 8 版[M].王晓霞,杨鹂,石磊,等译.北京:中国人民大学出版社,2011.

② 毛强.库兹涅茨曲线[N].学习时报,2018-01-19(2).

③ GROSSMAN G M,KRUEGER A B.Environmental impacts of a north American free trade agreement[J].Social science electronic publishing,1991,8(2):223-250.

④ PANAYOTOU T.Empirical tests and policy analysis of environmental degradation at different stages of economic development[R].Geneva:ILO,1993.

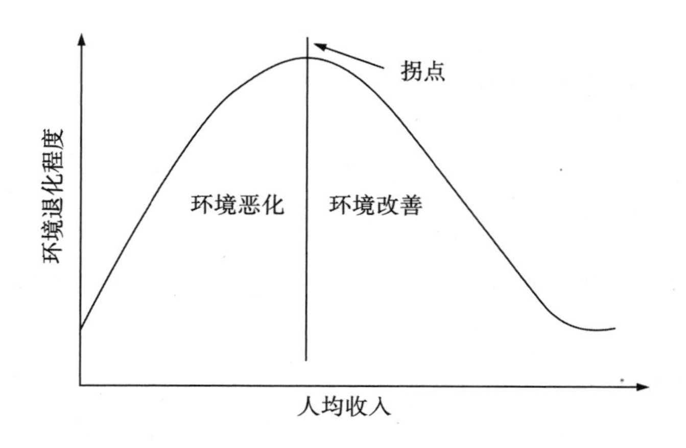

图 2-2　环境库兹涅茨曲线

环境库兹涅茨曲线表明:在经济发展初期阶段,环境质量随着人均收入水平提高而退化,在经济发展到一定阶段,人均收入水平上升到一定程度后,环境质量随着人均收入水平的提高而改善,即环境质量与人均收入水平呈“倒 U 形”曲线关系。污染强度与人均收入的二次多项式关系模型可表示为式(2-1)。

$$Y_i=\beta_0+\beta_1 X_i+\beta_2 X_i{}^2+\beta_3 O_i+\varepsilon_i \tag{2-1}$$

式中,Y_i 为第 i 年的环境污染程度,X_i 为第 i 年居民人均收入中值,O_i 表示其他影响环境污染程度的控制变量,β_0、β_1、β_2、β_3 为回归系数,ε_i为随机误差项。

多数实证研究选择式(2-1)的二次多项式模型,也有研究采用三次多项式、对数平方和对数立方多项式等模型。这取决于所考虑的因变量以及所采用的是横截面分析还是分组分析。这些因素导致了所获得的库兹涅茨曲线的不同形状和转折点的具体位置差异。

(2)EKC 曲线启示

①经济增长往往会引起环境质量的下降及引发环境问题,当环境问题发展到一定程度时,会促使人们重视环境保护与治理。

②经济发展和环境质量受政治体制、经济活动、技术水平、文化传统、环境教育、消费观念等众多因素影响,因此经济发展与环境质量之间的关系非常复杂,不能简单地用收入水平来解释环境质量的变化。

③依据 EKC 曲线理论,社会经济的发展基本遵循“先污染,后治理”的发展模式。然而在经济增长的同时,关注环境问题,才能达到两者和谐发展的状态。

2.1.3 环境资源价值理论

2.1.3.1 理论分析

环境资源是否有价值是环境经济学的核心问题之一。环境资源价值理论的发展经历了两个阶段：

(1)无价值论阶段

根据劳动价值论，价值是凝结在商品中的一般人类劳动。从传统意义上来说，生态环境资源是天然产物，不是人类创造的劳动产品，没有凝结一般人类劳动，因此不具有价值。在这种观念指导下，对环境资源实行无偿利用成为经济工作的一项准则，由此造成了资源耗竭、环境污染和生态破坏等严重后果。此外，由于环境资源无价理论缺乏对环境资源价值的正确评估，资源的消耗速度和紧缺程度在价格信号中难以表现，所以难以采用有效的经济手段对生态环境资源进行管理和保护。

(2)有价值论阶段

在工业革命后，随着经济社会的发展，自然界的自然再生产无法满足高速经济发展的需求。为了使生态环境与经济发展需求相均衡，人类在生态环境改造和保护上投入了大量的时间和精力。当今的生态环境中包含人类劳动，因此其具有价值。这种生态环境资源价值是人类为了使社会经济发展与环境保持良性均衡而投入的社会必要劳动。对于生态环境资源价值的诠释主要源于价值补偿的角度，对所耗费的劳动进行补偿，但没有涉及生态环境资源本身被耗用的问题，生态环境资源本身仍然被无偿耗用。

根据要素价值论，价值的源泉除人类劳动之外还有生产要素。将要素价值论运用到生态环境资源价值评价中时，生态环境资源的价值便由资源自身形成的价值和人类投入的劳动的价值两方面构成：一方面，生态环境本身可视作生产要素，如水、土地、木材等。这些生产要素在商品价值的生产中做出了贡献，因而具有价值。这些生产要素所耗费的代价便是生产费用，如水费、地租、木材价格等。另一方面，人类在生态环境资源的管理、保护和再生产中投入了劳动，这部分劳动也产生了实际的价值。因而，生态环境资源的价值为资源自身的价值与人类劳动的价值之和。

根据效用价值论，某种物品的价值来源于它的效用。物品的边际效用就是该物品的价值，并且认为只有在效用和稀缺性相结合时才会产生价值。生态环境资源是人类生活必不可少的，也是社会生产不可或缺的，因此对于人类具有巨大的效用。经济社会发展进程中，生态环境的自然再生产已无法满足人类扩张性发展的需求，因此生态环境资源具有稀缺性。根据效用价值论，生态环境资源的效用以及稀缺性赋予其价值，同时也为对其定价提供了理论基础。

承认生态环境资源有价值具有以下意义：

第一，有利于充分运用经济手段管理生态环境资源。只有承认生态环境资源有价值，才能对生态环境价值进行有效评估，从而做出理性的行为决策，实现经济社会可持续发展。

第二，可为生态环境资源的有偿使用提供理论依据。生态环境资源具有价值，因此对于生态环境资源，应当有偿使用。生态环境资源的有偿使用为我国生态环境资源的合理开发、利用和进行环境保护提供了良好的条件。

第三，可为合理制定生态环境资源价格奠定基础。价格是价值的货币表现，承认生态环境资源有价值，就可以根据生态环境资源的价值，确定合理的生态环境资源价格。

2.1.3.2　实践应用

(1)生态环境资源价值分类

生态环境资源价值的界定是生态环境经济评价的基础。国内外对生态环境价值有两种分类方法。

①资源价值和生态价值。根据生态环境功能属性的不同，可以将生态环境价值分为资源价值和生态价值两部分(见表 2-1)。

表 2-1　生态环境价值分类

生态环境价值	资源价值	比较实的、有形的物质性商品价值
	生态价值	比较虚的、无形的舒适性服务价值

②使用价值和非使用价值。目前世界范围内采用最为广泛的构成分类源于皮尔斯在《自然资源与环境经济学》《生物多样性的经济价值》《世界无末日：经济学、环境与可持续发展》等关于环境价值评估的著作中提出的环境价值概念系统。皮尔斯(1994)根据环境资源效用性将其总经济价值分为使用价值和非使用价值两部分，前者包括直接使用价值、间接使用价值和选择价值，后者包括遗产价值和存在价值①。生态环境价值类型及形式如图 2-3 所示。

① 吴丽梅.江苏省农业资源生态价值核算[D].南京：南京农业大学，2005.

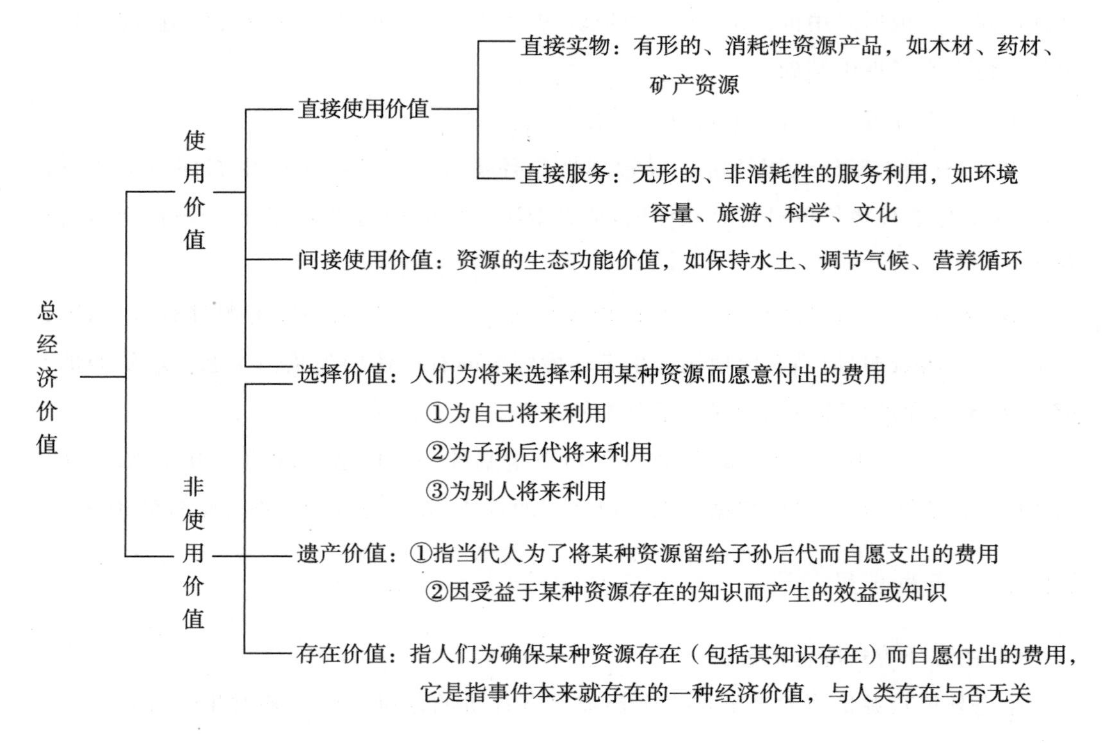

图 2-3　生态环境价值类型及形式①

(2)生态环境资源价值评估

生态环境资源的价值体现在市场直接或间接交易过程中，可以利用市场价格表示其价值；但是其余无法在市场上观测到的生态环境资源则需要通过特定的评价方法将其揭示出来，使环境价值能够尽可能真实地进入市场运行过程，实现资源的合理利用和最优配置。环境资源价值评估的理论基础是“支付意愿”。假定生态环境资源物品或服务的价值是效用函数的因变量，“支付意愿”代表消费者为获得某种效用愿意支付的费用（或价格），能够真实反映消费者对于所购买物品或服务的价值评估。但是，由于生态环境资源的公共物品特征，其在市场中的可交易程度不同，可获取的支付意愿信息的真实和完整程度也不同，这要求利用专门的技术和方法，揭示真实和完整的“支付意愿”。建立特定的技术和方法，评估生态环境资源的价值，就成为环境资源经济学长期以来的研究任务。

按照生态环境资源物品或服务与市场的关联程度，可将生态环境资源价值分为三类：市场可直接交易的价值、市场可间接交易的价值和市场不可交易的价值。对于上述

① 薛达元.生物多样性经济价值评估：长白山自然保护区案例研究[M].北京：中国环境科学出版社，1997.

价值评估的具体阐述如下：

①可直接交易价值评估。价格是价值的市场表现，是通过市场机制揭示的价值部分。理想市场所形成价格的依据就是相关主体在市场中对物品或服务的价值做出的评价。因此，只要生态环境资源能够在市场上交易，那么交易过程就能提供关于物品价值最丰富的信息。如自然资源产品总价值中的直接使用价值部分，就可以通过市场价格来充分反映。但是，通过市场评估生态环境价值（价格）的前提是存在完善的市场机制。在不完善的市场中，物品价格受到各种因素的影响而发生扭曲，往往无法真实地表达物品或资源的价值，从而减弱价格机制的作用，导致资源的不合理配置和利用。此时就需要借用"影子价格"来估算该物品对社会的真实价值。例如，在非理想的市场或受到人为干预的市场上（如存在垄断或价格补贴），产品的市场价格可能高于或低于真实的社会价值，此时就需要用"影子价格"来调整市场价格。此外，利用市场评估环境价值还面临另外一种挑战：公共物品产权具有不确定性，环境资源市场很难自然形成，或需要通过人工界定产权来创建市场，从而形成环境资源的市场价格。例如，美国的排污权交易市场就是一个典型的人工创建的市场，用以推动大气容量资源的配置。

②可间接交易价值评估。许多生态环境资源的价值无法在市场中直接交易，如舒适性、景观、健康安全风险等。这些间接使用价值及其效益是隐含在与之相关的物品或服务的价格中的，可以通过观察相关物品或服务的市场交易价格，将与环境变化相关的支付意愿从价格中剥离或揭示出来，即"揭示支付意愿"。例如，通过研究旅行成本发现环境舒适性的价值，从房地产价格中识别环境质量改善的价值，或者从人们针对环境变化采取的防护行为中推断其对环境服务的支付意愿。可间接交易价值评估方法以实际可观察的市场价格和交易行为为基础，其基本假设是市场中存在环境资源价值的衍生价格、参照价格或隐含价格。由于生态环境资源所具有的功能属性中，有些功能是不可以被纳入价格机制的，因此该类价值评估只能揭示生态环境资源一部分功能属性的价值。

③不可交易价值评估。对于不可直接或间接交易的环境价值（主要表现为非使用价值），没有真实的市场数据，也无法通过间接观察市场行为来揭示价值，只能通过意愿调查价值评估法了解人们的支付意愿。该方法一般是基于环境资源的假想变化，通过调查获知人们的偏好评价。通过支付意愿调查所得到的主体对客体的评价，并不是主体通过实际支付所表达的对客体的评价。因此，意愿调查价值评估法得出的价值评估结果一直存在诸多争议。

上述各类生态环境价值评估方法将在后面章节进行具体介绍和分析。

2.1.4 外部性理论

外部性理论揭示了经济活动中一些低效率资源配置问题的根源,同时又为解决环境外部性问题提供了可供选择的思路和框架,因此是环境经济学的理论基础。

2.1.4.1 理论分析

1910 年,经济学家马歇尔提出了外部性理论。随后,他的学生庇古进一步丰富和发展了外部性理论。庇古从“私人边际成本”和“社会边际成本”的概念出发,分析了外部性产生的原因、类型以及外部性的经济影响,并提出以“庇古税”和补贴作为解决问题的方案。庇古在 1920 年出版的《福利经济学》中指出:经济外部性的存在,是因为当 A 对 B 提供劳务时,往往使其他人获得利益或受到损害,可是 A 并未从受益人那里取得报酬,也不必向受损者支付任何补偿。庇古还提出了“外部不经济”和“内部不经济”的概念,将外部性分为正外部性外部经济和负外部性外部不经济两种。外部性用数学语言可以表示为

$$F_j = F_j(X_{1j}, X_{2j}, \cdots, X_{nj}, X_{mk})(j \neq k) \tag{2-2}$$

式中,j 和 k 为不同的经济主体(个人或厂商);F_j 为经济主体 j 的福利函数;X_{1j},X_{2j},…,X_{nj} 为经济主体 j 控制的经济活动;X_{mk} 为经济主体 k 控制的某一经济活动。函数表明,如果某个经济主体 F_j 的福利,除受到他自己所控制的经济活动 X_i 的影响外,同时还受到另外一个人 k 所控制的某一经济活动 X_m 的影响,那么就存在外部效应。

2.1.4.2 实践应用

(1)环境问题外部性

环境问题在很大程度上是外部性产物。下面以环境污染为例,分析外部不经济性(见图 2-4)。

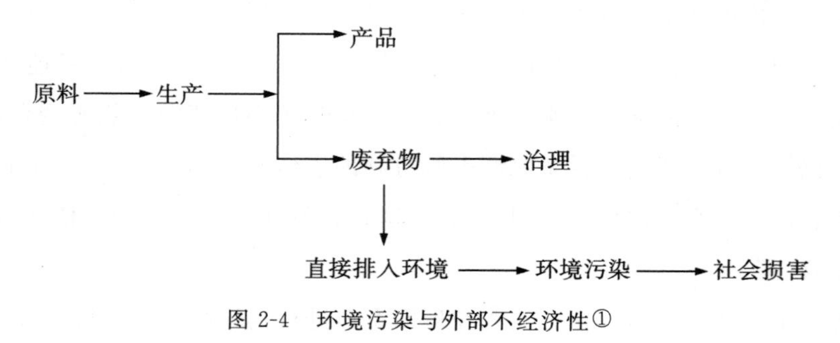

图 2-4 环境污染与外部不经济性①

① 李克国.环境经济学[M].4 版.北京:中国环境出版集团,2021.

原料生产过程不可避免地产生废弃物，废弃物产生后，有两种处理办法：①对废弃物进行治理，无害化后再排入环境；②受利润最大化动机的支配，将废弃物直接排入环境，目的是获得最多的盈利。对废弃物进行治理需要花费一定的人力、物力，从而增加支出，这一支出将成为原料生产成本的一部分(简称为私人成本)。由于成本的增加，生产者的盈利必然下降，这是生产者不愿看到的。而选择把带有污染物的废弃物直接排入环境之中，就可节省一笔开支(私人成本)。但是，污染物排入环境后会造成环境污染，从而使该环境内的其他人受到损害，或者说是对社会造成了经济损失(各种损害均可折算为经济损失)，这一经济损失简称为社会成本。可见，由于生产者把污染物直接排入环境中，“节省”了治理污染的私人成本，而使社会付出了社会成本，即私人成本社会化。私人成本社会化只是对外部不经济性的一种定性的描述。事实上，私人成本和社会成本是不等值的，环境污染造成的社会成本一般要远大于私人成本。

(2)外部性的内部化

环境问题的外部不经济性的产生是由于私人成本社会化，因而要解决这一问题应该使外部不经济性内部化。私人成本社会化是把自身的盈利建立在他人受损的基础之上，这显然不公平。同时，由于社会成本一般远大于私人成本，如果将私人成本内部化，就可减少甚至消除社会成本。就全社会而言，可以用较少的投入，减少较大的损失。

王金南在《环境经济学》中提出了将外部不经济性内部化的四种主要途径：

①直接管制。直接管制是指直接对污染物排放进行规定，最终达到控制污染排放的目的。在环境管理政策领域，管制手段在各国环境管理手段中占主导地位。

②损失赔偿。损失赔偿是通过法律途径补救和校正外部不经济性的一种法院仲裁的方法。损失赔偿法来源于西方发达国家(尤其是英国、美国等)，目前已被大多数国家广泛用于解决环境外部不经济性和污染损失赔偿纠纷。

③庇古税。英国新古典学派代表人庇古提出了通过税收或收费(即庇古税)将经济外部性内部化。当存在外部经济性时，对行为人进行补贴；当存在外部不经济性时，对行为人进行征税。我国实施的环境保护税就是一种典型的庇古税。

④科斯手段。根据科斯定理，解决环境污染问题最重要的是明确产权。这种手段将在产权理论中详细说明。

2.1.5 产权理论

2.1.5.1 理论分析

1991 年诺贝尔经济学奖得主罗纳德·哈里·科斯在其发表的《企业的性质》中首次提出产权理论。关于产权理论，西方经济学和马克思主义政治经济学有着截然不同的观点和论述，而现代产权理论的核心内容是科斯定理，具体如下：

(1)西方经济学中的产权理论

产权制度是西方新制度经济学中最重要、最根本的制度设计。从西方经济学的研究中可以看出，产权并没有一个公认的定义，但大体可分为以下三种观点：一是以阿尔钦为代表的经济学家认为，产权是一个社会所强制实施的权利，这个权利特指对一种经济品的使用权①；二是以施瓦茨为代表的学者进一步扩大了产权内涵，认为产权不仅是指人们对有形物的所有权，同时还包括决定行使市场投票方式的权利、行政许可权、履行契约的权利以及专利和著作权等各种无形权利②；三是富鲁布顿和佩杰威克等人进一步将产权内涵扩展到人与人之间的关系，认为产权不是指人与物之间的关系，而是指由物的存在及使用所引起的人与人之间的行为关系③。由此可以看出，虽然西方经济学并未就产权内涵达成一致，但这些代表性观点表达了产权内涵的三个特征：第一，排他性；第二，可交易性；第三，可分解性，即产权由众多权利组成。西方经济学产权理论将产权不清晰归结为市场失灵，把产权明晰与否作为判断市场经济是否成熟的必要条件；建议依法界定产权，减少因产权不清晰而产生的资源配置的效率低下问题。由此得出结论，只有产权明晰，才能明确经济人在商品所有权内可行使的其他各种权利，市场经济才能有序有效运行。

(2)马克思主义政治经济学中的产权理论

马克思主义政治经济学对产权的研究，主要集中于对产权的宏观定位。它注重从生产关系与上层建筑的角度，研究不同所有制基础上社会经济主体的地位和作用以及所有制变革实现产权主体变革等问题。马克思主义政治经济学同样强调产权制度的重要性，但区别于西方经济学研究产权的人与人之间关系角度，它是以产权关系为基础研究经济

---

① 黄少安.论产权-对一个基本范畴的研究[J].财经政法资讯，1995(4):7-13.

② 施瓦茨.法律契约理论与不完全契约[M]//沃因，韦坎德.契约经济学.北京：经济科学出版社，1999:96-128.

③ E.富鲁布顿，S.佩杰威克，李飞.产权与经济理论：近期文献概览[J].经济社会体制比较，1991(01):33-41.

关系，着重研究资本所有权、土地所有权以及所有权与支配权相分离等产权问题。从理论基础与概念内涵来看，马克思主义政治经济学与西方经济学的产权理论有着本质区别。马克思主义政治经济学否认私有产权的永恒合理性，任何一种制度都是历史的、变化的，都是特殊历史阶段的产物，有着自己特殊的运动规律，产权内涵和外延会随着生产力的发展、生产关系的变化而丰富发展。

(3)科斯定理

科斯定理源于罗纳德·哈里·科斯于 1960 年发表的《社会成本问题》，科斯于 1991 年获得诺贝尔经济学奖。科斯提出的解决经济外部性问题的方案是产权安排，这一方案被称为科斯定理。它由三个定理组成：

科斯第一定理：当交易成本为零时，不管产权初始安排如何，当事人都可以通过谈判实现财富最大化，即市场机制会自动地驱使人们谈判，使资源配置实现帕累托最优。

科斯第二定理：当交易成本大于零时，不同的权利界定会带来不同效率的资源配置。由于交易成本的存在，不同的产权制度安排，对资源配置的效率有不同的影响。为了优化资源配置，法律制度对产权的初始安排和重新安排是必要的。

科斯第三定理：由于制度本身的生产不是无代价的，选择不同的生产制度，将产生不同的经济效率，因此，应该通过产权制度的成本收益比较，选择合适的产权制度。

根据科斯定理，可以运用科斯手段(如自愿协商制度、排污权交易制度)解决经济外部性问题。

2.1.5.2 实践应用

产权是一种社会工具，可以帮助人们在经济交往中实现合理的预期，从而减少交往中的不确定性。在市场经济中，任何经济交往都以一定的产权为前提。产权不确定，市场交换就会出现混乱。

对环境问题的分析必然会涉及产权问题。我国环境资源产权制度建立在马克思主义政治经济学产权理论基础之上，立足于我国基本国情，坚持以公有制为基础，其理论内涵随着我国经济社会体制改革的逐步深化，不断完善发展。从产权主体看，自然环境具有显著的(纯)公共物品特性，具体表现为消费的非排他性、非竞争性和供给的不可分性，因而其产权主体应该属于全体公民。一般情况下，政府作为公众的代理人，履行管理、利用和分配环境资源的权利，会最大限度地保证自然生态环境的良性循环和公平分配。事实上，理想的环境资源“公民所有”在我国并不存在，在实际管理和经营中也不可能让所有的产权主体都来行使其权利。从产权客体看，自然环境的产权客体是人类出现之前就存在的所有自然环境资源，如大气、水、土地、矿藏、森林、草原等是人类目前赖以生存、生活和生产所必需的自然条件和自然资源;而人工环境的产权客体是指由人类活动而形成的各种环境要素,如在人为作用下产生的人文遗迹基础设施以及城市和乡村等聚落环境。不难发现,无论是自然环境还是人工环境,其产权客体都具有很大的不确定性,并且产权边界容易模糊。明确环境资源的产权是我国亟待解决的重大问题。党的十八届三中全会通过的《中共中央关于全面深化改革若干重大问题的决定》中指出"健全自然资源资产产权制度和用途管制制度。对水流、森林、山岭、草原、荒地、滩涂等自然生态空间进行统一确权登记,形成归属清晰、权责明确、监管有效的自然资源资产产权制度"。

2.1.6 公共物品理论

2.1.6.1 理论分析

1954 年,美国经济学家萨缪尔森在《公共支出的纯粹理论》一文中,把物品分为私人物品和公共物品,并且把公共物品定义为:"每个人对物品的消费,都不会导致其他人对该物品消费的减少。"①因此公共物品具有非排他性和非竞争性两个经典特质。非排他性是指无论你是否为该物品的生产付出了某些费用或承担了某种成本,你都无法(至少很难)排除其他人免费享用这种公共物品;非竞争性则指当你免费享用某种公共物品的同时,并不会对他人消费这种公共物品的数量和质量产生排斥和妨碍效果。但这是一种比较理想的学理状态,复杂的现实生活中还存在一些无法同时满足上述两个条件的物品,它们或者只具有非排他性,或者只具有非竞争性。公共选择理论之父布坎南为此补充提出,只具备两个经典特质之一的物品也属于公共物品范畴,可称之为准公共物品、非纯粹公共物品或混合公共物品。②

2.1.6.2 实践应用

阳光、空气、水源、原始森林、荒野土地等自然资源和环境,在为人类的生存和发展提供物质能量的同时,也吸纳了人类生产、生活所产生的巨量废弃物,具备明显的非竞争性和非排他性特点,属于萨缪尔森意义上的纯粹和经典公共物品。而提供资源服务和能源汲取的生态环境具有一定程度的排他性,但又有消费上的非竞争性特征;提供居住、工作和娱乐等空间服务的生态环境具有一定程度的竞争性,但又有受益上的非排他性特征。

---

① SAMUELSON P A. The pure theory of public expenditure[J]. The review of economics and statistics, 1954, 36(4):387-389.

② 詹姆斯·布坎南.自由、市场和国家[M]. 吴良健,桑伍,曾获,译.北京:北京经济学院出版社,1988.

此两类生态环境属于布坎南意义上的准公共物品、非纯粹公共物品或混合公共物品。无论是属于纯粹公共物品范畴，还是属于混合公共物品范畴，生态环境都应该是一种公共物品。

但是，公共物品的非排他性决定了公共物品一旦被生产和供给出来，便无法排除那些没有为之付出成本的消费者对其进行使用。于是，每个人总是希望别人负担足够多的成本，然后他不付费就可享用公共物品，此即所谓"搭便车"问题。美国生物学教授哈丁于1968年在《科学》杂志上撰文指出："每个人都追求他自己的最大利益，相信自己在公地上的自由，最终必然是所有人的毁灭，公地自由只能带来全体牧人的毁灭。"①这就是著名的"公地悲剧"。无论是阳光、空气、水源、原始森林、荒野土地等纯粹公共物品，还是提供资源、能源和空间服务的混合公共物品，因其公共物品属性特质，生态环境往往会被过度使用和被"搭便车"。

生态环境问题不仅是经济和技术问题，同时也是一个包含着政策主张与选择的政治问题。生态环境问题的根本解决主要依靠政府等公共部门和组织。就像生态学马克思主义的重要代表人物莱斯在《自然的控制》②一书中指出的，人类所面临的最迫切的挑战，不是无限制地发展科学技术以征服外部自然，而是利用现有的技术手段来提高人的生活福祉，以及培养和保护具备这样一种能力和导向的社会制度。

2.2 生态环境损害价值评估的理论基础

2.2.1 环境经济评估概述

环境经济评估是环境和自然资源价值计量和货币化的技术方法，其最终目的是为有关环境和自然资源决策提供信息支持。在学习具体方法之前，有必要从需求的角度了解环境经济评估目的、评估类型和应用形式。

2.2.1.1 环境经济评估目的

环境经济评估的最初动机是评估环境的影响。近年来，环境经济核算和环境损害赔偿进一步激发了对环境价值评估的需求：一方面，为了在经济效果评价时分析环境收益或损失，即环境经济核算；另一方面，为了确定污染损害责任方的赔偿责任，环境与自然

① HARDING G. The tradedy of the commons[J]. Science, 1968, 162:1243-1248.

② 莱斯.自然的控制[M]. 岳长岭，李建华，译.2版.重庆：重庆出版社，2007.

资源经济学家们对环境损害所作的价值评估逐步成为可接受的确定赔偿责任的证据。

(1)评估环境的影响

人类的任何经济社会活动都会对环境及自然资源配置造成影响,进而带来环境费用或环境效益,因此,需要评估这些影响的程度和范围,以确定是否应该制定或执行某项政策,是否应该开发和建设某个项目。将环境影响纳入费用效益分析(Cost-Benefit Analysis,CBA)是环境价值评估的最初动机。

(2)环境经济核算

环境经济核算又称为绿色国民经济核算,是指通过对环境和自然资源的价值评估,记录经济活动中利用了的环境资源价值,正确地反映国民经济的有效增长及环境因素对经济增长的潜在支撑力,反映环境资源与经济之间的相互依赖、相互制约关系。环境经济核算原理框架既包括流量核算,也包括存量及其变化核算。其基本内容首先是以经过环境因素调整后的 GDP 为中心,进行经济流量核算。经环境因素调整后的 GDP(即绿色 GDP)是扣除了环境成本后的 GDP,包括资源耗减成本、环境损害成本(或环境退化成本)和环境防护成本(即环境资源恢复、再生和保护的费用支出);其次是对包括自然资源与环境资产在内的总资产存量及其变化的核算。通过流量核算与存量核算,体现当期经济过程与环境资源之间的关系,即由经济利用而导致的环境资源价值存量的变化,在核算中,它构成环境资源资产存量从期初到期末的变动部分。

(3)环境污染损害赔偿

1980 年 12 月,美国颁布的《综合环境应对、补偿及义务法》开始生效。该法令规定政府有关部门作为政府所有或政府控制的自然资源的托管人,有权要求污染或破坏这些自然资源的责任者对污染造成的损失进行赔偿。该法令推动了环境经济评估实践,进而提出了对环境污染损失的计量问题,它与污染者的法律责任和赔偿额直接相关。我国的经济发展已经进入环境污染事故多发阶段,环境污染事件及索赔案件的数量在急剧增加,虽然目前还缺乏相关的法律和政策基础,但对如何确定污染损害赔偿提出了现实的要求。

2.2.1.2 环境经济评估类型

根据评估时间的不同,环境经济评估可分为事前评估与事后评估。

如果决策者在配置稀缺资源时面临若干个相互冲突的目标,为了正确决策,就需要对各种可选择的政策方案进行事前评估。事前评估是对拟议的行动计划(包括规划、政策和开发项目等)可能对社会经济产生的影响和效果进行全面评价的过程。事后评估则是在行动或执行决策之后,对结果进行的一种客观描述和评价。事后评估往往通过比较现实状态和初始状态来衡量实际效果。事前评估体现了经济决策和管理的预防原则,并且开展环境影响的经济评估对于改进决策质量和效果有着重要作用。环境影响的经济评估是一种事前评估，而以环境损害赔偿为目的的评价和以绿色核算为目的的评估，均是事后评估。

2.2.1.3 环境经济评估应用形式

环境经济评估不能仅仅停留在理论层面，而是要服务于实践，解决和协调经济发展与环境保护之间的矛盾。

(1)政策决策的参考信息

在环境经济评价开展最为成熟的美国，环境价值评估的结果也只是为决策提供信息，而不是决策的最终依据。这是因为真正的决策往往要综合权衡资源价值之外的各种经济和社会因素(包括市场承受能力和经济发展水平等)，逐步将环境和资源的价值通过价格反馈出来，以便减轻对经济运行的影响。

(2)经济系统运行的元素

只有被纳入经济决策并进入市场的价值才是真正获得经济体系认可的价值，真正构成推动资源物质流动和配置的价值机制。因此，将环境价值纳入市场的过程将是一个渐进的过程。现实中往往应该首先将最容易评价、最可信的价值部分揭示出来：在一定的政策目标下，经济决策过程首先将最容易被市场认可或接受的自然资源价值纳入市场体系，如果不能达到特定的政策目标，就将更多的环境价值纳入评价体系，直到实现特定的政策目标。

(3)不同评价方法的权衡结果

评估环境影响的经济价值，可以通过估算环境和自然资源损失后对受体造成的效益或福利损失来表征资源价值(损害成本)，也可以通过估算恢复或重置受损的环境功能所花费的成本(恢复重置成本)，或者为避免损失而采取防护行为的成本(防护成本)等形式来表征资源价值。损害成本、恢复重置成本、防护成本哪一种所表达的资源价值更能够被经济系统接受，取决于几种成本的比较。经济系统是在不断地将上述行为的成本进行比较的过程中形成对资源和环境的价值判断的。哪种行为或行为组合的成本最低，经济主体就会采取哪种行为，这种承担成本的决策就代表了主体对资源和环境的价值判断。

2.2.2 费用效益分析理论

2.2.2.1 费用效益分析的概念

人类的任何经济社会活动都会对环境及自然资源配置造成影响，因此需要评估这些影响的范围，以确定是否颁布或执行某项政策，是否应该开发和建设某个项目。费用效益分析就是评估这些影响、评价项目合理性最普遍应用的方法。

费用效益分析是环境经济评价的早期应用。它的原理与分析程序也为环境经济评价奠定了基础。费用效益分析是通过对比项目的费用和效益，按净效益最大的原则对项目的可行性进行评估的方法。其思想来源于福利经济学的理论，强调个人的福利以及个人和社会福利的改进。环境作为一种资源，其价值变动会反映在相关主体由环境影响而发生的成本或收益变化上。环境影响既包括环境的改善，也包括环境的退化。当环境改善时，所形成的价值称为环境效益；当环境退化或恶化时，所带来的成本称为环境损失费用或环境成本。因此环境费用或效益是环境变化的价值表现形式。

2.2.2.2 费用效益分析的原理

既然费用效益分析的思想基础是社会福利的改进，那么费用效益分析就必须对社会福利进行计量。社会福利的计量可通过对个人支付意愿的累加获得。

(1)社会需求和社会供给

通过对所有个人对特定商品的需求曲线进行水平加和，就可得到该商品的市场需求曲线。再考虑供给的情况，如图 2-5 所示，供给曲线是一条向上倾斜的曲线 S，反映一定时期内每一价格水平上生产者愿意且能够提供的商品量。它和边际成本曲线是类似的，边际成本曲线反映多增加一单位商品生产所增加的成本，或生产最后一单位商品所花的成本，生产者为了弥补生产成本，提供最后一单位产品所收取的价格就等于边际生产成本。在一定价格水平 P 下，生产者只提供给定量商品 OX，所花费的总成本就等于从 O 到 X 的边际生产成本的总和，即供给曲线下的面积 $OFGX$，但生产者所收的资金是按 P 收取的，即矩形 $OPGX$ 的面积。三角形 FPG 表明生产者的收益超过实际生产成本的部分，叫作生产者剩余，它是生产者提供商品所获得的净效益。

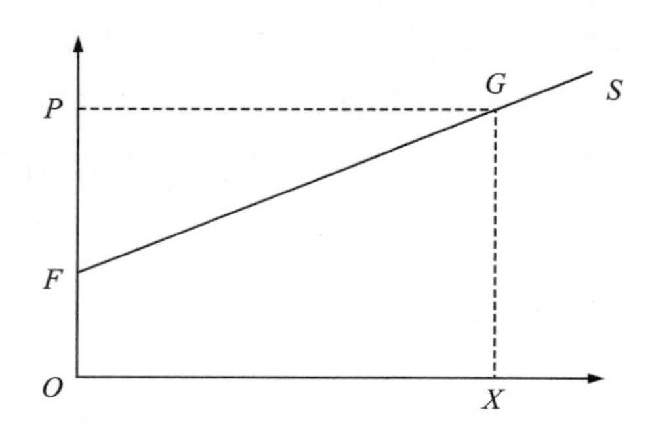

图 2-5 供给曲线

(2)社会经济福利最大化

理想市场状态下，在市场供求曲线相交的点处得到均衡价格 P 和均衡供给数量 X，生产和消费达最优状态，消费者剩余Ⅰ和生产者剩余Ⅱ之和就构成了最大社会净经济效益，这个净效益等于商品 OX 总的支付愿望和总生产成本之差。

根据这些条件，社会在获得最大净效益时取得最大经济福利，净效益就是总效益与总费用之差，亦即消费者剩余Ⅰ和生产者剩余Ⅱ之和。如图 2-6(a)所示，当总效益曲线 TB 的斜率和总费用曲线 TC 的斜率相等，即边际效益等于边际费用时，净效益最大，此时供给数量为 X_0，生产和消费达到最优水平。

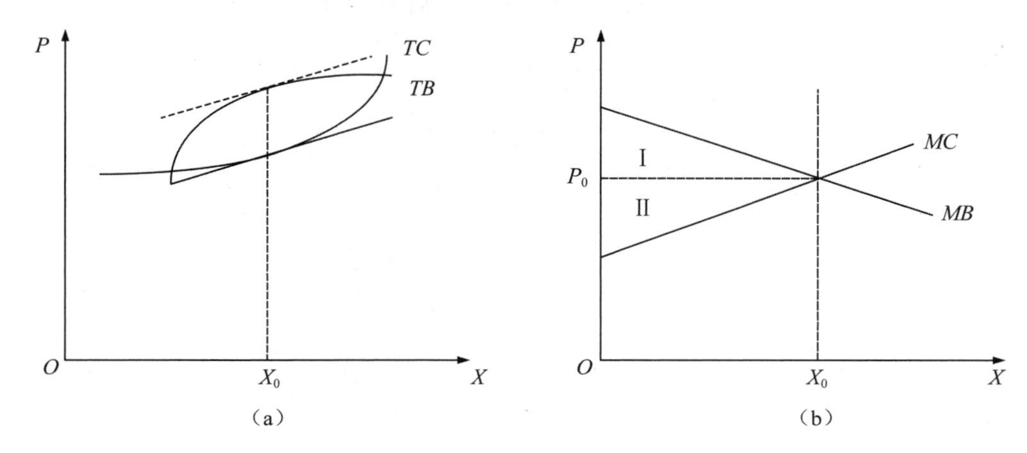

图 2-6　生产和消费的最优水平

下面举例说明费用效益分析在环境领域的应用。当实施一项治污工程时，污染的去除就可以看成是该经济活动所提供的产品。图 2-6(a)表示不同的污染物去除量所对应的总费用 TC 和总效益 TB 曲线，二者都随污染物去除量的增加而不同程度地增加；图 2-6(b)表示污染物的边际去除费用和边际去除效益，边际费用曲线 MC 呈上升趋势，边际效益曲线 MB 呈下降趋势。在某一污染物去除量为 X_0 时，其净效益为该点对应的总效益与总费用之差。当边际费用与边际效益相等、污染防治净效益最大时，所对应的污染物去除量 X_0，即为最优去除水平。通过费用效益的对比，以社会净效益最大为准则，可以确定出经济上最优的去除水平。

2.2.2.3　费用效益分析的程序

费用效益分析是指对项目或政策所造成的全部影响(包括环境影响)进行分析，并尽可能量化，然后将其纳入方案的总效益和总费用，通过对比不同方案的总费用和总效益，从而找出最佳的方案。其中，环境影响的经济评估是对环境质量变化(或项目的环境影响)做出价值评估，并将这种由项目带来的环境改善的效益和损失费用全部纳入整个项目的评估之中(相当于图 2-7 中虚框部分的内容)，这是费用效益分析法的一项重要内容。

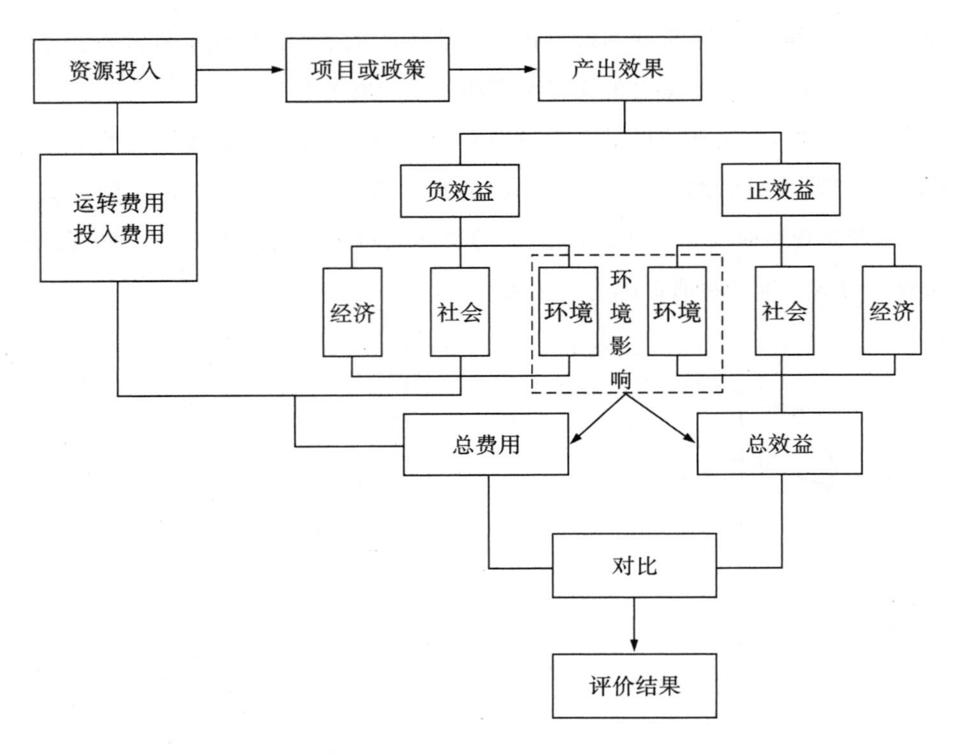

图 2-7 费用效益分析流程图

完整的费用效益分析的一般步骤如下：

(1) 确定分析范围

对于任何一种经济分析来说，确定分析对象、分析范围是首要的工作，环境项目的费用收益分析也不例外。首先根据项目要求的目标确定分析对象，然后根据这一对象所涉及和作用的地域范围、所跨越的时间范围、所涉及的环境因素确定分析范围。

(2)识别主要的环境影响

环境项目费用效益分析中另一个重要的内容就是将项目所带来的环境影响纳入总体项目评估，而环境问题的复杂性和弥散性，常使得项目产生的环境影响较为复杂。因此，识别主要的环境影响对于项目评价的实际操作就显得至关重要。例如，一个发电厂主要的污染物是 SO_2，那么 SO_2 排放导致的环境问题就是最主要的环境影响。

(3)对主要环境影响的物理效果进行量化

识别出主要环境影响之后，就要对这些影响的物理效果进行量化，即对环境质量变化受体造成的物理影响进行量化，这通常要借助建立剂量-反应关系来完成。所谓“剂量-反应关系”，是环境质量变化与其造成的结果之间的关系。它提供环境质量的边际变化与受体边际变化之间的关系，这种定量关系也是环境影响量化分析的关键。例如，大气

中 SO_2 浓度提高与农产品产量下降的关系，水体中含磷量提高与鱼类产量变化的关系等，这类信息的获得和暴露-反应关系的建立需要大量的科学实验或统计对比调查（与未受影响的地区或本地受影响之前进行比较）。

(4)对量化的物理效果进行价值评估

运用环境质量变化的价值评估方法对环境影响进行价值评估，即将环境影响货币化，转化为环境效益和环境费用，这是环境项目费用效益分析的关键步骤。

(5)对费用和效益进行现值转换

现值转换主要是因为货币是有时间价值的。货币时间价值是指由于资金可以投入生产而发生增值，所以当前一定数额的货币比未来同样数额的货币的价值大。

(6)综合评价

总费用包括项目的投资和运转费用，以及环境损失费用。总效益则包括直接效益和由环境改善带来的效益。费用与效益的比较通常采用以下两种方法：净现值法和效益与费用比较（效费比）法。

所谓“净现值”，即净效益的现值。净效益等于总效益与总费用之差，用于衡量经济活动所带来的福利改善。环境项目的实施需要费用，同时也会带来效益，总效益与总费用之差就是项目的净经济效益。这里指的是项目总费用与总效益，应包括直接和间接发生的费用与效益，而不单是环境质量变化引起的费用与效益。项目净效益现值为

$$\mathrm{NPVB}=\mathrm{PVDB}+\mathrm{PVEB}-\mathrm{PVC}-\mathrm{PVEC} \tag{2-3}$$

式中，NPVB 为项目净效益现值；PVDB 为项目直接经济效益现值；PVEB 为环境改善效益现值；PVC 为项目直接成本现值；PVEC 为环境损失费用现值。

2.3 生态环境损害价值评估方法体系

2.3.1 生态环境损害价值评估方法概况

根据 2016 年原环境保护部发布的《生态环境损害鉴定评估技术指南　总纲》（环办政法〔2016〕67 号），生态环境损害价值评估方法包括替代等值分析方法和环境价值评估方法，原则上优先采取替代等值分析方法进行评估。其中，替代等值分析方法具体分为资源等值、服务等值和价值等值三种分析方法，具体选用时需要按照以下原则：

第一，在三种替代等值法中，优先选择资源等值分析方法和服务等值分析方法进行评估。如果评估对象以提供资源为主，则采用资源等值分析方法；如果评估对象以提供

服务为主，亦或许资源与服务两者同时提供，则采用服务等值分析方法。

第二，无法满足资源或服务等值分析方法的基本条件时，可考虑采用价值等值分析方法。

《生态环境损害鉴定评估技术指南　总纲》（环办政法〔2016〕67 号）指出，当替代等值分析方法不可行时，则采用环境价值评估方法量化生态环境损害，存在下列情形推荐采用环境价值评估方法：

（1）由于一些评估对象指标的特殊性（如污染物浓度、疾病发病率等指标），替代等值分析方法不再适用，此时推荐采用环境价值评估方法。

（2）由于某些生态环境修复的限制因素，无法通过工程措施完全恢复，造成的永久性损害需采用环境价值评估方法评估。

（3）当采用替代等值分析方法量化生态环境损害的费用大于预期生态环境损害数额时，推荐采用环境价值评估方法。

本章将对《生态环境损害鉴定评估技术指南　总纲》（环办政法〔2016〕67 号）介绍的生态环境损害价值评估方法展开介绍，框架如图 2-8 所示。

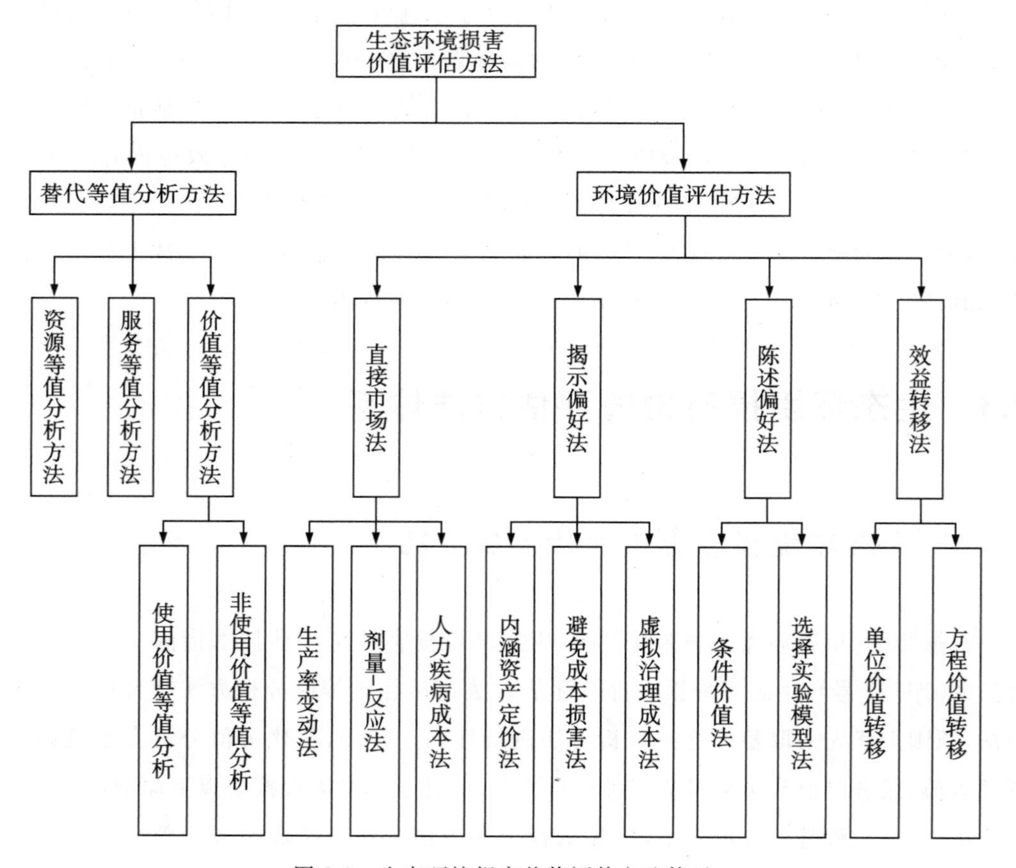

图 2-8　生态环境损害价值评估方法体系

2.3.2　替代等值分析方法

替代等值分析方法确定补偿性恢复规模的方式通常采用三步走战略：第一步，量化自生态环境损害发生至生态环境恢复至基线的期间损害；第二步，确定补偿性恢复方案的单位效益；第三步，确定补偿性恢复的规模。

2.3.2.1　资源或服务等值分析方法

(1)评估原理

资源等值分析是一种用资源量来衡量被评估环境损益的替代等值分析方法。这种方法首先需要计算出因污染或破坏所致环境资源损失的折现量和可恢复资源的折现量，然后通过建立两者的等量关系来确定生态恢复的规模。资源等值分析方法中常用到的单位有动植物的种群数量、水资源量等。

服务等值分析则是一种用生态系统服务来衡量被评估环境损益的替代等值分析方法，这种方法首先需要计算出因污染或破坏所致生态系统服务损失的折现量和可恢复生态系统服务的折现量，然后通过建立两者的等量关系来确定生态恢复的规模。服务等值分析方法中常用到的单位有生境面积、服务恢复的百分比等。

(2)评估方法

期间损害的大小与基本恢复的方式和恢复所需时间有关。期间损害是指自生态环境损害发生至生态环境恢复到基线状态期间，因生态环境的某种特性改变而导致向生态系统提供的服务丧失或减少，即受损生态环境从损害发生到其恢复至基线状态期间提供生态系统服务的损失量。如图 2-9 所示，A 区域为采取人工恢复的期间损害量，A+B 区域为采取自然恢复的期间损害量。

评估期间损害时需要预测实施基本恢复方案后其服务功能的恢复路径，即恢复至基线期间每年损失的生态环境服务功能的大小。期间损害等于自生态环境损害发生至恢复到基线期间每年生态环境服务功能损失折现量的和。评估方法如式(2-4)：

$$H = \sum_{t=t_0}^{t_n} R_t \times d_t \times (1+r)^{(T-t)} \tag{2-4}$$

式中，H 为期间损害量。t 为自生态环境损害发生至恢复到基线期间的任意年份(t_0—t_n)。t_0 为起始年，是生态环境损害发生的年份。t_n 为终止年，是生态环境损害恢复至基线的年份。T 为基准年，一般选择开展生态环境损害鉴定评估的年份作为基准年。R_t

为第 t 年受损区域生态环境服务功能的数量。如果评估对象为资源，该参数可能是个体数量、生物量、寿命值、资源数量、能量、生产率或对生物或生态系统具有重要影响的其他量度；如果评估对象为服务，该参数可能是受影响的栖息地面积（公顷），也可能是河流长度或其他栖息地的面积等。d_t 为第 t 年受损区域生态环境服务功能相对于基线损失的比例。该比例随时间变化而变化，取值为 0～1。r 为现值系数，推荐取值为 2%～5%。

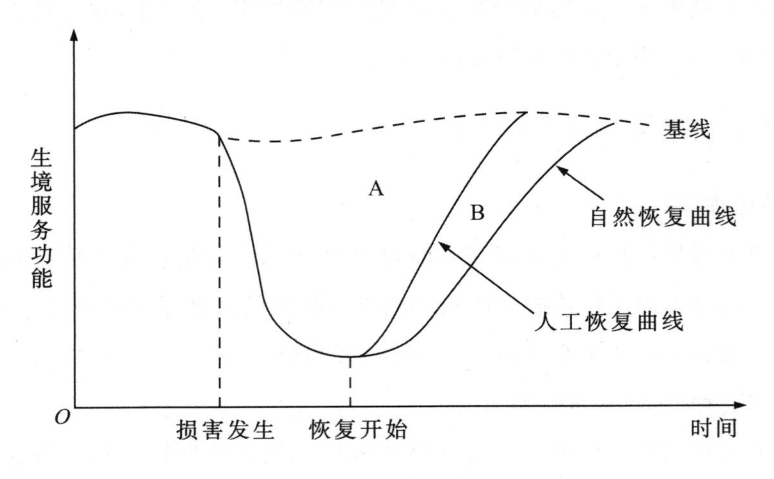

图 2-9 生态环境恢复过程

在某些情况下，即使采取了恢复措施，受损生态环境服务功能也可能始终无法恢复到基线，如图 2-10 所示，此时 n 取值为 100。

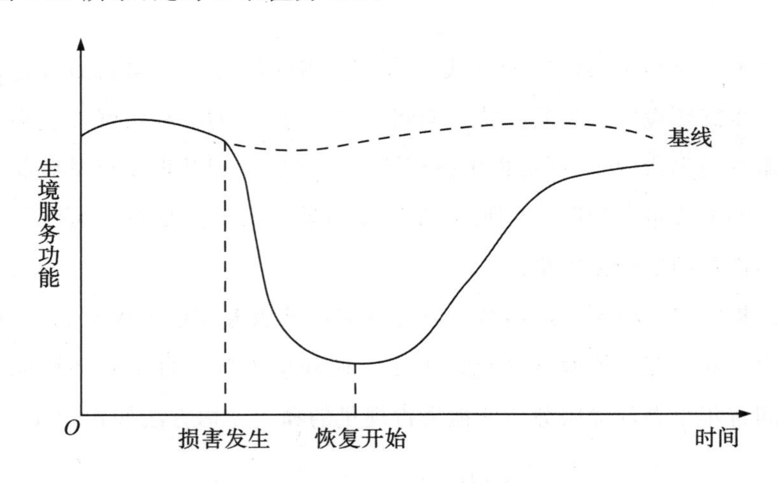

图 2-10 生态环境恢复过程（受损生态环境无法恢复至基线）

2.3.2.2　价值等值分析方法

(1)评估原理

价值等值分析方法具体分为价值-价值法和价值-成本法两种,选用时需要视具体情况而定。价值-价值法中前者“价值”是指恢复行动所产生的环境价值,后者“价值”则指受损环境的价值,此方法是将两种价值进行现值转换后建立等量关系。其中,衡量恢复行动所产生的效益与受损环境的价值则需要采用价值-成本法。价值-成本法首先要估算受损环境的货币价值,进而确定恢复行动的最优规模,恢复行动的总预算为受损环境的货币价值量。

(2)评估方法

①使用价值等值分析。当采用使用价值量化生态环境服务功能的期间损害时,评估方法如式(2-5)所示。

$$H=\sum_{t=t_0}^{t_n}[(Q_{n,t}\times P_{n,t})+(Q_{l,t}\times P_{l,t})]\times(1+r)^{(T-t)} \tag{2-5}$$

式中,H 为期间损害量;t 为自生态环境损害发生至恢复至基线期间的任意年份(t_0—t_n);t_0 为起始年;t_n 为终止年;T 为基准年,一般指开展生态环境损害鉴定评估的年份;$Q_{n,t}$ 为第 t 年完全丧失使用价值的生态环境服务功能的数量;$P_{n,t}$ 为第 t 年完全丧失使用价值的生态环境服务功能的单位经济价值,一般通过文献或专项调查获取;$Q_{l,t}$ 为第 t 年在质量降低状态下使用的生态环境服务功能的数量;$P_{l,t}$ 为第 t 年在质量降低状态下使用的生态环境服务功能的单位经济价值,一般通过文献或专项调查获取;r 为现值系数,推荐取值为 2%~5%。

②非使用价值等值分析。当采用非使用价值量化生态环境服务功能的期间损害时,评估方法如式(2-6)所示。

$$H=\sum_{t=t_0}^{t_n}(Q_{n,t}\times P_{n,t})(1+r)^{(T-t)} \tag{2-6}$$

式中,H 为期间损害量;t 为自生态环境损害发生至恢复至基线期间的任意年份(t_0—t_n);t_0 为起始年,是生态环境损害发生的年份;t_n 为终止年,是生态环境损害恢复至基线的年份;T 为基准年,一般选择开展生态环境损害鉴定评估的年份作为基准年;$Q_{n,t}$ 为第 t 年生态环境服务功能相对于基线的变化量;$P_{n,t}$ 为第 t 年生态环境服务功能的非使用价值改变的货币价值,根据公众为防止生态环境服务功能改变的支付意愿(WTP)或公众愿意接受生态环境服务功能改变的接受意愿(WTA)确定,一般通过文献或调查获取;r 为现值系数,推荐取值为 2%~5%。

2.3.3 环境价值评估方法

环境价值评估方法主要有四大类:直接市场法、揭示偏好法、陈述偏好法和效益转移法。这里将在《生态环境损害鉴定评估技术指南 总纲》(环办政法〔2016〕67 号)的分类标准基础上对四种方法分别做介绍。另外,在直接市场法的最后部分,将常用的重置成本法、机会成本法和影子成本法作为补充内容。

考虑到不同的问题要用到不同的评估方法,在方法的选择上需要考虑以下方面:第一,影响的相对性,通过分析主要受影响的对象,根据对象特征选取合适的方法进行评估;第二,信息的可得性,这里不仅是指数据是否容易获得,也包括获取后信息的信息量、可使用性,必要时需要通过调查来获取所需的数据;第三,研究经费以及研究时间长短。当资金和时间有限时,可以借用数据并运用一些比较简单的方法进行评估。当项目的时间比较富裕、资金供应充足时,可以采用一些复杂的方法。

下面将对四种环境价值评估方法依次进行介绍,包括其评估原理、评估范围、具体方法或步骤,并针对一些常用的价值评估方法,补充简要案例辅助理解。

2.3.3.1 直接市场法

直接市场法是根据生产率的变化情况来评估环境质量变化所带来的影响,所以也称为生产力损失法。该方法主要解决以下问题:土壤受污染物侵蚀后对农作物产量的影响,泥沙沉积现象对下游地区相关资源的使用者造成的影响,酸雨对植物的影响等,空气污染通过空气中的有害物质对人体健康的影响及由此造成的损失,水污染对人体健康造成的影响,砍伐森林对气候和生态的影响等。

直接市场法的应用基础离不开充足的实物数据和具体的实际市场价格,所以该方法需要满足以下条件:第一,环境质量的变化能够直接影响市场化的商品或服务的产出,它们是可交易的,甚至有替代物;第二,环境影响的物理效果是明显且可观察的或者能够用实证方法获得;第三,外部条件需保证市场运行良好,价格是产品或服务经济价值的一个良好指标。

根据《生态环境损害鉴定评估技术指南 总纲》(环办政法〔2016〕67 号)中直接市场法的分类,直接市场法主要包括生产率变动法、剂量-反应法、人力资本和疾病成本法。其中,剂量-反应法通过供给量或价格变动评估环境损害,这是最基本的一种市场价值法。若考虑的是环境损害对物的影响,该方法表现为生产率变动法;若考虑的是环境损害对人的影响,该方法则表现为人力资本法或疾病成本法。

(1)生产率变动法

①评估原理。生产率变动法是通过观测投入品和产出品的市场价格(生产率的变动)来评估环境状态的方法。此处环境质量被看作一种生产要素,并且环境质量的变化会影响生产率和生产成本,因此可通过观测市场产量和价格的变化评估环境损害成本。

运用生产率变动法进行评估时,一般需要先找到对可交易物品的环境影响证据,同时还需要有关分析物品的市场价格的数据和预测在该物品价格可能受到影响时的生产与消费反应,而对于非市场交易品,则需要与其最相近的市场交易品(替代品)的信息。当某些环境受到损害时,有时需要对生产者和消费者的反应进行识别和评价,如日本向海中排放核废水导致相关海域的海产品滞销事件。

②适用范围。该方法主要用于评估农业、渔业等可直观观察到的产品损失,常用于评估市场上可交易资源的使用价值,用资源的市场价格和数量信息来估算消费者剩余和生产者剩余。其中,总的效益或损失是消费者和生产者剩余之和。

③评估方法。该方法首先需要估计环境变化对受者(财产、机器设备或者人等)造成影响的物理效果和范围,然后估计该影响对成本或产出造成的影响,最后估计产出或者成本变化的市场价值。基本公式为

$$E=\left(\sum_{i=1}^{k}p_iq_i-\sum_{j=1}^{k}c_jq_j\right)_x-\left(\sum_{i=1}^{k}p_iq_i-\sum_{j=1}^{k}c_jq_j\right)_y \tag{2-7}$$

式中,p 为产品的价格;c 为产品的成本;q 为产品的数量;i,j 分别为产品和投入的种类;x,y 分别为环境变化前后的情况。

在市场机制的作用发挥得比较充分的前提下,受环境质量变动影响的商品可以直接利用其市场价格进行估算。但必须注意商品销售量变动对价格的影响。假设环境质量变动对受影响的商品市场产出水平变化的影响较小,不足以引起该商品价格的变动,则可以直接运用现有的市场价格对其进行测算。举例来说,某一个村庄由于农业用水遭到污染,使得农作物出现减产的现象,但它并不会对整个市场农作物销售量的变动带来影响,不足以引起该商品价格的变化,则可以运用现有的市场价格进行测算。如果生产量的变动可能会对价格水平带来影响,则应当对价格水平重新预测。一般来说,如果某种产品的供给主要来自受污染影响较大的地区或者相对封闭的区域性市场(如地方河鲜市场),则需要对上述产出水平变化对商品市场价格的影响进行分析。例如,山东寿光——“中国蔬菜之乡”,2005 年冬天由于连续受“雾雨雪”天气灾害的影响,长时间光照不足,大棚内的温度降低,导致西红柿、黄瓜等一系列蔬菜大幅度减产。蔬菜总产量的降低导致寿光当地的菜农遭受巨大经济损失,同时造成了城市菜价的大幅度上涨。由此可以得

出，某一农产品主要产区环境质量的恶化会导致整个农产品市场供给量的下降，出现供不应求的现象，进而导致农产品价格的上升。与此同时，农产品价格的上升可能会使其他未受污染地区加大对该农产品的生产投入，促进该农产品生产，从而使得该产品的市场价格有一定的回落。假定农产品的需求曲线是一条直线，则有

$$P=\frac{\Delta Q(P_1+P_2)}{2} \tag{2-8}$$

式中，P 为根据农产品产量变动所测算的环境价值变动额；ΔQ 为环境污染地区农产品产量的变动量；P_1 为农产品产量变动前的市场价格；P_2 为农产品产量变动后的市场价格。

为了保证价值评估结果的合理性与准确性，应该对产出和价格变化的净效果进行估计。举例来说，土壤侵蚀导致农作物产量减少，但同时农作物收获成本的降低弥补了部分损失。环境损害增加了产品的成本，同时也减少了产品的产量，则是另外一种情况。

假设环境变化所带来的经济影响(E)体现在受影响产品的产量、价格和成本等方面，即净产值的变化上，我们可以用式(2-7)表示。

环境变化的生产效应见表 2-2。当产出增加而投入减少时，对社会而言，将产生双倍收益；反之则会产生双倍损失。此外，产出及投入可能同时增加(或同时减少)，在某种程度上会互相抵消一部分。

表 2-2　环境变化的生产效应

环境变化	产出	投入	环境变化	产出	投入
土壤质量提高	增加	降低	土壤侵蚀	降低	增加
渔业污染减少	增加	不变	渔业污染增加	降低	不变
森林保护	增加	增加	森林损失	降低	降低
工业用水质量提高	不变	降低	工业用水质量降低	不变	增加

在环境变化的影响下，消费者和生产者会采取保护措施。比如消费者不会购买受污染的产品，产品生产者则会减少污染敏感作物的种植面积。若在这种适应性变化出现之前评估，则会过高估计环境影响的价值；若在适应性变化出现后评估，则会对其给消费者福利和生产者剩余造成的真实影响估计不足。生产效应法同样可用于非市场交易物品。在这种情况下，它是参照相似物品或替代品的相关市场信息进行价值评估。这种对非市场交易物品进行评估的方法又被称为影子价格法。

例如，土壤流失的减少可以保持甚至增加山地稻谷的产量。可以运用生产率变动法评价土壤保持规划实施的效益，用公式可表示为

$$L = \sum P_i \Delta R_i \tag{2-9}$$

式中，L 为环境污染或破坏造成损失的价值；P_i 为 i 产品的市场价格；ΔR_i 为 i 产品污染（或破坏）减少的产量。化工厂造成的空气污染会导致农作物产量的下降。因此，可运用生产率变动法评估化工厂造成的环境污染损失价值，用公式可表示为

$$L = \sum P_i \cdot S_i \cdot q_{0i} \cdot a_i \tag{2-10}$$

式中，S_i 为 i 产品的面积；q_{0i} 为污染前农作物 i 的产量；a_i 为农作物 i 的减产百分比。

（2）剂量-反应法

①评估原理。剂量-反应法是把某类人群作为研究对象，剂量作为输入变量，反应作为输出变量。首先对输入变量和输出变量进行回归分析，建立数学联系；然后通过从非市场或者市场价格研究中借用的单位价值对这种数学联系进行价值评估。举例来说，突发性空气污染对农作物产量带来的影响，水污染和空气污染对人体带来的影响等。剂量-反应法的目标在于建立造成伤害（反应）和环境损害（剂量）原因之间的联系，对一定污染环境下产品产出的变化进行评价，通过市场价格（或者影子价格）对产出变化进行价值评估。剂量-反应法为其他市场评估法奠定了信息和数据基础，它提供了环境质量的边际变化和受影响的产品或服务产出的边际变化之间的关系。环境变化的物理效果（即剂量-反应关系）可以通过统计对比调查、科学实验和已有的研究结论等途径获取。

②适用范围。剂量-反应法主要用于环境变化对市场产品或服务影响的评估，并不适用于非使用价值的评估。使用剂量-反应法应当满足两个条件：第一，损害可直接引起某种生产要素的变化；第二，市场价值功能完善且具备价格属性。剂量是指污染水平，可以表示为环境中污染物的浓度。反应则是指健康影响，可以表示为活动受限制的天数以及发病率、死亡率等。

③评估方法。剂量-反应关系的建立以各种横断面数据和时间序列数据为基础。因此，衡量环境和健康之间关系的第一步是对环境相关的疾病进行统计，这是使用剂量-反应法的基础。进行价值评估的前提是已估算流行病反应的条件，其中发病率的价值评估一般通过采用现行的工资水平来评估工作日损失的经济成本。一般采用人类生命价值法来对死亡率进行价值评估，用公式可表示为

$$m_j = f(a_i, b_j, c_k) \tag{2-11}$$

式中，m_j 为某年龄组 j 的特定疾病发病率或死亡率；a_i 为与需要估价的环境质量相关的一组环境质量指标；b_j 为年龄组 j 的行为参数，如营养水平、嗜好、运动习惯等；c_k 为其他环境参数。

(3)人力-疾病成本法

①评估原理。生态环境状况的变化可能影响人类的健康及劳动力的数量和质量。人力-疾病成本法是修正人力资本法与疾病成本法合用的一种方法。人力资本法是指用收入的损失去估计因污染引起的过早死亡的成本。根据边际劳动生产力理论,人失去的寿命或者工作时间的价值等于这段时间个人劳动的价值。疾病成本法是一种评价环境污染对人体健康和劳动能力所造成的经济损失的方法,这种方法主要用于计算所有由疾病引起的成本。人力-疾病成本法是一种特殊的基于市场信息进行评估的方法,它将由环境污染引起的人体健康损害而造成的经济损失作为环境污染影响的货币损失,主要分为直接经济损失和间接经济损失。

②适用范围。人力-疾病成本法主要适用于评估环境损害对人体健康造成的影响及产生的治疗费用、误工费用和收入损失。

③评估方法。环境污染对人体健康造成的损失还包括无法用货币衡量的舒适性损失。环境污染引起的健康损失包括直接经济损失、间接经济损失以及舒适性损失。直接经济损失包括疾病预防费用、医疗费用和丧葬费用等;间接经济损失包括(因疾病导致无力承担家务的)保洁成本、陪护成本和劳动力损失的机会成本;舒适性损失包括疾病导致的精神负担等。其中舒适性损失难以用货币衡量,可以通过陈述偏好法进行估计。评估环境变化对人体健康造成的影响的具体步骤如下:

第一步:识别环境中的致病因素和污染物量。

第二步:确定污染环境中的疾病发生率和过早死亡率。

第三步:评估处于风险中的人口规模。

第四步:使用收入损失、治疗成本和生命损失预估患病和过早死亡的成本。

疾病损失成本评估如式(2-12)所示。

$$I_c = \sum_{i=1}^{k} (L_i + M_i) \tag{2-12}$$

式中,I_c 为由环境质量变化导致的疾病损失成本;L_i 为第 i 类人由于生病不能工作造成的平均工资损失;M_i 为第 i 类人由于环境质量变化多支出的医疗费用。

过早死亡所带来的损失可采用式(2-13)评估。

$$V = \sum_{j=1}^{T-t} \frac{\pi_{t+j} \times E_{t+j}}{(1+r)^j} \tag{2-13}$$

式中,π_{t+j} 为年龄 t 的人活到 $t+j$ 的概率;E_{t+j} 为在年龄为 $t+j$ 时的预期收入;r 为现值系数;T 为从劳动力市场退休的年龄。

(4)环境重置成本法

①评估原理。环境重置成本法(又称为恢复费用法)是通过估算环境被破坏后将其恢复原状所需支出的费用来评估环境影响经济价值的一种方法。受到损害的环境质量恢复到损害前所需要的费用即恢复费用,又称为重置成本。若导致环境质量恶化的根源无法得到有效治理,则不得不用其他方式来恢复受到损害的环境,从而保持原有的环境质量。例如,开采矿产引起的地面塌陷会影响农业生产,可以使用开垦荒地的办法弥补。再例如,土壤养分的流失可以通过施用化肥等方式进行养分的恢复。

②适用范围。环境重置成本法的使用需要满足以下假设:损害的数量可以测量;置换费用可以计算,置换在经济上是有效率的,如果这一条件不满足,置换资产就没有意义;重置费用不产生其他连带效益。

例如,高原地区的土壤受到损害(如水土流失)时,研究者可把重置失去的土壤和营养的成本当作水土保持的收益。这里隐含的假设:土壤值得保存,即土地生产的价值高于重置费用。

③评估方法。应用环境重置成本法计量生态环境治理过程中发生的成本时,需要构建三层成本计量模型:第一,恢复层成本,主要指将破坏后的生态环境功能恢复(重新购置)到以前的状态所采用的技术手段花费的现时成本。第二,维护层成本,指为了维持恢复后的生态功能而必须付出的成本。由于生态环境治理是一个长期、系统的工程,需要循序渐进,因此当生态环境恢复之后必须花费人力、物力进行维护,使其能够持续正常地发挥生态功能。第三,战略层成本(也称为机会成本),指为了维持生态环境的服务功能不得不放弃的发展机会和权利。这三层成本之和即生态环境的重置成本。同时,三种成本都需要根据评估对象的独特性分别去计算。

(5)机会成本法

①评估原理。所谓"机会成本",指作出某一决策而不做出另一决策时所放弃的收益。社会经济生活中充满了无数的选择。当某种资源具有多种用途时,使用该资源于一种用途,就意味着同时放弃了它的其他用途。这样,使用该种资源的机会成本,就是指放弃其他用途所能够获得的最大效益。资源的稀缺性与多用性决定了人类在对其使用时必须做出选择,如将稀缺资源配置于哪一类产品或服务的生产,满足人类哪一方面的欲望。这样就引出了经济学中的一个重要概念——机会成本。当某些环境资源应用的经济效益不能直接估算时,可以尝试用环境资源的机会成本来计量环境质量变化带来的经济效益或经济损失。这种方法我们称为机会成本法,它多应用于自然保护区、生物多样性保护等的价值评估中。

例如,某资源有甲、乙、丙、丁四种使用方案,其中甲、乙、丙三种方案所获得效益是可计量的，分别为 2 000、3 000、4 000 元，而丁方案的效益难以计算。如果按照丁方案进行资源使用，就失去了按照甲、乙、丙三种方案使用该资源的机会，这三种方案中获得的最大经济效益为4 000 元。因此，4 000 元就是该资源使用丁方案的机会成本。

在评估无价格的环境资源时，机会成本法的理论基础是：保护无价格的环境资源的机会成本（如生物多样性等），可通过资源用于其他用途（如农林开发）可能获得的收益来表示。

②适用范围。机会成本法尤其适用于对自然保护区或具有唯一性特征的自然资源开发项目进行评估。机会成本法涉及自然系统的选择性应用。对于某些具有唯一性或者不可逆性特征的自然资源而言，部分开发方案与自然系统的延续性相矛盾，会造成不可逆的后果。以对某自然资源的开发或保护为例，这两种方案是相互排斥的，必须选择其中一种。开发工程可能会造成一个地区的巨大变化，破坏原有的自然系统，并且导致自然系统无法恢复原状。在此情况下，开发工程的机会成本是在未来某段时间内保护原有自然系统而得到的净效益现值。反过来说，保护自然系统的机会成本是开发工程效益现值的损失。

③评估方法。环境价值机会成本的评估对象不同，因此所采用的公式各不相同。该方法需要在明确测算对象的基础上设置机会成本补偿基数，然后根据测算对象的特性确定区域调整系数和补偿系数。其中，机会补偿基数是指在某时期内某资源（土地、海域等）在单位面积上所能创造的财富增加值。

（6）影子工程法

①评估原理。影子工程法（又称为替代工程法）是一种工程替代的方法，用于估算不可能直接得到结果的损失项目。假设采用某项实际效果相近但实际上未进行的工程，以该工程的建造成本替代待评估项目的经济损失。影子工程法是机会成本法的特殊形式，即某环节被破坏或污染后，人为建造一个代替原来环境功能的工程，用建造该工程的费用估计环境污染或破坏造成的经济损失。

②适用范围。影子工程法作为一种常见的方法，一般在环境的经济价值难以直接估算时运用，常见于对森林涵养水源、防止水土流失经济价值的评估。例如，某淡水资源被生活污水污染了，这时另建一处污水处理厂或者寻找另一处淡水资源作为替代以满足人们的生活需求，那么新工程的投资就可以用来估算环境污染的最低经济损失。

③评估方法。在环境遭到破坏后，人工建造一个具有类似环境功能的替代工程，并以此替代工程的费用表示该环境价值。影子工程法常用于环境的经济价值难以直接估算时的资源估价。例如，森林涵养水源、防止水土流失的生态价值就可采用此法。其计算公式为

$$V=f(x_1,x_2,\cdots,x_n) \tag{2-14}$$

式中，V 为评估的环境资源的价值；$x_1, x_2, \cdots, x_n$ 为替代工程中各项目的建设费用。

影子工程法将难以计算的生态价值转换为可计算的经济价值，将不可量化的问题转化成可量化的问题，简化了环境资源的估价。但也存在以下问题：①替代工程的非唯一性。因为现实生活中与原环境系统具有相似功能的替代工程不唯一，而每一个替代工程的费用均具有差异，所以得到的估价结果不唯一。②替代工程与原环境系统功能效用的异质性。替代工程只是作为原环境系统功能的近似替代，并且环境系统的很多功能具有不可替代性，导致影子工程法的评估结果存在一定偏差。实际运用时，可以同时采用多种替代工程，从中选取最符合实际的替代工程或者取各替代工程平均值进行估算，以此来减少偏差。

(7)案例——韩国土壤保持规划的效益分析

此规划的目的是希望通过土壤保持规划的实施，减少高地上农田的水土流失。本案例为假设案例，仅是用来对恢复费用法进行说明。

①土壤保持规划的效益如下。

a.提高了高地的作物产量。

b.减少了为补偿低地稻农在淤泥地失去稻谷生产所支付的费用(在没有实施土壤保持规划的情况下，高地农田的水土流失导致低地被淤泥覆盖，使得低地稻谷生产受到严重影响)。

c.大大减少了土壤和其他养分的恢复费用。在没有土壤保持规划的情况下，就需要支付这些恢复费用。

②恢复费用分析。每公顷土地恢复费用见表 2-3，以每公顷需要的韩元来计量。

表 2-3　冲刷造成土壤损失的恢复费用

项目	单价/(韩元/kg)	数量/kg	费用/(韩元/hm^2)	项目	单价/(韩元/kg)	数量/kg	费用/(韩元/hm^2)
土壤覆盖和扩展	0.2	403 500	80 700	有机物质	175	75.35	13 186
恢复养分	—	—	—	钙	60	10.61	637
氮	480	15.72	7 546	镁	1 400	1.62	2 268
磷	345	3.58	1 235	施用费用	40	121.5	4 860
钾	105	14.59	1 532	小计	—	—	31 264

a.为了弥补实际的冲刷损失，每年每公顷土地需要补充土壤 40.35 t。每公顷土地运输劳务和撒土费用需要 80 700 韩元。

b.其他的恢复费用由土壤流失造成的养分损失产生。如表 2-3 所示，按每公顷土地需要各种化学元素的量乘上相应的市场价格，可获得这部分恢复费用的估值。

c.施用成本(人工费、机械费、运输费等)。

此外，还需要支付追加的灌溉、保养和修整田地费用以及因土地受冲刷影响的低地农户所付的补偿金等。

d.以上这些费用总计每年每公顷土地超过 150 000 韩元，这里的恢复费用就是规划的效益。

以上是我们采用恢复费用法(或重置成本法)对韩国土壤保持规划所进行的经济效益分析。显然，其经济效益是非常大的，且经分析该规划的实施等费用远远小于其所带来的效益。故推荐在高地农田地区采用这种方法。

2.3.3.2 揭示偏好法

揭示偏好法是一种估测使用者对生态系统服务的需求曲线或边际支付意愿的特殊方法。该方法对与生态系统服务相关的消费系统进行统计观察，从而推测使用者的偏好。揭示偏好法的数据来源于使用者实际的消费行为或决策，通过上述方法获得的数据更具可靠性和代表性。然而，为了满足高质量数据的要求，并对复杂数据进行有效分析，避免不了投入高昂的时间成本和经济成本。

内涵资产定价法、避免损害成本法和虚拟治理成本法三种方法都属于揭示偏好法的范畴。内涵资产定价法(也称享乐价格法)一般用于对空气质量损害事件的评估。避免损害成本法常用于对水和空气等非价值性损害事件的评估。虚拟治理成本法一般适用于环境损害给生态环境造成无法修复或者修复成本过高的情况。

(1)内涵资产定价法(享乐价格法)

①评估原理。享乐价格法的评估数值是通过人们愿意为享受优质环境所付出的价格进行推算的结果。环境的不同而产生的某种产品的价格差异将作为环境差别的价值。然而，该方法适用的前提是我们在确认某一财产的价值时是包含了它所处环境的价值的。通俗来讲，在排除了其他可能造成价格差异的非环境因素后，人们愿意对某一特殊环境下的同等类别或是完全相同的房屋和土地支付更多的价格，那么这部分溢价可以归因为环境因素。

②适用范围。享乐价格法是一种通过区分房屋、土地等资产的差价中归属于环境因素的一部分来进行环境价值评估的方法。该方法仅适用于完全差别化的异质化商品，如

那些难以评估市场价格但却能对房屋价值产生直接影响的环境质量、环境属性的隐含价格的评估。由于房地产属于完全异质化商品，往往不能分割买卖，因此其价格反映的是人们对资产所有特性的综合评价，包括有市场价值的（如房屋的面积）和没有市场价值的（如房屋周边的公共绿地）。同时，房地产拥有真实活跃的市场，因此其适合采用享乐价格法这种事后评估方法。

③评估方法。假设个人效用取决于房地产商品 H 和其他同质产品的组合 X，房地产商品 H 的价值是由其包含的各种特征决定的，即

$$P_H = f(H_1, H_2, H_3, H_4, H_5, X) \tag{2-15}$$

式中，P_H 指房地产商品 H 的价值；H_1 为房地产商品的结构特征；H_2 为邻里特征；H_3 为区位特征；H_4 为周边环境特征，也就是预评估的环境物品的特征；H_5 为家庭特征。

享乐价格法根据主要表现形式可以划分为时间哑元法、特征价格指数法、模拟价格法与价格调整法四种。时间哑元法通过汇集多期数据建立统一的特征价格模型，通常采用基期和未来多个报告期的数据组建样本，并在模型中以时间哑元变量标识样本所属的报告期，即

$$P = C + \sum_{n=1}^{N} \beta_n H_n + \sum_{t=1}^{T} a_t D_t + \varepsilon \tag{2-16}$$

式中，P 指房地产商品价值；C 是常数项；N 表示有 N 个变量；T 表示有 T 期；D_t 为时间哑元变量（在第 t 期等于 1，其他期等于 0）；a_t 为时间哑元变量系数；H_n 为 n 个住房特征；β_n 为特征价格；ε 为扰动项。

特征价格指数法的基本思路是建立多个特征价格模型，在各个报告期分别建立并分别进行住房各类特征的评估。接着，选定“标准单元”（即固定住房各类特征在各报告期内的取值），将评估得到的特征价格值和设定的标准单元值分别代入基础框架，即可获得“标准单元”在各报告期的同质价格，并以此为基础进行指数编制。

模拟价格法是对特征价格模型中的样本匹配法进行改进的一种方法。样本匹配法是普通商品价格统计中的一种常用方法，通过对不同报告期样本进行一致性调整，使其达到同质可比的要求。但由于住房具有高度异质性的特点，同一住房单元几乎不可能在各报告期内均发生交易，同时各期交易的住房单元在质量上也不可能完全一致，因此传统的样本匹配法并不适用于住房价格指数的编制。而模拟价格法对样本匹配法的改进思路是：先利用第 $t-1$ 期的特征价格模型推测第 t 期交易的住房单元（相当于第 t 期的“新增单元”）在第 $t-1$ 期的价格，再利用第 t 期的特征价格模型推测第 $t-1$ 期交易的住房单元（相当于第 t 期的“退出单元”）在第 t 期的价格，从而实现第 $t-1$ 期和第 t 期内住房单元的完全匹配，并引入传统样本匹配法进行指数评估。

价格调整法同样是利用特征价格模型对样本匹配法进行改进的另一种方法。首先，确定统一的“标准单元”；然后，将各个报告期内的特征价格模型中所有真实交易的住房单元价格按照“标准单元”的基础进行调整；最后，利用样本匹配法进行指数编制。

(2)虚拟治理成本法

①评估原理。虚拟治理成本法是针对污染治理成本提出的一种环境价值评估方法。这种方法的应用前提是默认污染物在排放前已经进行了无害化处理，且该类污染物没有对生态环境造成任何破坏。因此，针对环境污染造成的生态环境损害进行修复的所有成本应等于或多于污染物排放前所产生的处理成本。

②适用范围。适用范围要求如下：

符合下列情形之一的，适用虚拟治理成本法：

第一，排放污染物的事实已经存在，由于生态环境损害观测或应急监测不及时等导致损害事实不明确或生态环境已自然恢复。

第二，生态环境损害不能仅仅通过恢复工程完全恢复，实施恢复工程需要投入的成本远远大于其可能获取的收益。

符合下列情形之一的，不适用虚拟治理成本法：

第一，通过调查和生态环境损害评估即可获取的实际发生的应急处置费用或治理、修复、恢复费用。

第二，突发环境事件或排污行为对生态环境造成的直接经济损失评估。

③评估方法。实际生活中，污染物被发现时通常已经处于外环境中，对生态环境造成了不同程度的影响。价值评估需要用环境敏感系数来调整。根据《突发环境事件应急处置阶段污染损害评估技术规范》的规定，虚拟治理成本法的具体评估公式为

$$虚拟治理成本=污染物排放量\times污染物单位治理成本\times受损害环境敏感系数 \tag{2-17}$$

在虚拟治理成本法中，单位治理成本的确定极其重要，它的大小会直接影响评估结果。环境敏感系数取决于环境功能区的划定：环境功能区类别越高，则环境敏感系数也越高，这意味着向生态服务功能越高的区域排放污染物，其对生态环境造成的损害就越大。

在废物或废液倾倒和违法排污类事件中，污染物排放量的确认通常通过现场排放量核定、嫌疑人询问、生产或运输记录等方式获取；在突发环境事件中，一般通过实际监测量与物料衡算相互验证的方法进行测算。污染物排放量测算中的常用方法有以下三种：实际调查法、收费标准法和成本函数法。对于有收费标准的，优先采用收费标准法，测算

人员应当对收费标准进行客观合理的判断；而对于没有收费标准的，优先采用实际调查法。适用收费标准法的主要情形为包括危险废物在内的工业固废、医疗废物和生活污水处置。这类污染物的处理工艺较为固定，政府有关部门往往对市场价格进行规范或由处置企业制定本企业的收费标准，因此这类收费标准往往在市场中被广泛使用。而工业废水、废气由于污染物成分复杂、浓度差异性大，通常采用实际调查法来获取治理成本。通过实际调查，获得相同或邻近地区、相同或相似生产工艺、产品类型等产品特征的企业治理相同或相近污染物，能够实现稳定达标排放的平均单位污染治理成本。

(3)避免损害成本法

避免损害成本法是指个人为减轻损害或防止环境退化引起的效用损失而需要为市场商品或服务支付的金额(预防性支出)。这里所指的金额是个人预防的最低成本。实际支出可能受到个人收入的约束，而且预防性支出可能没有包含所有的效益损失，在计算总成本时还应当加上其他支出。在此方法的研究上仍然有很长的路要走。

2.3.3.3　陈述偏好法

陈述偏好法是通过构建虚拟市场，引导被调研者主动陈述自己对于生态系统服务的支付意愿的评估方法。其中构建的虚拟市场可以完全脱离现有的真实存在的市场。陈述偏好法是唯一一种可以对生态系统服务的非使用价值进行评估的方法，但是该方法是否有效主要取决于被调研者是否能够在构建的虚拟环境中做出诚实的反应。

陈述偏好法的运用存在许多可能的误差，如信息偏差、支付方式偏差、假想偏差、策略性偏差、嵌入效应、排序问题、无反应偏差等。信息偏差指受访者对价值属性知之甚少或者信息的真实性、准确性有偏差，信息来源方提供给受访者的信息数量和质量也会影响他们的答案。由于支付方式不同，人们的支付意愿也会相应地发生变化，如税收、捐赠会影响人们的支付意愿，这称为支付方式偏差。由于陈述偏好法的基础便是处在虚拟市场环境中，在假想情景下做出的反应难免与真实情况有偏差，因此假想偏差很难完全避免。策略性偏差指受访者在提供答案时往往忽略其他可能性，因此提供了一个有偏差的答案，如享受钓鱼的受访者可能高估钓鱼服务的价值，而忽视了钓鱼河域的保护项目。嵌入效应指的是一个整体(更具包容性公共物品，如整个湖泊系统)和整体中的部分(特定公共物品，如湖泊系统中的某一个湖泊)的价值评估效应，主要包括三种现象：一是特定公共物品与更具包容性公共物品比较，支付意愿估值差异不大；二是相同公共物品作为更具包容性公共物品的一部分被估值比其单独被估值低；三是相同特定公共物品的不同调查得到广泛变动的支付意愿。排序问题指支付意愿在问卷列表的位置会影响受访者的陈述。无反应偏差指无反应的个体与已提供信息的平均值有差异。

陈述偏好法包含两种方法：一是条件价值法(CVM)，二是选择实验法。

(1)条件价值法

①评估原理。条件价值法也称为意愿调查评估法。它的核心是通过构建一个现实、可信的虚拟市场，让使用者可以在虚拟市场上表达自己的偏好。

条件价值法的经济学原理：假设消费者的效用函数受市场商品 x、非市场物品(将被估值)q、个人偏好 ε 的影响，其间接效用函数除受市场商品的价格 p、个人收入 y、个人偏好 s 和非市场物品 q 的影响外，还受个人偏好误差和测量误差等随机因素的影响。设 ε 表示随机因素，则间接效用函数可用 $V(p,q,y,s,\varepsilon)$ 表示。被调查者个人通常面对一种环境状态变化的可能性(从 q_0 到 q_1)。假设环境状态变化为改进，即 $V(p,q_1,y,s,\varepsilon) \geqslant V(p,q_0,y,s,\varepsilon)$，但需要消费者支付一定的资金。条件价值法就是利用问卷调查的方式揭示消费者的偏好，推导在不同环境状态下消费者的等效用点，并通过定量测定支付意愿 w 的分布规律得到非市场物品的经济价值。

②适用范围。条件价值法的适用范围较广，运用方式也较为灵活，适用于评估缺乏实际市场和替代市场的商品价值。条件价值法名称中的“条件”说明使用该方法进行环境物品的评价是有条件的，即需要建立假想的市场。追溯过去，条件价值法首次被应用于研究美国缅因州林地宿营、狩猎的娱乐价值；回归当今，该种方法往往被用于评估独特景观、文物古迹等的经济价值。总结归纳得出，条件价值法至今被广泛用于评估自然资源的休憩娱乐、狩猎和美学效益的经济价值，且已经成为评价非市场环境物品与资源经济价值的最常用工具。

③评估方法。条件价值法的评估需要考虑四个基本要素：情景的构建(如描述一个环境改造项目)、获取信息的机制(如开放式问题或封闭式问题)、支付选项(被调查者以何种方式支付其所陈述的金额，如从工资中扣除、缴税等)和被调研者的统计信息(如年龄、性别、收入水平等)。

条件价值法所采用的评估方法可以进一步划分为三类：一是直接询问调查对象愿意支付或者能够接受的金额；二是通过询问调查对象能够表现上述意愿的商品或服务的需求量，从得出的询问结果中推断出调查对象的支付意愿或接受赔偿意愿；三是借助有关专家的调查结果来评定环境资产的价值。

下面以投标博弈法为例进行说明。投标博弈法要求调查对象根据假设的情况，说出对不同水平的环境物品或服务的支付意愿或接受赔偿意愿。在对公共物品进行价值评估时，往往采用投标博弈法。投标博弈法又可以进一步划分为单次投标博弈法和收敛投标博弈法。其中，最典型也最常用的收敛投标博弈法是两阶段二分式选择法，这里进行简单介绍。

a.单次投标博弈法。在单次投标博弈中，需要进行以下步骤（基于砍伐或保护热带森林可能产生影响的虚拟情境）：首先，调查者需要向被调查者充分解释预估价的环境物品或服务的特征及其变动的影响（如砍伐或保护热带森林所可能产生的影响），以及保护这些环境物品或服务（或者说解决环境问题）的具体办法；然后，调查者询问被调查者，为了改善与保护该热带森林他最多愿意支付的费用（即最大支付意愿），或者他最少能够接受多少费用才愿意不再追究该森林被砍伐的事实（即最小接受赔偿意愿）。

例如，假设有一个沿着河流的森林娱乐区，过去一直为附近居民提供免费娱乐场所。现在有人建议开发这个区域，那么居民就不能进入享受免费的娱乐活动了。在制定该区域管理规划之前，对这个地区的用户进行了调查。被询问的用户可以作为整个区域用户的代表性样本，误差在允许范围之内（如 4%）。调查问题可以是：为了维持你能够继续在这个娱乐区出入的权利，你愿意每年支付多少钱？或者每年补偿给你多少钱，你才愿意放弃在这个娱乐区出入？

通过访问调查，得出的个人支付意愿或接受赔偿意愿的全部数据见表 2-4 和表 2-5。

表 2-4　出入娱乐区的支付意愿

支付意愿/美元	人数		总支付意愿/美元
	采样（该区域用户总人口的 5%）	该区域用户总人口	
0～10	50	1 000	5 000
>10～20	100	2 000	30 000
>20～30	200	4 000	100 000
>30～40	450	9 000	315 000
>40～50	150	3 000	135 000
50 以上	50	1 000	100 000
总计	1 000	20 000	685 000

表 2-4 中，总支付意愿为总人口数乘以支付意愿范围的中值。对于支付意愿为 50 美元以上的中值取 100 美元，即 1 000×(0+10)/2=5 000(美元)。

表 2-5　对失去出入娱乐区权利的接受赔偿意愿

接受赔偿意愿/美元	人数		总接受赔偿意愿/万美元
	采样（该区域用户总人口的 5%）	该区域用户总人口	
0～20	50	1 000	1

续表

接受赔偿意愿/美元	人数		总接受赔偿意愿/万美元
	采样(该区域用户总人口的5%)	该区域用户总人口	
>20～50	100	2 000	7.5
>50～100	200	4 000	30
>100～200	450	9 000	135
>200～300	150	3 000	75
300以上	50	1 000	50
总计	1 000	20 000	298.5

表2-5中,总接受赔偿意愿为总人口数乘以赔偿意愿范围的中值。对于接受赔偿意愿在300美元以上的中值取500美元,即1 000×(0+20)/2=10 000(美元)。

由表2-4和表2-5的调查结果可以求出娱乐区的年经济效益为68.5万美元(支付意愿)至298.5万美元(接受赔偿意愿),即每人每年的娱乐价值为34.25美元至149.25美元。

b.收敛投标博弈法。在收敛投标中,被调查者不需要明确支付意愿或者接受赔偿意愿的数额,而是不断改变是否愿意对某一物品或服务支出给定的金额,直至得出一个最大支付意愿或者最小接受赔偿意愿。仍以森林娱乐区为例,询问被调查者当其得知这些森林将被砍伐时,是否愿意支付一定数额的货币用于保护该森林(如30美元)。如果被调查者的回答是肯定的,就再提高金额(如40美元),直到被调查者做出否定的回答为止(如100美元)。调查者再通过降低金额找出被调查者愿意付出的精确数额。同样,确定赔偿意愿的金额的步骤也是如此。通过上述信息建立总的支付意愿函数或接受赔偿意愿函数(或模型)。

c.两阶段二分式选择法。两阶段二分式选择法是最典型也最常用的收敛投标博弈法,如图2-11所示。该方法的基本思路是:向被调查者提示某一支付金额,被调查者只需回答yes或no;回答yes时追加提问一个更高的金额x_i^u,回答no时追加提问一个更低的金额x_i^l。鉴于实际调查中可能会出现被调查者对于选择yes还是no无从判断的情况,因此在选项中追加了“不知道”这一项,在进行统计推断时将该选择项并入no选项。最后,根据回答yes或no的概率和提示额的关系,运用统计推断的方法确定支付金额。通常,一次调查问卷会提供几个不同的提示支付金额,每一提示金额所对应的调查问卷数量基本相同。两阶段二分式选择法弥补了普通二分式选择法提供给被调查者的提示金额信息不足的缺点,并且使被调查者更加明确了对于提示金额的赞成与否。进行两阶段式提问,更容易确定被调查者的真实支付意愿金额(WTP)的范围。同时,两阶段二分式选择法还具有提高统计科学性的优点。

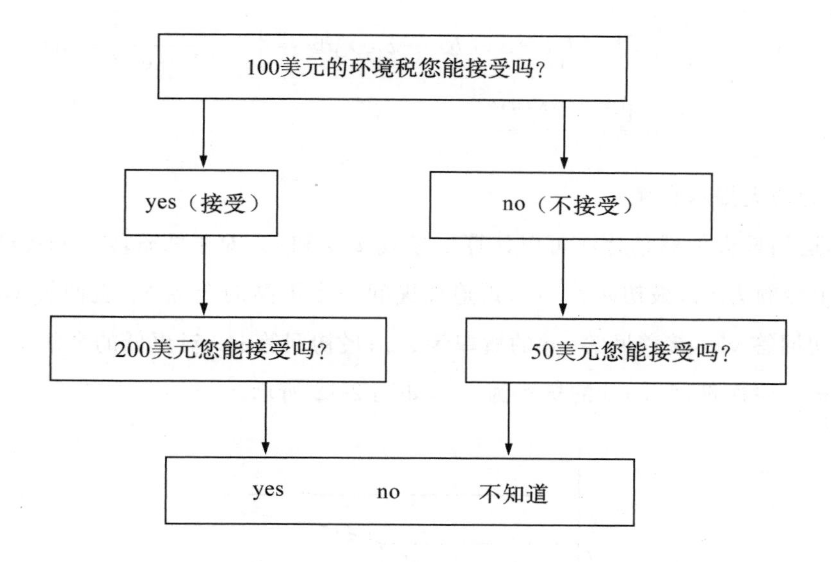

图 2-11　两阶段二分式选择法的概念图

两阶段二分式选择法的支付意愿可以根据 Probit 模型或 Logit 模型来推导。设定一个函数为

$$y=a+bx+cw+\varepsilon \tag{2-18}$$

式中，x 为提示金额；w 为影响被调查者支付意愿的社会经济变量；ε 为扰动项；a，b 和 c 为参数；y 无法观察到，我们只能看到 $y^*=1$(yes)和 $y^*=0$(no)。当 y 为正值时，回答 yes，$y^*=1$；当 y 为负值时，回答 no，$y^*=0$。随着提示金额 x 的增大，回答 no 的概率增大，y 降低，所以参数 b 为负值。

当回答 no 时，$\varepsilon \leqslant -a-bx-cw$。如果 F 是 ε 的分布函数，那么回答 no 的概率 $P_{no}(x)=F(-a-bx-cw)$；回答 yes 的概率 $P_{yes}(x)=1-F(-a-bx-cw)$。

在 Logit 模型中，假设扰动项服从 Logistic 分布，即 $F(z)=\dfrac{1}{1+e^{-z}}$，根据上述假设 $z=-a-bx-cw$，则有

$$P_{yes}(x)=1-F(-a-bx-cw)=1-\frac{1}{1+e^{a+bx+cw}} \tag{2-19}$$

根据回答 yes 的概率为 0.5，WTP 的中位值为

$$WTP_{median}=-\frac{a+cw}{b} \tag{2-20}$$

WTP 的平均值可以通过积分求得，即

$$\mathrm{WTP}_{\mathrm{mean}}=\int_0^{X_{\max}}[1-F(-a-bx-cw)]\mathrm{d}x=\int_0^{X_{\max}}\frac{\mathrm{e}^{a+bx+cw}}{1+\mathrm{e}^{a+bx+cw}}\mathrm{d}x$$
$$=\frac{1}{b}\ln\frac{1+\mathrm{e}^{a+bX_{\max}+cw}}{1+\mathrm{e}^{a+cw}} \tag{2-21}$$

式中，$X_{\max}$为最大提示金额。

其中，运用最大似然估计法可以计算出参数 a，b 和 c。对于两阶段二分式选择法，假定最初提示金额为 x_i；最初回答 yes，再追加提问一个更高的金额 x_i^u 也回答 yes 的概率为 π_{yy}；最初回答 yes，接着回答 no 的概率为 π_{yn}；最初回答 no，对更低的金额 x_i^l 回答 yes 的概率为 π_{ny}；两次都回答 no 的概率为 π_{nn}，如图 2-12 所示。

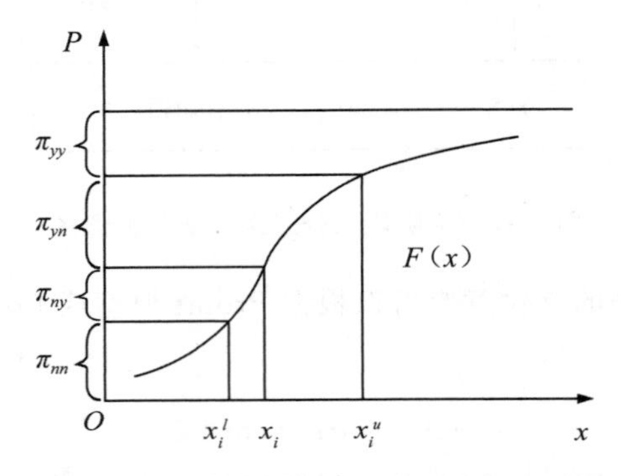

图 2-12　两阶段二分式选择法对应于回答状况的概率

设对于提示金额 x 回答 no 的概率的分布为 $F(x)$，则

$$\pi_{ny}=F(x_i^u)-F(x_i) \tag{2-22}$$

$$\pi_{yy}=1-F(x_i^u) \tag{2-23}$$

设表示被调查者回答状况的虚变量分别为 yy_i，yn_i，ny_i，nn_i。对应于回答，其中只能有一个是 1，其他都为 0。例如，被调查者对于最初的提示金额回答 yes，对于更高的金额也回答 yes 时，$yy_i=1$，$yn_i=ny_i=nn_i=0$。这时两阶段二分式选择法的对数似然函数为

$$\ln L=\sum_{i=1}^{n}[yy_i\ln\pi_{yy}(x_i)+yn_i\ln\pi_{yn}(x_i)+ny_i\ln\pi_{ny}(x_i)+nn_i\ln\pi_{nn}(x_i)] \tag{2-24}$$

(2)选择实验法

①评估原理。选择实验法的目的是评估人们对不同情境的权衡与偏好，从而更加有效地分配生态保护资源。选择实验法与条件价值法相似，也是通过虚拟市场获取消费者偏好。两者的不同之处在于，选择实验法可以将一个虚拟的情境分离成多个子情境，每个子情境都有利于提高人们从整个虚拟情境中获得的效用。例如，湿地公园的改造计划可以细分为引进更多的观赏鱼，提高空气质量，改善水质或改善鸟类栖息环境等子情境。

不同的子情境将对应于不同的改造成本。

②适用范围。选择实验法适合以问卷调查获取情况并运用数学模型进行评估。

③评估方法。选择实验法包括选择建模法和联合分析法。

选择建模法一般是通过构造效用函数模型，将选择问题转化为效用比较问题，通过效用最大化实现最优方案的选择和模型整体参数的确定。它早期被应用于市场、交通和旅游领域，之后被应用于环境非使用价值的评估。

选择建模法主要包含以下步骤：

a.确定决策问题的特征，辨明环境质量变化、公共物品供给变化等研究问题。

b.选择属性和状态，需进行预调查以确定所研究对象的关键环境属性和属性的状态值。

c.采取各种图文方式设计问卷。

d.开发实验设计，根据确定的属性和状态构造需要呈现给参与者的选择替代情境及其组合。

e.根据状态值的精确性和数据收集成本确定抽样规模。

f.采用统计分析模型、最大概率估计法进行模型估计。

g.根据估计结果分析参与者的行为和决策。

在随机效用函数的理论基础上，采用多元名义 Logit 统计分析模型产生的间接效用函数为

$$V_{ij}=\lambda(\beta+\beta_1 Z_1+\beta_2 Z_2+\cdots+\beta_n Z_n+\beta_a S_1+\beta_b S_2+\cdots+\beta_m S_j) \tag{2-25}$$

式中，V_{ij} 为间接效用；λ 为间接效用系数；$Z_1, Z_2, \cdots, Z_n$ 为物品属性；$S_1, S_2, \cdots, S_j$ 为消费者特征；β 为替代指定常数，可用于解释未观测的属性对选择结果的影响；$\beta_1, \beta_2, \cdots, \beta_n, \beta_a, \beta_b, \cdots, \beta_m$ 为影响效用的物品属性和消费者特征矢量系数。

福利测量可通过式(2-26)估计。

$$C_s=-\frac{1}{\alpha}\left[\ln\sum e^{V_{i0}}-\ln\sum e^{V_{i1}}\right] \tag{2-26}$$

式中，C_s 为补偿剩余的福利测量；α 为收入的边际效用；V_0、V_1 分别为环境变化前和变化后的边际效用函数。

属性的部分价值可通过式(2-27)评估。

$$W=-\frac{\beta_{属性}}{\beta_{成本}} \tag{2-27}$$

式中，$\beta_{属性}$ 和 $\beta_{成本}$ 分别为非市场环境属性项和成本项的估计系数。该式给出了成本变化

和属性之间的边际替代比例。

联合分析法包括条件分级法、条件排序法和配对比较法，该方法也需要模拟市场。在条件分级法中，参与者需要标出对提供的几个备选方案的偏好程度。每个备选方案对应一组属性，因此通过参与者的偏好程度权衡这些属性，进而可以估计各属性的价值。该价值称为属性的部分价值，部分价值的总和即参与者对环境物品或服务总体变化的估值。

条件排序法需要参与者对可选的各个部分的信息进行估值，然后将这些价值转换成标度。信息综合理论通常假设价值转换成标度带来的误差呈正态分布，应用普通最小二乘法诊断和测试效用函数在随机效应函数的基础上建立条件排序。条件排序法以信息综合理论为基础，要求参与者对各个备选方案按照自己的偏好从小到大依次排序。在此之前，条件排序没有直接的统计分析方法，需转化为条件标度后，采用普通最小二乘法进行分析。条件排序可看作从一个选择集合中依次选出效用最高的商品的条件概率分布，即

$$P(U_1 > U_2 > \cdots > U_H, H \leqslant J) = \prod_{h=1}^{H} \left[\mathrm{e}^{V_h} / \sum_{m=1}^{H} \mathrm{e}^{V_m} \right] \tag{2-28}$$

式中，P 为从一个选择集合中依次选出效用最高的商品的条件概率分布；U 为直接效用函数；V 为间接效用函数；J 为资源利用替代集合；h、m 为排序；H 为排序的总数目。在配对比较法中，参与者被提供两组连续的选择，并需在一个尺度上标出对它们的偏好程度。与条件排序法相同，配对比较的数据可通过多元回归或多元概率比回归模型分析参与者对环境物品或服务总体变化的支付意愿。

2.3.3.4 效益转移法

(1)评估原理

效益转移法是通过测算消费者非直接支出评价资源价值的方法，将已有的某时某地获取的环境经济信息转移到不同时间和地点，对与原有地类似的环境服务和产品进行经济估算。效益转移法可大幅度节省价值评估中实地考察的时间、资金、人员及其相关费用，特别适用于时间、空间和费用等受限的情况。此外，效益转移法不需要发放调查问卷，仅需少量人即可快速搜集到大量已有结果，可直接通过模型评估政策地点的资源与环境价值。

(2)适用条件

原始研究地点和目标政策地点在评估方法、研究设计、社会人口特征、环境保护态度

和地点自然环境等方面的差异，都会影响转移后的效益估计值。因此，原始研究地点和目标政策地点需遵循商品一致性、市场一致性和福利测量一致性的原则。

在缺乏合适的类似原始研究时，效益转移也不再适用。例如，一些已经存在的研究基于独特的景区或者在独特的条件下进行价值评价，这些研究的独特性使其无法用于效益转移。

(3)评估方法

目前有两种基本价值转移手段，不同的手段所对应的评估方法不同。如图 2-13 所示，一种是单位价值转移，这种方法倾向于将评估值直接从原始环境转移到新的背景中，可将经济估计值转换成货币价值。另一种是方程价值转移，该方程可以是以原始评估数据或者以解释变量为基础的价值方程。这种方程的变量描绘定义了具体场景下的生态属性或者经济选择的条件。

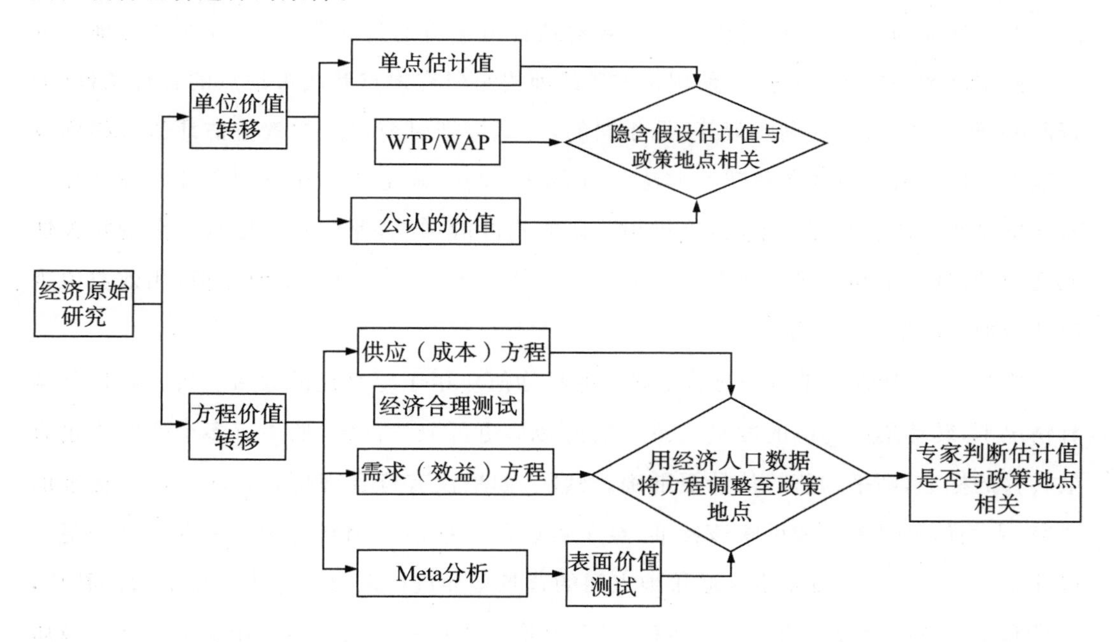

图 2-13　价值转移的基本形式

在进行经济估算时，需要使用简单价值方程的多因素分析或者采用计量经济学分析(如结构性效益转移法)。方程价值转移的结果由方程中的一系列解释变量决定，而单位价值转移的结果由单一点值决定。通常情况下，方程价值转移比单位价值转移的结果更为可靠。

①单位价值转移。单位价值转移包含单点的福利估计(如消费者剩余)、支付或接受的平均意愿(即 WTP/WAP)和官方认可的价值(如折现率及损害补偿)。简单的单位价

值转移是平均价值从研究地点到政策地点的直接转化，没有调整地点之间的差别，隐含的假定地点间的估价结果是相同的。未经调整的单位价值转移为

$$\overline{\mathrm{WTP_s}}=\overline{\mathrm{WTP_p}} \tag{2-29}$$

式中，$\overline{\mathrm{WTP_s}}$和$\overline{\mathrm{WTP_p}}$分别为 WTP 在研究地点和政策地点的价值的平均值。假设两个地点之间有差异，调整因素应包括相关人群的社会经济和人口的差异及站点间物理特性的差异。调整的单位价值转移评估为

$$\overline{\mathrm{WTP_p}}=\overline{\mathrm{WTP_s}}\left[\frac{A_p}{A_s}\left(\frac{Y_p}{Y_s}\right)^e\right] \tag{2-30}$$

式中，A 为可调节收入差异；Y 为收入；e 为 WTP 的研究地点资源收入弹性。在实践中，通常只调整收入差异的单元值，称为收入可调单位价值转移。

单点估计值（又称点对点转移）主要根据先前文献中多个相关研究，确定其中最符合政策地点特征的单一研究，对该研究的效益估计值进行通货膨胀调整，并在政策地点分析中使用该调整后的估计值。使用该方法的前提是研究地点和政策地点的各种条件（如资源特征、人口特征、福利政策等）是相同的，可直接把研究地点的效益估计值转移到政策地点。这是最简单的效益转移方法，具体步骤包括：确定政策地点的资源环境特征以及评价需要的信息及评价单位，搜集相关研究景区的文献，评估研究地点数据的相关性和适用性，从一个相关研究或多个相关研究的估计区间中选择一个效益值，用效益值乘以政策地点的单位总体数量。

WTP/WAP 方法是将来自若干研究的平均值应用于感兴趣的政策位置。在以下两种情况下，转移集中趋势的度量比单点估计转移更可取。首先，如果有多个研究满足有效转移的标准，则平均值的估计更准确。其次，如果没有符合理想效益转移所有标准的研究，平均值可以更好地反映该标准，至少可以部分抵消个别研究中的偏差。平均值可以非系统地对每个研究地点和政策地点间的背景差异进行调整。作为单位价值的替代，需求和支付意愿函数可用于效益转移。WTP 取决于所提供的生态系统服务的数量或质量及原始调查的人口的社会经济特征。

$$\mathrm{WTP}=B_0+B_1(\mathrm{Qes})+B_2(\mathrm{Income})+B_3(\mathrm{Age}) \tag{2-31}$$

式中，Qes 为被估值的生态系统服务的数量或质量；B_0，B_1，B_2，B_3 为回归系数。该函数允许分析人员根据具体政策地点上生态系统服务的数量和质量（如栖息地的数量、受保护的濒危鱼数量）及用户的关键社会经济特征、平均收入和年龄来调整每户的 WTP。

②方程价值转移。方程价值转移包含供给功能（收敛效度检验）、需求功能（价值表面测试）及 Meta 分析。在方程价值转移中，估计系数表示研究地点到政策地点的转移。

该方法隐含的假设是研究地点和政策地点中解释 WTP 的协变量和解释力是相同的，这被视为功能转移的主要限制。

假设开放式条件价值法可表示为

$$\mathrm{WTP_s}=a_0+a_1G_s+a_2H_s \tag{2-32}$$

式中，s 为研究地点；a_0，a_1，a_2 为估计系数；G 为网站特点；H 为日常特征。效益转移方程的估计系数（a_0，a_1，a_2）、回归方程和替代品解释变量的平均值（G 和 H）数据来源于政策地点普查或其他可靠的数据。转移 WTP 可表示为

$$\mathrm{WTP_p}=a_0+a_1G_p+a_2H_p \tag{2-33}$$

式中，p 为政策地点；a_0，a_1，a_2 为研究网站的传输系数；G_p，H_p 为站点的平均值在政策地点的日常属性。对政策景区进行整个函数的转移，需要考虑景区的特征、质量和空间、时间维度的选择差异和景区人口等因素，从而增强转移结果的准确性。

需求函数转移是利用一个或几个研究地点的需求函数直接估计政策地点资源价值的方法。其主要步骤为：确定政策地点的资源环境特征、评价需要的信息及评价单位；搜集相关研究地点的文献；评估研究地点数据的相关性和适用性，以及需求函数是不是确定的；调整需求函数以适应政策地点的特征，并预测效益值；用效益值乘以政策地点的单位总体数量。

基于 Meta 分析的效益转移是以自然资源价值评价的现有实证研究为样本，采用多元回归分析方法估计效益转移函数。函数的因变量是资源价值量，常通过旅游成本法、条件价值法等方法评估，通常表示单位最大支付意愿或消费者剩余。函数的自变量可以是地理特征、资源属性、评价方法、问卷调查方式、消费者人口统计特征等变量。

基于 Meta 分析的效益转移方程的一般形式为

$$V_p=f_s(\boldsymbol{Q}_{s/p},\boldsymbol{X}_{s/p},\boldsymbol{M}_{s/p}) \tag{2-34}$$

式中，V 为资源与环境的价值，通常用 C_s 或 WTP 表示；f 为多元回归效益转移函数；p 为政策地点；s 为研究地点；$\boldsymbol{Q}_{s/p}$，$\boldsymbol{X}_{s/p}$，$\boldsymbol{M}_{s/p}$ 是以研究地点样本为基础调整的符合政策地点特征的各个解释变量矩阵，其中 $\boldsymbol{Q}$ 表示自然资源的地理特征，$\boldsymbol{X}$ 表示自然资源的类型，$\boldsymbol{M}$ 表示资源与环境价值的评价方法。式（2-34）表明，政策地点资源与环境的价值可通过调整研究地点的效益转移函数而获得。基于 Meta 分析的效益转移函数能通过大量研究信息提供更加严密的集中趋势值，并能分析和揭示不同非市场价值评估技术的差异和关系。

③评估方法的选择。交通事故引发的突发环境事件，也称为流动风险源次生的环境污染事件，这里的交通事故通常与运输的危险化学品泄漏有关。这不仅会造成人员伤亡与财产损失，还往往对周边的生态环境造成次生污染。

随着我国社会经济的快速发展，突发环境事件已进入高发期，特别是由交通事故引发的突发环境事件。对流动风险源次生的突发环境事件中的环境污染及生态损失价值进行量化，既是科学判断突发环境事件的损害程度、实施全过程环境管理的需要，也是事件发生后界定权利和责任、实施赔偿的重要依据。同时，全面了解事件造成的影响也可警示世人。

此处以近年来发生的交通事故次生的环境污染事件为基础，通过对流动风险源次生的污染事故和生态破坏损失对象与类型进行筛选分析，建立了包括应急处置费用、人员伤亡损失、财产损失、预期收入减少等 21 个损失指标在内的基础评估体系。同时，根据损失与人类生产、生活的密切程度以及统计方法的不同，将突发环境事件的损失分为直接经济损失和间接经济损失两大类。此外，通过对流动风险源突发性环境事件进行调整完善，分一级、二级、三级（即目标层、要素层与指标层三个层次），建立了流动风险源突发性环境事件的环境污染及生态损失价值评估指标体系。同时，对不同损失类别，评估技术（方法）的选择如表 2-6 所示。

表 2-6　流动风险源次生的环境污染及生态损失类别评估指标体系与方法选择

损失类别			涉及的具体内容/解释	评估技术	具体方法
目标层	要素层	指标层			
直接经济损失	实物价值损失	人员伤亡	一般性医疗支出费用、造成人身伤残的特别损害、造成死亡的特别损害	直接市场评估法	疾病-人力资本法，并结合《最高人民法院关于审理人身损害赔偿案件适用法律若干问题的解释》（法释〔2022〕14 号）进行
		财产损毁	因环境污染事故和事件直接造成的资产性财产损毁、减少的实际价值	直接市场评估法	按实际发生费用进行评价
		预期收入减少	产量下降、订单减少、质量下降等	直接市场评估法	生产率变动法、剂量-反应法
		临时生产、生活成本增加	为维持生产和生活运行临时采取的措施所增加的成本	揭示偏好法	—

续表

损失类别			涉及的具体内容/解释	评估技术	具体方法
目标层	要素层	指标层			
直接经济损失	处置、修复与管理费用	应急处置费用	污染控制和现场抢救费用、清理现场费用、人员转移安置费用、应急监测费用	直接市场评估法	按实际发生费用进行评价
		事后处置费用	应急处置状态后所发生的恢复费用，如搬迁、后续监测及科研等	直接市场评估法	—
		污染修复费用	详见原环境保护部环境规划院编制的《环境污染损害数额计算推荐方法（第Ⅰ版）》（环发〔2011〕60 号）	直接市场评估法	按实际发生的费用：虚拟治理成本法
		调查评估费用	现场预调查、勘察监测、风险评估、损害评估费用	直接市场评估法	按实际评估发生的费用
间接经济损失	资源性损失	水源	财产损害中未考虑到的自然资源、半人工产品、休闲娱乐、科教等物品或服务	直接市场评估法	生产率变动法、剂量-反应法
		食物和饲料			
		原材料			
		游憩功能			
		科教功能			
		其他			
	环境功能损失	固碳供氧功能	某种生态环境和自然资源对其他生态环境、自然资源和公众利益所发挥的作用，即生态服务功能	直接市场评估法	影子工程法、重置成本法
		净化降解功能			
		土壤保持功能			
		营养物质循环			
		维持生物多样性			
		气候调节功能			
		水文调节功能			

第3章 环境污染类生态环境损害价值评估方法与应用

环境污染类生态环境损害是指向大气、水、土壤和海洋等环境介质中排放污染物(有毒有害物质、其他物质)及能量,造成环境介质及其生态系统服务功能等公共利益的损害。近年来,随着工业化和新型城镇化的加速发展,各种形式的环境污染行为频发,相应的环境污染损害鉴定纠纷案件逐年增加,准确量化环境污染造成的生态环境损害成为环保领域关注的热点。本章侧重因污染环境致地表水、沉积物、土壤、地下水、海水等环境要素损害的鉴定评估,介绍大气污染、水环境污染、土壤环境污染、海洋环境污染等不同环境介质的生态环境损害事件的价值评估方法及应用案例。

3.1 大气污染生态环境损害价值评估

大气污染致生态环境损害的案件多属过往性损害。由于空气流动,排入大气环境的污染物质通常在案发后检测不到其污染损害结果,那么如何追责和修复呢?对最高人民法院、最高人民检察院、司法部等公布的大气污染指导性案例和典型案例等进行分析后发现,虚拟治理成本法凭借其相对简单易行的优点,成为目前量化大气、水环境污染损害赔偿额的主要方法。同时,为了不断丰富损害责任赔偿方式,进一步修复大气环境,一些地区也开始探索替代修复法在大气污染损害价值评估中的应用实践,并取得了一定进展。这里主要介绍大气污染虚拟治理成本法的适用情形及原理、工作程序、评估方法和案例应用以及采用替代修复方式处理大气污染损害案件的探索实践。

3.1.1 适用范围及术语定义

3.1.1.1 适用范围

这里提及的大气污染生态环境损害,指因排放污染物造成的大气环境损害,主要包括下列情形：大气污染物排污单位、机动车和非道路移动机械，持续超过大气污染物排放标准或者超过重点大气污染物排放总量控制指标排放大气污染物的；排污单位发生大气环境污染事故的；违法排放大气污染物，致使周边大气环境或其他生态环境受到损害的；法律规定的其他情形。

本节适用于大气污染造成的生态环境损害价值评估，不包括因大气污染造成的人身伤害、个人和集体财产损失、公众健康损害等损失评估。

3.1.1.2 术语定义

(1)环境空气

环境空气指人群、植物、动物和建筑物所暴露的室外空气。

(2)大气污染

大气污染又称为空气污染。按照国际标准化组织(ISO)的定义，空气污染通常是指由于人类活动或自然过程引起某些物质进入大气中，呈现出足够的浓度，达到足够的时间，并因此危害了人类的舒适、健康和福利或环境的现象。

(3)大气环境功能区

大气环境功能区划是以城市环境功能分区为依据，根据自然环境概况、土地利用规划、规划区域气象特征和国家大气环境质量的要求，将规划城市按大气环境质量划分为不同的功能区。

(4)虚拟治理成本法

虚拟治理成本是按照现行的治理技术和水平治理排放到环境中的污染物所需要的支出。虚拟治理成本法适用于环境污染所致生态环境损害无法通过恢复工程完全恢复、恢复成本远远大于其收益或缺乏生态环境损害恢复评价指标的情形。

(5)替代性修复

替代性修复指无法或没有必要在原地原样对受损生态环境进行修复的情况下，合理采取异地和(或)他样方式进行生态环境治理、建设，保障受损生态环境在区域性或流域性范围内得到相应补偿的修复方式。

(6)单位治理成本

单位治理成本是工业生产企业或专业污染治理企业治理单位体积或质量的废气所产生的费用，一般包括能源消耗、设备维修、人员工资、管理费、药剂费等处理设施运行费用、固定资产折旧费用及治理过程中产生的废物处置等有关费用，不包括固体废物综合利用产生的效益。

(7)污染物数量

污染物数量是大气污染物超标或超总量以及其他违反相关法律法规规定产生的排放量。对于无排放标准的大气污染物,大气污染物数量指该污染物的排放总量。

(8)调整系数

调整系数指用于调整大气污染治理成本与环境污染造成的损害价值间的差距而确定的系数,反映大气污染物对于周边人群健康和空气质量的综合影响。其取值与大气污染物的危害性、周边环境敏感点、污染物超标情况、影响区域环境功能类别相关。

3.1.2　大气污染虚拟治理成本法

大气污染物的排放直接损害着空气、水体等不同环境要素。大气污染物在环境中与大气环流、水气循环、气候变化以及生态系统的物质循环等复杂因素密切相关,且很多污染物在环境中继续发生着异常反复的化学和物理变化,因此大气污染造成的环境资源的不利改变、生态系统功能退化的机理以及不同尺度空间的生态环境状况都难以确定,导致对大气污染事件造成的生态环境损害价值难以从生态环境恢复的角度进行计算。

按照《环境损害鉴定评估推荐方法(第Ⅱ版)》(环办〔2014〕90 号)、《生态环境损害鉴定评估技术指南　总纲》(环办政法〔2016〕67 号)等相关的技术规范,可采用虚拟治理成本法对大气污染生态环境损害进行量化,作为生态环境损害赔偿的依据。《最高人民法院关于审理环境民事公益诉讼案件适用法律若干问题的解释》(注释〔2020〕20 号)第二十三条的规定也为虚拟治理成本法的应用提供了重要依据。实际上虚拟治理成本法是确定大气污染损害赔偿数额的主要方法,其非常适用于大气污染造成的生态环境损害。

根据《环境损害鉴定评估推荐方法(第Ⅱ版)》(环办〔2014〕90 号)和《突发环境事件应急处置阶段环境损害鉴定评估推荐方法》(环办〔2014〕118 号)等技术文件的规定,虚拟治理成本法属于环境价值评估方法之一。该方法在环境损害鉴定评估实践中得到了较广泛的应用,但在使用过程中也出现了适用范围不明确、计算依据不充分、计算数额难统一等问题。

3.1.2.1　方法原理及适用情形

由于大气污染物具有易扩散的特点,基本上无法对大气污染造成的生态环境损害进行原地修复,即无法通过准确核算来评估受损环境的恢复费用以及量化大气污染造成的生态环境损害。实践中也经常存在环境损害鉴定评估费用远远大于生态环境损害赔偿数额的情况。企业超标排放大气污染物的主要原因是节省运营成本致环保设施不合格,因此有关部门提出了以企业节省的运营成本为依据的“虚拟治理成本法”，按照现行的治理技术和水平治理排放污染物所需要的支出量化大气污染造成的环境损害。

使用大气污染虚拟治理成本法时，应获取大气污染物排放单位所属行业、特征污染物、排放规律、排放去向、排放地点、排放量等具体信息，通过工艺分析、工况分析识别特征污染物，核定违规排放进入大气环境的污染物数量，并通过相关调查、统计方法量化治理或减排单位大气污染物所发生的费用。大气污染虚拟治理成本法的原理是按照现行的治理技术和水平，用大气污染物排放量与单位污染物治理成本的乘积计算出将大气污染物排放到环境中所需要的支出，再根据污染物危害性、受体敏感性、所在地大气环境功能、超标情况确定调整系数，量化出大气污染所造成的生态环境损害。因此大气污染治理虚拟成本法需要确定大气污染物数量、量化单位治理成本、确定调整系数、计算大气生态环境损害数额。

根据《生态环境损害鉴定评估技术指南 基础方法 第 1 部分：大气污染虚拟治理成本法》(GB/T 39793.1—2020)，大气虚拟治理成本法适用于污染物排放事实明确，但损害事实不明确或无法以合理的成本确定大气生态环境损害范围、程度和损害数额的情形。该方法不适用于突发环境事件中实际发生的应急处置费用或治理费用明确、通过调查和评估可以确定的生态环境损害的鉴定评估。此外，爆炸、焚烧等情形的大气污染损害评估可参照该方法。

目前国内大气污染损害案件多为工业企业超标排放和汽车尾气超标排放类型。针对此类大气污染物较为明确、排放情景较为简单的情况，可以对污染物数量提出较精准的计算公式。对于工业企业超标排放的情况，可以充分利用在线监测数据和监督性监测数据；对于移动源排放的情况，可通过尾气排放监测数据或油品质量信息计算污染物数量。由于大气污染损害的主要受体为人体，大气污染虚拟治理成本法的调整系数除了考虑传统的环境功能区分类，还应重点考虑大气污染的人体健康效应。综合考虑环境敏感性和大气污染的人体健康效应，调整系数从污染物危害性（如吸入毒性、腐蚀性等）、受体敏感性（如污染区域是否为人群密集区、是否有易感人群等）、环境功能区（是否为自然保护区、居住区等）和污染持续时间等方面考量。

3.1.2.2　工作程序

大气污染虚拟治理成本法的工作程序如图 3-1 所示，具体步骤如下。

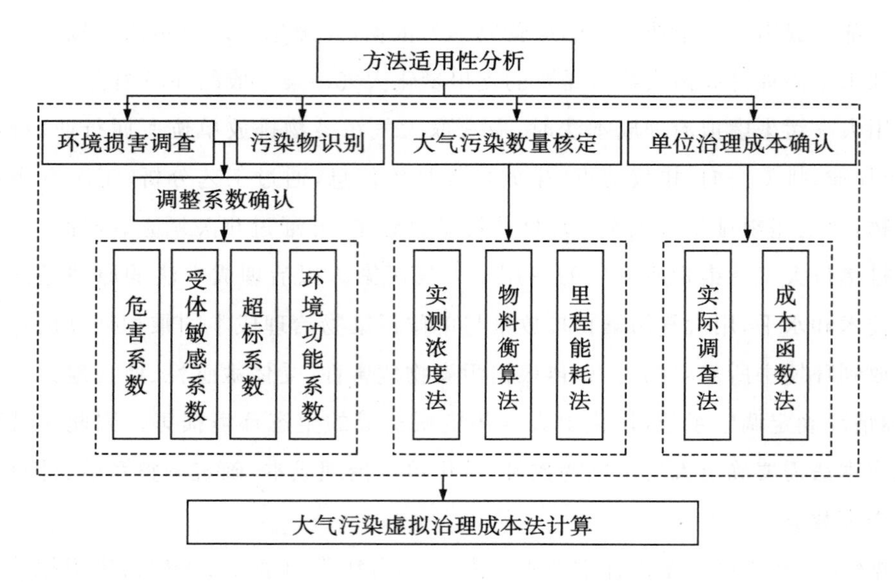

图 3-1 大气污染虚拟治理成本法的工作程序

(1)方法适用性分析

通过现场勘察、资料核实、卷宗调阅等,明确大气污染物排放的事实,掌握大气污染物的来源或所属行业、排放规律、排放去向、排放地点、排放数量、排放浓度和排入大气环境功能等,分析虚拟治理成本法的适用性。

(2)确定大气污染物数量

基于环境监测、生产台账、实验等信息,采取现场调查、人员访谈等方式,确定大气污染物数量。

(3)确定单位治理成本

采用实际调查法、成本函数法等方法,量化工业企业或专业污染治理企业减排或治理单位大气污染物所产生的费用。

(4) 确定调整系数

根据环境敏感点情况、污染物超标情况、排放区域环境空气功能区划类别等因素,确定调整系数,包括危害系数、受体敏感系数、超标系数和环境功能系数。

(5)计算大气生态环境损害数额

根据大气污染物数量、单位治理成本、调整系数,采用虚拟治理成本法计算公式,计算大气生态环境损害数额。

3.1.2.3　评估方法

（1）基本方法

以现行技术方法治理等量大气污染物所需的成本为基础，综合考虑大气污染物的危害、周边敏感点、污染物超标情况、影响区域环境功能类别等因素进行损害数额计算，见式(3-1)和式(3-2)。

$$D=C\times E\times \gamma \tag{3-1}$$

$$\gamma=(\alpha\times\beta+\omega)\times\tau \tag{3-2}$$

式中，D 为大气污染生态环境损害(元)；E 为大气污染物数量(t)；C 为大气污染物单位治理成本(元/t)；γ 为调整系数；α 为危害系数；β 为受体敏感系数；ω 为环境功能系数；τ 为超标系数。

（2）污染物识别

通过资料分析、现场踏勘、人员访谈等方式，根据大气污染物产生的技术工艺、燃料特点、工况条件，确定关注污染物类型。一般情况下，须通过独立污染治理设备和工艺处理的大气污染物均应作为关注污染物，并分别计算虚拟治理成本；对于可通过同一污染治理设备、工艺处理的多种大气污染物，可选取其中一种主要污染物作为虚拟治理成本法计算的关注污染物。

（3）大气污染物数量核定

大气污染物数量确定原则：在生态环境管理部门批准的排放口超标排放废气并进入大气环境的，排放数量为超标排放的废气总量；其他非法排放的，排放数量为排放的废气总量。固定源大气污染物数量核定优先选择实测浓度法，在监测数据缺乏必要参数的情况下可利用行政处罚书、环评报告、排污许可报告、可行性研究报告、询问笔录、案件卷宗等相关资料中污染物排放信息进行分析核定。对于同一污染源同时存在超标排放和超总量排放的情形，大气污染物数量取两种情形的计算结果最大值。

大气污染物数量核定方法主要有：

①实测浓度法。实测浓度法基于大气污染物监测数据计算大气污染物数量，主要适用于固定污染源大气污染物数量核定。大气污染物监测数据包括连续的在线监测系统数据、生态环境部门提供的监督性监测数据和市场监督部门提供的产品质量检测数据。

a.污染物超标排放情形的污染物数量计算：基于大气污染物连续在线监测系统数据计算大气污染物数量，见式(3-3)和式(3-4)。

$$E=\sum\nolimits_{T} R_T\times C_T\times\theta_T\times10^{-9} \tag{3-3}$$

$$\theta_T = \frac{Z_T - B}{Z_T} \tag{3-4}$$

式中，R_T 为小时大气污染物实测浓度（mg/m^3）；C_T 为小时废气排放流量（m^3/h）；θ_T 为小时大气污染物超标排放比例；T 为评估时段，以小时计；Z_T 为小时大气污染物折算浓度（mg/m^3）；B 为标准排放浓度限值（mg/m^3），对于无排放标准的大气污染物，取 0；其他符号意义见式(3-1)中相关解释。

基于大气污染物监督性监测数据计算大气污染物数量，见式(3-5)和式(3-6)。

$$E = \overline{R} \times \overline{V} \times \overline{\theta} \times T \times 10^{-9} \tag{3-5}$$

$$\overline{\theta} = \frac{\overline{Z} - B}{\overline{Z}} \tag{3-6}$$

式中，$\overline{R}$为大气污染物平均实测浓度（mg/m^3）；$\overline{V}$为废气平均排放流量（m^3/h）；$\overline{\theta}$ 为大气污染物超标排放平均比例；$\overline{Z}$为大气污染物平均折算浓度（mg/m^3）；其他符号意义见式(3-1)和式(3-4)中相关解释。

b.污染物超总量排放情形的污染物数量计算：基于大气污染物连续在线监测系统数据计算大气污染物数量，见式(3-7)。

$$E = \sum\nolimits_T R_T \times C_T \times \theta_T \times 10^{-9} - E_a \tag{3-7}$$

式中，E_a 为排污许可证规定的大气污染物允许排放量(t)；其他符号意义见式(3-1)和式(3-3)中相关解释。

基于大气污染物监督性监测数据计算大气污染物数量，见式(3-8)。

$$E = \overline{R} \times \overline{V} \times \overline{\theta} \times T \times 10^{-9} - E_a \tag{3-8}$$

式中符号意义见式(3-5)和式(3-7)中相关解释。

②物料衡算法。物料衡算法依据质量守恒定律，根据原料、产品与大气污染物之间的定量转化关系计算大气污染物数量，主要适用于固定污染源大气污染物超总量排放量核定，见式(3-9)。

$$E = A \times K \times (1 - \eta) - E_a \tag{3-9}$$

式中，A 为活动水平，根据情况选择原料消耗量或产品产生量(t)；K 为大气污染物产污系数；η 为治理技术对大气污染物的去除效率；其他符号意义见式(3-1)和式(3-7)中相关解释。

K 和 η 的取值可参考全国污染源普查以及经过同行评审的产排污核算系数研究结果，无相关数据时，可通过实际调查获得。

③里程能耗法。里程能耗法根据大气污染物移动源行驶里程和污染物排放浓度或燃料中污染物含量计算大气污染物排放量，主要适用于移动源大气污染物超标排放量核

定，见式(3-10)。

$$E=\sum_{P}S\times(R_V-B_V)\times10^{-6} \tag{3-10}$$

式中，P 为移动源数量(辆)；S 为单个移动源的行驶里程(km)；R_V 为移动源尾气大气污染物单位里程排放量(g/km)；B_V 为移动源尾气标准排放限值(g/km)；其他符号意义见式(3-1)中相关解释。

(4)单位治理成本确定

①实际调查法。单位治理成本确定优先选择实际调查法。通过实际调查，获得相同或邻近地区，相同或相近生产规模、生产工艺、产品类型、处理工艺的企业治理相同或相近大气污染物，能够实现稳定达标排放的单位污染治理成本；或取得符合上述条件的污染物治理方案的预测成本。在上述因素中，相同产品类型、规模，能够实现稳定达标排放为首要考虑因素，相同或邻近地区为次要考虑因素，最后为生产工艺和处理工艺。单位大气污染物治理成本计算方法见式(3-11)和式(3-12)。

$$C_i=\frac{\sum_{n}C_{i,j}}{n} \tag{3-11}$$

$$C_{i,j}=\frac{\lambda\times F\times\mu+c(t)}{P_i(t)-E_i(t)} \tag{3-12}$$

式中，C_i 为大气污染物 i 的单位治理成本(元/t)；n 为调查企业数量，原则上不能少于3家；$C_{i,j}$ 为大气污染物 i 在调查企业 j 的单位治理成本(元/t)；λ 为价格指数，反映物价水平变化的指数，参考国家或地方统计年鉴获得；F 为调查企业污染治理设备购置等固定成本投入(元)；μ 为折旧系数，反映污染治理持续时间内污染治理设备的使用折损情况；c 为调查企业大气污染治理设施运行成本(元)；t 为大气污染治理设施运行时间；P_i 为调查企业大气污染物 i 的产生量(t)；E_i 为调查企业大气污染物 i 的排放量(t)。

②成本函数法。基于样本量足够大的实际调查或利用污染源普查、环境统计等数据库，可建立典型行业的主要大气污染物单位治理成本函数，并以此为基础计算特定行业的大气污染物单位治理成本，见式(3-13)。

$$C_i=\lambda\times f_i(l,d,k,s) \tag{3-13}$$

式中，$f_i(l,d,k,s)$ 为大气污染物 i 的单位治理成本函数；l,d,k,s 分别代表地区、行业、治理工艺和企业规模。其他符号意义见式(3-11)和式(3-12)中相关解释。

(5)调整系数

①污染物危害系数。根据《化学品分类和标签规范　第18部分：急性毒性》(GB 30000.18—2013)、《化学品分类和标签规范　第19部分：皮肤腐蚀/刺激》(GB 30000.19—2013)、《化学品分类和标签规范　第20部分：严重眼损伤/眼刺激》(GB 30000.20—

2013)、《化学品分类和标签规范　第21部分:呼吸道或皮肤致敏》(GB 30000.21—2013)和《化学品分类和标签规范　第27部分:吸入危害》(GB 30000.27—2013)中的分类标准和表3-1,确定单一特征污染物或混合物的危害类别和危害系数。同一污染物具有多种危害类型的,取危害系数的最高值。常见污染物危害系数见表3-2。

表3-1　污染物危害分类和危害系数

危害类型	危害类别	危害系数(α)
吸入危害	类别1	1.75
	类别2	1.5
严重眼损伤/眼刺激	类别1	1.5
	类别2	1.25
皮肤腐蚀/刺激	类别1	1.5
	类别2	1.25
	类别3	1
呼吸道或皮肤致敏	类别1A	1.5
	类别1B	1.25
急性毒性(接触途径为气体、蒸气、粉尘和烟雾)	类别1	2
	类别2	1.75
	类别3	1.5
	类别4	1.25
	类别5	1

表3-2　常见污染物危害系数

序号	污染物质	危害系数(α)
1	PM_{10}、$PM_{2.5}$、二氧化硫、四氯乙烯、氯甲烷、二氯甲烷、甲醇、乙腈、四氯化碳、联苯、铅、三氧化二砷、氮氧化物	1.25
2	一氧化碳、氯苯、二硫化碳、三氯甲烷、环氧乙烷、氟化氢	1.5
3	苯乙烯、甲苯、苯、二甲苯、苯酚、苯胺、硫化氢、氯化氢、氰、氯	1.75
4	氢氰酸、敌敌畏、汞、对硫磷、光气、镉	2

②受体敏感系数。根据大气污染源与下风向区域中人群集聚地的最近距离确定受体敏感系数，具体取值见表 3-3。

表 3-3　受体敏感系数

大气污染源与敏感区域的最近距离 y/km	受体敏感系数(β)
$y \leqslant 1$	1.5
$1 < y \leqslant 5$	1.2
$y > 5$	1

③超标系数。根据大气污染物排放浓度超过国家或地方行业排放标准、综合排放标准的倍数确定超标系数，具体取值见表 3-4。对于大气污染物浓度未超标但超总量排放的情形，超标系数取 1。其中大气污染物浓度平均超标倍数 κ 按照式(3-14)计算。

$$\kappa = \frac{\overline{Z} - B}{B} \tag{3-14}$$

式中，κ 为大气污染物浓度平均超标倍数；其他符号意义见式(3-6)中相关解释。

表 3-4　超标系数

大气污染物浓度平均超标倍数 κ	超标系数(τ)
$\kappa \leqslant 2$	1.1
$2 < \kappa \leqslant 5$	1.2
$5 < \kappa \leqslant 10$	1.3
$\kappa > 10$	1.4

④环境功能系数。根据大气污染源排放区域环境功能区确定环境功能系数，具体见表 3-5。

表 3-5　大气环境功能系数

大气环境功能区类别	确定原则	环境功能系数(ω)
Ⅰ类	自然保护区、风景名胜区和其他需要特殊保护的区域	2.5
Ⅱ类	居住区、商业交通居民混合区、文化区、工业区和农村地区	1.5

大气环境功能区类别以现状功能区为准，当环境功能区不明确时参考相关环境质量标准中的规定，Ⅰ类为自然保护区、风景名胜区和其他需要特殊保护的区域，Ⅱ类为居住区、商业交通居民混合区、文化区、工业区和农村地区。

3.1.3　替代修复法

替代修复是指无法或没有必要在原地原样对受损生态环境进行修复的情况下，合理采取异地和(或)他样方式进行生态环境治理、建设，保障受损生态环境在区域性或流域性范围内得到相应补偿的修复方式。在生态环境损害已经发生，并且现在难以对当时被污染的大气进行生态环境修复时，可以选用替代性修复的方式对周边生态环境进行补偿与修复。

替代修复地点选址原则上应在大气污染损害行为发生地周边，可以采取环境综合治理、生态环境修复、环境绿化美化、植树造林等多种方式开展替代修复。替代修复的实物量或价值量应与生态环境损害实物量或价值量相当，赔偿义务人也可以自愿增加替代修复的实物量或价值量。

3.1.4　案例应用

3.1.4.1　某供热公司氮氧化物和烟尘在线监测数据超标案

(1) 基本案情

某供热公司 2018 年 4 月 5 日氮氧化物日均值为 84 mg/m^3，烟尘日均值为 14 mg/m^3，两项指标均超标。相关超标排放设施为 1 套 125 MW 汽轮发电机组、1 套 40 MW 汽轮发电机组、1 套 30 MW 汽轮发电机组和 2 台高温高压煤粉锅炉于 2017 年 5 月投产。由于该锅炉环境影响评价不一，公司于 2017 年年底进行了现状环境影响评估。根据环评报告，该企业燃煤锅炉项目废气采用“SCR(选择性催化还原技术)脱硝＋湿式脱硫＋湿式电除尘耦合”工艺进行处理，处理目标污染物为氮氧化物、二氧化硫及烟尘。根据相关环评要求，该企业废气污染物排放浓度要求满足超低排放要求(烟尘 5 mg/m^3，二氧化硫 35 mg/m^3，氮氧化物 50 mg/m^3)。

(2)评估方法确定

该公司排污事实存在，污染物排放后扩散到空气中，经大气稀释形成自然恢复。根据《环境损害鉴定评估推荐方法(第Ⅱ版)》(环办〔2014〕90 号)、《突发环境事件应急处置阶段环境损害鉴定评估推荐方法》(环办〔2014〕118号)和《关于虚拟治理成本法适用情形与计算方法的说明》(环办政法函〔2017〕1488号,本文件虽然在本书出版时已失效,但在本案例发生时并未失效,故此处仍使用本文件进行说明)等,拟采用虚拟治理成本法对污染物排放的生态环境损害进行评估。

(3)评估过程

该公司大气环境污染事件涉及的污染物为氮氧化物和烟尘,因此需要分别对两种污染物的单位治理成本进行确认。

①氮氧化物单位治理成本。根据环评报告相关监测结果,氮氧化物的处理主要体现在SCR脱硝工艺中。因此相关治理成本主要在废气处理的SCR工艺中。根据相关调研,电厂SCR脱硝成本在0.01～0.02元/(kW·h)之间。本案脱硝成本取0.01元/(kW·h)。同时,考虑到本案的特殊情况,废气本身经过处理,浓度相对较低,成本会降低。按照正常脱硝成本的80%进行计算,则本案脱硝成本为0.008元/(kW·h)。该公司满负荷发电量为195 000 kW,则满负荷运行时每天(24 h)SCR脱硝治理成本为195 000×24×0.008=37 440(元)。

根据环评报告,该企业两台锅炉只运行一台,运行的这台锅炉也未满负荷运行(运行效率为60%);烟囱总排口流量约30万 m^3/h,根据该供热有限公司提供的监测数据,废气排放超标时段烟囱总排口流量约25万 m^3/h,据此分析,其运行效率核定为60%×(25÷30)=50%。则当天所排放废气SCR脱硝治理成本为37 440×0.5×50%=9 360(元)。

②烟尘单位治理成本。本次烟尘排放浓度为14 mg/m^3,浓度较低。考虑到超低排放要求,本评估拟采用湿式电除尘法计算相关治理费用。参考"××电厂二期4号机'上大压小'扩建工程湿式电除尘器专题",其350 MW机组湿式电除尘每年最低运行成本为361万元,平均每天除尘核定成本为1万元。考虑到排放废气虽然浓度超标,但是经过一定处理,成本会降低,按照80%计算,核定成本为0.8万元。根据环评报告,该企业两台锅炉只运行一台,运行的这台锅炉也未满负荷运行(运行效率为60%);烟囱总排口流量约30万 m^3/h,根据该供热有限公司提供的监测数据,废气排放超标时段烟囱总排口流量约25万 m^3/h,据此分析,其运行效率核定为50%。则当天所排放废气除尘治理成本为8 000×0.5×50%=2 000(元)。

③调整系数。该地区为环境空气Ⅱ类区,根据环境功能敏感系数推荐值,相关排放敏感系数为3。

④评估结果。综上,氮氧化物及烟尘处理总成本为9 360+2 000=11 360(元),环境功能敏感系数为3,则本次污染事件虚拟治理成本为11 360×3=34 080(元)(即本次生态环境损害价值)。

3.1.4.2 某建材公司二氧化硫和颗粒物超标排放案

(1)基本案情

2021 年 4 月 28 日，生态环境部门委托环境检测有限公司对某建材公司污染物排放进行监督性检测。根据出具的检测报告，该公司二氧化硫实测折算值(平均值)为 933 mg/m^3，超标 8.33 倍(允许排放标准为 100 mg/m^3)；颗粒物实测折算值(平均值)为 487.2 mg/m^3，超标 23.36 倍(允许排放标准为 20 mg/m^3)。该建材公司主要以河道淤泥、煤矸石或粉煤灰等为主要原料，经焙烧等工序生产烧结淤泥多孔砖，年产量约 6 000 万块。

(2)确定评估方法

涉事企业违法事实明确，污染物排放后扩散到空气中，经大气稀释形成自然恢复。根据《环境损害鉴定评估推荐方法(第Ⅱ版)》(环办〔2014〕90 号)、《突发环境事件应急处置阶段环境损害鉴定评估推荐方法》(环办〔2014〕118 号)和《生态环境损害鉴定评估技术指南　基础方法　第 1 部分：大气污染虚拟治理成本法》(GB/T 39793.1—2020)，拟采用虚拟治理成本法对污染物排放的生态环境损害价值进行评估。

(3)评估过程

①单位治理成本。烟气流量超过 100 000 m^3/h，对应功率为 50 kW。当天 24 h 电量共计 50×24＝1 200(kW·h)，取工业电价为 0.8 元/(kW·h)，则当日风机电费共计 1 200×0.8＝960(元)。SO_2 废气处置工艺为碱式脱硫，可以同步除尘过程，全天 24 h 处置费用为 3 000 元。因此一天处置费用共 960＋3 000＝3 960(元)。

②调整系数。根据相关指南，二氧化硫危害系数(α)为 1.25；最大超标倍数为 23 倍，超标系数(τ)取1.4；区域大气环境质量为 1 类，环境功能系数(ω)取 2.5；周边 1 km 内有居民区，属于敏感区，受体敏感系数(β)取 1.5。因此调整系数为$(\alpha\times\beta+\omega)\times\tau=(1.25\times1.5+2.5)\times1.4=6.125$。

③超标排放天数。该企业自 4 月初以来在线监测设备出现故障，距离本次例行监测已过 20 多天，超标排放天数认定为 3 天。

④评估结果。综上，根据《环境损害鉴定评估推荐方法(第Ⅱ版)》(环办〔2014〕90 号)、《突发环境事件应急处置阶段环境损害鉴定评估推荐方法》(环办〔2014〕118 号)和《生态环境损害鉴定评估技术指南　基础方法　第 1 部分：大气污染虚拟治理成本法》(GB/T 39793.1—2020)，结合委托方要求和案件特点、受污染影响区域实际情况和现有条件，确定二氧化硫和颗粒物超标排放治理成本为 3 960 元/天，超标排放天数为 3 天，调整系数为 6.125，则本次污染事件虚拟治理成本为 3 960×6.125×3＝72 765(元)，即本次污染事件生态环境损害价值。

3.1.4.3 某公司生产超标排放汽车致大气环境损害案

(1)基本案情

2016年1月,生态环境部组织开展柴油车专项监督检查,抽取某汽车制造有限公司车辆进行了第三方检测,结果显示车辆型号为ZB1020ADC0F(发动机型号4L18CF)的轻型柴油货车超过国四标准限值要求,其中氮氧化物检测结果是标准限值的5.4~5.9倍,碳氢+氮氧化物是标准限值的5~5.5倍,涉及2016年1月1日至2016年5月31日期间生产的该型号车辆109辆。按照《中华人民共和国大气污染防治法》第一百零九条第一款规定,生态环境部决定责令该公司改正生产超过污染物排放标准的机动车违法行为,没收违法所得,并处货值金额两倍的罚款共计7 036 317.64元。2018年2月,北京市朝阳区自然之友环境研究所对该公司提起大气污染责任纠纷起诉,请求判令其承担相应大气污染治理费用,并在国家级媒体及销售市场地媒体上公开赔礼道歉。

(2)确定评估方法

结合该公司积极进行产业升级、淘汰旧柴油车产品、开拓新能源货车市场的经营现状,采用替代修复法进行损害价值量化,提出以提供新能源汽车作为弥补柴油车超标排放造成损失的替代性修复方案。

(3)评估过程

①核算大气污染物排放量。法院委托专业机构对涉案车辆超标排放造成的大气污染损害进行量化评估,评估方法为根据车辆排放数据,取平均行驶里程中位数,计算出总排放量,即总排放量=单位里程超标污染物排放量×单位车辆平均行驶里程数×车辆数量。经核算,该公司生产销售的涉案车辆在被召回修复前超标排放氮氧化物总排放量约为3 405 160 g。

②替代修复方案。通过提供新能源汽车弥补柴油车超标排放造成的损失,作为替代修复方案,即以捐赠电动车的方式替代支付大气污染治理费用,则替代修复治理费用=捐赠电动车数量×电动车单价,捐赠电动车数量=总排放量÷电动车减排量。

③评估结果。两种方案的评估结果如下。

方案一:由涉案公司捐赠39辆T1厢式电动运输车(市场价为24.6万元),替代修复费用为959.4万元。

方案二:由涉案公司捐赠54辆天使物流厢式电动运输车(市场价为8.8万元),替代修复费用为475.2万元。

(4)法院调解结果

由于难以核实该涉案公司于2018年3月至4月期间单方对于涉案车辆召回维修工

作的整改效果，经法院调解，该公司增加一倍赔偿用于治理其造成的大气污染损害，即按照鉴定方案中确定的捐赠数量增加一倍进行捐赠。2022 年 2 月 25 日，该公司向市政部门无偿交付天使物流厢式电动运输车共计 108 辆(替代修复治理费用共计 950.4 万元，可抵消排放氮氧化物约 6 810 320 g)，并在 3 年内对交付车辆进行无偿保养和维修。

3.2 地表水和沉积物环境污染损害价值评估

我国地表水生态环境污染与破坏形势较为严峻，近年来涉及地表水的环境污染事件急剧增多。根据《中国环境司法发展报告(2021)》，环境侵权案件中水污染类型案件是最常见的单一污染类型案件，占比为 28.63%。地表水生态环境损害价值评估常用方法包括虚拟治理成本法、恢复费用法、资源等值分析法等。其中，虚拟治理成本法计算过程简洁、容易操作，在大多数案例中被用来进行生态环境损害评估。

3.2.1 适用范围及术语定义

3.2.1.1 适用范围

(1)本节提及的地表水和沉积物环境污染生态环境损害，是指由于人类活动或各类突发事件引起污染物进入水环境，造成的地表水和沉积物环境质量下降、水生态服务功能减弱甚至丧失。

(2)本节适用于陆地表面的各种形态水体(包括天然和人工的河流、湖泊、水库、淡水河口)因环境污染导致的地表水和沉积物生态环境损害鉴定评估，不包括海洋环境污染生态环境损害价值评估，也不包括涉及水污染造成人身伤害、个人和集体财产损失等直接经济损失评估。

(3)本节不适用于核与辐射所致的涉及水环境污染的生态环境损害价值评估。

(4)本节提及的水环境污染生态环境损害价值评估方法的适用原则如下：对于已经采取的污染清除活动，统计实际发生的费用；对于可以恢复的地表水生态环境损害，估算恢复方案的实施费用；对于难以恢复的地表水生态环境损害，计算地表水生态环境损害的价值量；对于已经自行恢复的地表水生态环境损害，利用虚拟治理成本法计算损害数额。

3.2.1.2　术语定义

(1)水环境污染事件

水环境污染事件是指由于人类活动或各类突发事件引起污染物进入水环境，造成地表水和沉积物环境质量下降、水生态服务功能减弱甚至丧失的事件；按照污染持续时间的不同，可分为突发性水环境污染事件和累积性水环境污染事件。

(2)地表水

地表水指存在于陆地表面各种形态的水体，主要包括各种河流(包括运河、渠道)、湖泊和水库，根据地表水管理现状，还包括淡水河口。

(3)沉积物

沉积物是指可以由地表水体携带并最终沉着在水体底部，形成底泥状的任何物质，通常是黏土、泥沙、有机质及各种矿物的混合物，经过长时间物理、化学、生物等作用及水体传输而沉积于水体底部所形成。

(4)水功能区

水功能区指为满足水资源合理开发、利用、节约和保护的需求，根据水源的自然条件和开发利用现状，按照综合规划、水资源保护和经济社会发展要求，依其主导功能划定范围并执行相应水环境质量标准的水域。

(5)单位治理成本

单位治理成本指工业生产企业或专业污染治理企业治理单位体积或质量的废水或固体废物所产生的费用，一般包括能源消耗、设备维修、人员工资、管理费、药剂费等处理设施运行费用，固定资产折旧费用及治理过程中产生的废物处置费等有关费用，不包括固体废物综合利用产生的效益。

(6)排放数量

排放数量指排污单位超标或超总量排放的污染物量或向其法定边界以外环境排放的废水量或倾倒的固体废物量。对于无排放标准的水污染物，排放数量指该污染物的排放总量。

(7)调整系数

调整系数指用于调整地表水污染治理成本与环境污染造成的损害价值间的差距而确定的系数，反映废水或固体废物对水环境造成的不利影响和不同功能水体的敏感程度，其取值与污染物的危害性以及地表水环境功能相关。

3.2.2 地表水污染虚拟治理成本法

3.2.2.1 方法原理及适用情形

地表水污染虚拟治理成本法的原理是按照现行的治理技术和水平，用地表水污染物排放量与单位污染物治理成本的乘积计算出将水污染物排放到环境中所需要的支出，再根据污染物危害性、超标情况、所在地水环境功能确定相应的调整系数，量化出水污染所造成的生态环境损害。因此水污染虚拟治理成本法需要确定污染物数量、量化单位治理成本、确定调整系数、计算地表水污染生态环境损害数额。

地表水污染虚拟治理成本法适用于非法排放或倾倒废水或固体废物（包括危险废物）等排放行为事实明确，但由于生态环境损害观测或应急监测不及时等导致损害事实不明确或无法以合理的成本确定地表水生态环境损害范围、程度和损害数额的情形。本方法不适用于突发环境事件中实际发生的应急处置费用或治理费用明确、通过调查和评估可以确定的生态环境损害鉴定评估。

与大气污染类似，地表水污染也存在污染扩散快的特点。在没有及时监测的情况下，受到污染的水体大多能通过水体的净化功能恢复至受损前的状态。与大气污染事件相比，地表水污染事件更具复杂多样性。突发水污染事件一般涉及应急监测和处置，大多有实际处置费用的发生，因此突发水污染事件中实际发生的应急处置费用不适用于虚拟治理成本法。此外，对于累积性污染事件，可以通过调查和评估确定生态环境损害程度，也不适用于虚拟治理成本法。

与污染物较为明确、污染物排放情景较为简单的大气污染情况不同，地表水污染可能涉及废水或固体废物（包括危险废物），其污染物成分复杂。排放污染物的治理成本可能是单位质量（或体积）的废水或固体废物的治理成本，也有可能是其中某一特征污染物的治理成本。因此，对于排放进入地表水的污染物难以提出通用性、精确化的污染物数量计算公式。地表水环境损害的受体与地表水功能直接相关。对于渔业用水，水生生物是最直接的受体；而对于饮用水水源和娱乐用水，人类是需要优先考虑的暴露受体。因此，在考虑污染物的危害性时，应充分考虑不同暴露场景的受体不同。此外，由于废水和固体废物的成分复杂，多种化学污染物混合污染的情况较为普遍，在评价污染物的危害性时，应重点考虑如何确定特征污染物以及如何确定混合污染物的危害性。

3.2.2.2　工作程序

地表水污染虚拟治理成本法的工作程序如图3-2所示，具体步骤如下。

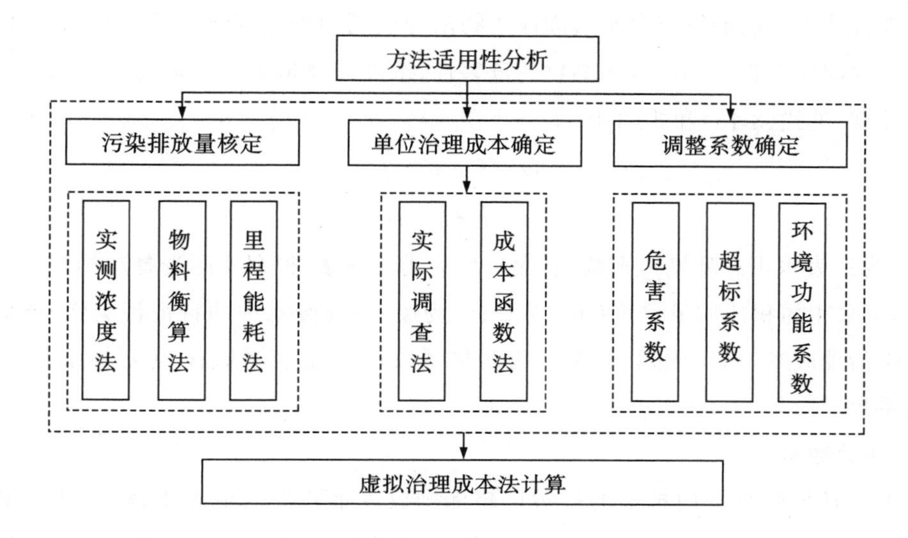

图3-2　地表水污染虚拟治理成本法的工作程序

(1)方法适用性分析

通过现场勘察、资料核实、卷宗调阅等，明确废水或固体废物排放或倾倒的事实，掌握废水或固体废物的来源或所属行业、特征污染物、排放规律、排放去向、排放地点、排放数量、排放浓度和排入水体环境功能等，分析虚拟治理成本法的适用性。

(2)确定排放数量

根据现场勘察、询问笔录、生产记录等资料，确定污染物超标排放量或者废水、固体废物排放或倾倒的质量或体积，根据需要测算废水中的特征污染物含量。

(3)确定单位治理成本

采用实际调查法、成本函数法等方法，确定废水或废水中的特征污染物或固体废物的单位治理成本。

(4)确定调整系数

根据废水或固体废物的危害类别和受纳水体的现状环境功能，确定调整系数，包括危害系数、超标系数和环境功能系数。

(5)计算地表水生态环境损害数额

根据排放量、单位治理成本、调整系数等，采用虚拟治理成本法计算公式，计算地表水生态环境损害数额。

3.2.2.3 评估方法

(1)基本方法

以现行技术方法能够将废水或固体废物治理达到相关标准所需的成本为基础,同时考虑废水或固体废物中物质或污染物的危害性、浓度以及地表水环境功能等因素进行损害数额计算,见式(3-15)和式(3-16)。

$$D=E\times C\times \gamma \tag{3-15}$$

$$\gamma=\alpha\times\tau\times\omega \tag{3-16}$$

式中,D 为地表水生态环境损害数额(元);E 为排放数量,根据实际选择超标排放量或排放总量,可采用体积或质量单位(m^3 或 t);C 为废水(或废水中的特征污染物)或固体废物的单位治理成本(元/t 或元/m^3);γ 为调整系数;α 为危害系数;τ 为超标系数;ω 为环境功能系数。

(2)排放数量

在生态环境管理部门批准的排污口超标排放废水并进入地表水体的,排放数量为超标排放的废水或特征污染物总量;其他偷排、倾倒废水的,排放数量为排放的废水或特征污染物总量;向地表水体排放、倾倒固体废物的,排放数量为排放、倾倒的固体废物总量。

排放数量的计算方法包括实测法、物料衡算法和排污系数计算法。对于废物或废液倾倒、违法违规排污类事件,废水或固体废物排放量一般通过现场排放量核定、人员访谈、生产或运输记录获取相关资料数据,根据实际情况选择合适的计算方法;对于突发环境事件,一般通过实测法与物料衡算法相互验证的方法进行测算。

(3)单位治理成本

①实际调查法。优先采用实际调查法确定单位治理成本。通过实际调查,获得相同或邻近地区,相同或相近生产工艺、产品类型、生产规模、治理工艺的企业治理相同或相近废水或固体废物能够实现稳定达标排放的平均单位治理成本。在上述因素中,相同产品类型和治理工艺、生产规模,能够实现稳定达标排放为首要考虑因素,相同或邻近地区为次要考虑因素,最后为生产工艺。

废水和固体废物的单位治理成本参照式(3-17)和式(3-18)计算。

$$C=\frac{\sum_{j=1}^{n}C_j}{n} \tag{3-17}$$

$$C_j=\frac{\lambda\times F_j\times\mu_i+c_j(t_j)}{T_j} \tag{3-18}$$

式中，C 为废水或固体废物的单位治理成本(元/t)；n 为调查企业数量，原则上不少于3家；C_j 为调查企业 j 的废水或固体废物单位治理成本(元/t)；λ 为价格指数，可以取工业生产者购进价格指数，参考国家或地方统计年鉴获得；F_j 为调查企业 j 的废水或固体废物治理设施固定资产投入(元)；μ_j 为折旧系数，反映调查企业 j 的废水或固体废物治理设施的使用折损情况；c_j 为调查企业 j 的废水或固体废物治理设施运行成本(元)；t_j 为调查企业 j 的废水或固体废物治理设施运行时间(年)；T_j 为调查企业 j 的废水或固体废物处理量(t)。

废水或固体废物来源明确且来源单位具有自有处理设施，满足以下条件之一的，可采用来源单位自行核算的治理成本：

a.在近三年内有正常运行记录，废水可以达标排放或满足固体废物污染控制要求。

b.近三年未运行，但已有资料可以充分证明处理工艺有效，废水可达标排放或固体废物满足污染控制要求。

应对来源单位提供的成本核算资料进行合理性评估，在支出成本项目构成、单价和数量等方面合理的情况下，来源单位自行核算的治理成本可作为废水或固体废物的单位治理成本。对废水或固体废物治理成本不明确的情况，可以采用专业废水或固体废物治理企业提供的单位治理成本核算数据。

②成本函数法。当调查样本量足够大时，可采用成本函数法。通过调查数据建立典型行业的废水或固体废物的治理成本函数，以达到排放标准的单位污染治理成本平均值作为单位治理成本，见式(3-19)。

$$C_i=\lambda\times f_i(l,d,k,s) \tag{3-19}$$

式中，C_i 为水污染物或废水、固体废物 i 的单位治理成本(元/t)；λ 为价格指数，可以取工业生产者购进价格指数，参考国家或地方统计年鉴获得；$f_i(l,d,k,s)$ 为水污染物或废水、固体废物 i 的单位治理成本函数，l,d,k,s 分别代表地区、行业、治理工艺和企业规模。

(4)危害系数

①废水。确定废水危害系数时，应根据以下原则确定评价指标：来源、污染物类别与含量明确的废水，比对行业排放标准，将超标污染物指标全部纳入危害系数计算；来源不明但通过检测明确污染物类别与含量的废水，比对综合性排放标准，将超标污染物指标全部纳入危害系数计算；来源已知但污染物质成分不明或无法测定的废水，根据废水的行业来源和行业排放标准，将全部可参与计算的污染物指标纳入危害系数计算。

地表水环境功能为珍稀水生生物栖息地和渔业用水的，根据《化学品分类和标签规范　第28部分：对水生环境的危害》(GB 30000.28—2013)中物质的分类标准和混合物的分类标准，对废水中化学物质或混合物的水生环境危害进行分类。根据废水中化学物质或混合物的急性水生危害或慢性水生危害类别确定 α 的取值，见表3-6；同时具有急性水生毒性和慢性水生毒性的，α 取最大值。

表 3-6 废水危害系数

地表水环境功能	危害类型	危害类别	危害系数(α)
珍稀水生生物栖息地及渔业用水	急性水生危害	类别 1	2
		类别 2	1.75
		类别 3	1.5
	慢性水生危害	类别 1	2
		类别 2	1.75
		类别 3	1.5
		类别 4	1.25
饮用水源	人体经口急性毒性	类别 1	2
		类别 2	1.75
		类别 3	1.5
		类别 4	1.25
		类别 5	1
直接接触娱乐用水	人体经皮急性毒性	类别 1	2
		类别 2	1.75
		类别 3	1.5
		类别 4	1.25
		类别 5	1
农业用水	—	—	1.5
一般工业或景观用水、非直接接触娱乐用水及其他无特定功能用水	—	—	1

地表水环境功能为饮用水源的，根据《化学品分类和标签规范　第 18 部分：急性毒性》(GB 30000.18—2013)中物质的分类标准和混合物的分类标准，对废水中化学物质或混合物的人体健康急性危害进行分类，并根据废水中化学物质或混合物的人体经口接触急性毒性危害类别确定 α 的取值，见表 3-6。

地表水环境功能为直接接触娱乐用水的，根据《化学品分类和标签规范　第 18 部分：急性毒性》(GB 30000.18—2013)中物质的分类标准和混合物的分类标准，对废水的经皮急性毒性危害进行分类。根据废水中化学物质或混合物的经皮急性毒性危害类别确定 α 的取值，见表 3-6。

地表水环境功能为农业用水、一般工业用水、一般景观用水、非直接接触娱乐用水以及其他无特定功能的，危害系数 α 的取值见表 3-6。

地表水环境功能为多种用途的，危害系数 α 取最大值。

化学物质的急性水生危害、慢性水生危害、人体经口急性毒性、人体经皮急性毒性数据可参考国内外相关化学物质毒性数据库。

②固体废物和油品。排放或倾倒危险废物、一般工业固体废物、生活垃圾以及油品进入地表水体的，危害系数的取值见表 3-7。

表 3-7　固体废物或油品的危害系数

类型	危险特性	危害系数(α)
危险废物(含有害垃圾)	具有感染性或毒性的	2
	仅具有反应性或腐蚀性的	1.5
一般工业固体废物(Ⅱ类)	—	1.5
一般工业固体废物(Ⅰ类)	—	1.25
餐厨垃圾	—	1.5
其他生活垃圾	—	1.25
船用重油、重质燃油	—	2
废润滑油、沥青、焦油	—	1.75
汽油、柴油、航空燃油、取暖油	—	1.5

(5)超标系数

①废水。确定废水中污染物超过国家或地方行业排放标准、综合排放标准的倍数。确定废水的超标系数时，超标污染物的选取原则同废水的危害系数。当废水中多个污染物存在超标情况时，根据所有检测样品中各项污染物的最大超标倍数确定超标系数。超标系数的取值见表 3-8。对于废水污染物浓度未超过排放标准的情形，超标系数取 1。废水污染物浓度超标倍数 κ 按照公式(3-20)计算。

$$\kappa=\frac{Z-B}{B} \tag{3-20}$$

式中，κ 为废水污染物浓度超标倍数；Z 为废水污染物浓度(mg/L 或 μg/L)；B 为排放标准浓度限值(mg/L 或 μg/L)。

表 3-8　废水超标系数

最大超标倍数	超标系数(τ)
最大超标倍数＞1 000	2
100＜最大超标倍数≤1 000	1.75
10＜最大超标倍数≤100	1.5
0＜最大超标倍数≤10	1.25

②固体废物。排放或倾倒危险废物、一般工业固体废物、生活垃圾进入地表水体的，超标系数的取值见表 3-9。危险化学品以外的其他化学品进入地表水体的，超标系数的取值为 1.5。

表 3-9　固体废物超标系数

类型	超标系数(τ)
危险废物	2
一般工业固体废物(Ⅱ类)	1.75
一般工业固体废物(Ⅰ类)	1.5
化学品(危险化学品除外)	1.5
生活垃圾	1.25

(6)环境功能系数

环境功能系数的取值原则如下。

①排放行为发生在集中式生活饮用水地表水源地、水生动植物自然保护区、水产种质资源保护区及其他国家自然保护区内的，或排放行为发生在上述保护区外，但污染物进入上述保护区且监测数据表明引起上述保护区水质异常的，ω 取值为 2.5。

②排放行为发生在渔业用水功能区的，或排放行为发生在渔业用水功能区外，但有监测数据表明引起渔业用水水质异常的，ω 取值为 2.25。

③排放行为发生在农业用水功能区的，或排放行为发生在农业用水功能区外，但有监测数据表明引起农业用水水质异常的，ω 取值为 2。

④排放行为发生在非直接接触娱乐用水、一般工业用水和一般景观用水功能区的，或排放行为发生在上述用水功能区外，但有监测数据表明引起上述用水水质异常的，ω 取值为 1.75。

⑤排放行为发生在上述功能区以外的，ω 取值为 1.5。

⑥排放行为同时影响了多种环境功能地表水体的，ω 取最大值。

环境功能系数的取值见表 3-10。

表 3-10　环境功能系数

排放行为发生地点	环境功能系数(ω)
排放行为发生在集中式生活饮用水地表水源地、水生动植物自然保护区、水产种质资源保护区及其他国家自然保护区内的，或排放行为发生在上述保护区外，但污染物进入上述保护区且监测数据表明引起上述保护区水质异常的	2.5
排放行为发生在渔业用水功能区的，或排放行为发生在渔业用水功能区外，但有监测数据表明引起渔业用水水质异常的	2.25
排放行为发生在农业用水功能区的，或排放行为发生在农业用水功能区外，但有监测数据表明引起农业用水水质异常的	2
排放行为发生在非直接接触娱乐用水、一般工业用水和一般景观用水功能区的，或排放行为发生在上述用水功能区外，但有监测数据表明引起上述用水水质异常的	1.75
排放行为发生在上述功能区以外的	1.5

3.2.3　恢复费用法

3.2.3.1　恢复方案制定

通过文献调研、专家咨询、案例研究、现场实验等方法，评价受损生态环境及其服务功能恢复至基线的经济、技术和操作的可行性。根据受损生态环境及其服务功能的可恢复性制定基本恢复方案，需要实施补偿性恢复的，同时需要评价补偿性恢复的可实施性。原则上，应将受损生态环境及其服务功能恢复至基线。自生态环境损害发生到恢复至基线的持续时间大于一年的，应计算期间损害，制定基本恢复方案和补偿性恢复方案；时间小于等于一年的，仅制定基本恢复方案。

对于突发水环境污染事件，如果地表水和沉积物中的污染物浓度不能在应急处置阶段恢复至基线水平，或者能观测或监测到水生生物种类、形态、质量和数量以及水生态服务功能明显改变，对于能够恢复的，制定基本恢复方案；恢复周期超过一年的，需要制定补偿性恢复方案。当不具备经济、技术和操作可行性时，地表水和沉积物及其生态服务功能应恢复至维持其基线功能的可接受风险水平；可接受风险水平与基线之间不可恢复的部分，可以采取适合的替代性恢复方案或采用环境价值评估方法进行价值量化。

基本恢复方案和补偿性恢复方案的实施时间与成本相互影响，应考虑损害程度范围、不同恢复技术和方案的难易程度、恢复时间成本等因素，确定备选基本恢复方案和补偿性恢复方案。

(1)基本恢复方案

基本恢复的目标是将受水环境污染的生态环境恢复至基线水平。对于受现场条件或技术可达性等原因限制的，生态环境相关指标不能完全恢复至基线水平，根据水功能规划，结合经济、技术可行性，确定基本恢复目标。

对于水生态受到影响的事件，选择具有代表性的水生生物相关指标表征水生态损害。对于没有水生生物受到损害的，选择水资源供给量、航运量、休闲旅游人次等水生态服务功能作为恢复目标。

对于突发水环境污染事件，应急处置方案为基本恢复方案。对于累积水环境污染事件以及污染在应急处置阶段没有消除或存在二次污染的突发水环境污染事件，根据污染物的生物毒性、生物富集性、生物致畸性等特性，分析受损地表水和沉积物生态环境自然恢复至基线的可能性，并估计“无行动自然恢复”的时间；对于不能自然恢复的，制定水环境治理、水生态恢复基本方案。对于水生态破坏事件，分析受损水生态服务功能自然恢复至基线的可能性，并估计“无行动自然恢复”的时间；对于不能自然恢复的，制定水生态恢复基本方案。

(2)补偿性恢复方案

补偿性恢复的目标是补偿受水环境污染生态环境恢复至基线水平期间的损害。当采用资源类指标表征期间损害时，原则上补偿性恢复目标与基本恢复目标采用相同的表征指标；当采用服务类指标表征期间损害时，利用服务指标表征补偿性恢复规模，并根据实际需要选择其他资源类指标表征服务水平。

补偿性恢复方案可以与基本恢复方案在不同或相同区域实施，包括恢复具有与评估水域类似水生生物资源或服务功能水平的异位恢复，或使受损水域具有更多资源或更高服务功能水平的原位恢复。比如，对于受污染沉积物经风险评估无须修复的情况，可以异位修复另外一条工程量相同的受污染河流沉积物，或通过原位修建孵化场培育较基线种群数量更多的水生生物，或通过修建公共污水处理设施替代受污染的地表水自然恢复损失等资源对等或服务对等、因地制宜的水环境、水生生物或水生态恢复方案。

(3)替代恢复方案

对于地表水环境污染损害，可以采取提标改造替代恢复方案。替代恢复方案按成本法核算时，企业在实现达标排放的基础上为进一步提标改造额外支付的建设投资及稳定运行费用，应不低于生态环境损害数额；按环境效益核算时，企业进一步提标改造设施运行期额外产生的环境效益应不低于造成的环境损害量，即额外减排的水环境污染物应不低于超标排放的量。

3.2.3.2　恢复费用计算

恢复费用法是以恢复受破坏的水环境资源所需的费用作为水环境资源遭到破坏的经济损失估值的一种计算方法。该方法不考虑污染造成的复杂影响，仅从污染源角度出发，计算削减污水排放的费用。测算最佳恢复方案的实施费用，包括直接费用和间接费用。其中，直接费用包括生态环境恢复工程主体设备、材料、工程实施等费用。间接费用包括恢复工程监测、工程监理、质量控制、安全防护、二次污染或破坏防治等费用。按照地表水和沉积物生态环境基本恢复和补偿性恢复方案，采用费用明细法、指南或手册参考法、承包商报价法、案例比对法等方法，计算恢复方案实施所需要的费用。

按照下列优先级顺序选择恢复费用计算方法，相关成本和费用以恢复方案实施地的实际调查数据为准。

(1)费用明细法

费用明细法适用于恢复方案比较明确，各项具体工程措施及其规模比较具体，所需要的设施、材料、设备、人工等比较明确，且鉴定评估机构对恢复方案各要素的成本比较清楚的情况。费用明细法应列出恢复方案的各项具体工程措施、各项措施的规模，明确需要的设施以及需要用到的材料和设备的数量和规格、能耗等内容，根据各种设施、材料、设备、能耗的单价，列出恢复工程费用明细。

(2)指南或手册参考法

指南或手册参考法适用于恢复技术有确定的工程投资手册可以参照的情况，根据确定的恢复工程量，参照相关指南或手册，计算恢复工程费用。

(3)承包商报价法

承包商报价法适用于恢复方案比较明确，各项具体工程措施及其规模比较具体，所需要的设施、材料、设备等比较确切，但鉴定评估机构对方案各要素的成本不清楚或不确定的情况。承包商报价法应选择 3 家或 3 家以上符合要求的承包商，由承包商根据恢复目标和恢复方案提出报价，通过对报价进行综合比较，确定合理的恢复工程费用。

(4)案例比对法

案例比对法适用于恢复技术不明确的情况，通过调研与本项目规模、损害特征、生态环境条件相类似且时间较为接近的案例，基于类似案例的恢复费用，计算恢复工程费用。

3.2.4 环境资源价值量化法

3.2.4.1 方法适用情形

对于受损地表水和沉积物生态环境不能通过实施恢复措施进行恢复或完全恢复到基线水平，或不能通过补偿性恢复措施补偿期间损害的，基于等值分析原则，采用环境资源价值评估方法对未予恢复的地表水生态环境损害进行计算。

3.2.4.2 评估方法

根据评估区的水生态服务功能，可采用直接市场法、揭示偏好法、效益转移法、陈述偏好法等方法。对不能恢复或不能完全恢复的生态服务功能及其期间损害进行价值量化，具体如下。

(1)对于以水产品生产为主要服务功能的水域，采用市场价值法计算水产品生产服务损失。

(2)对于以水资源供给为主要服务功能的水域，采用水资源影子价格法计算水资源功能损失。

(3)对于以生物多样性和自然人文遗产维护为主要服务功能的水域，建议采用恢复费用法计算支持功能损失。当恢复方案不可行时，采用支付意愿法、物种保育法计算。

(4)对于砂石开采影响地形地貌和岸带稳定的情形，采用恢复费用(实际工程)法计算岸带稳定支持功能损失。

(5)对于航运支持功能的影响，建议采用市场价值法计算航运支持功能损失。

(6)对于洪水调蓄、水质净化、气候调节、土壤保持等调节功能的影响，建议采用恢复费用法计算。当恢复方案不可行时，建议采用替代成本法计算调节功能损失。

(7)对于以休闲娱乐、景观科研为主要服务功能的水域，建议采用旅行费用法计算文化服务损失。当旅行费用法不可行时，建议采用支付意愿法计算。

(8)常见水生态服务功能价值量化方法参见《生态环境损害鉴定评估技术指南　环境要素　第2部分：地表水和沉积物》(GB/T 39792.2—2020)附录A。对于采用非指南推荐的方法进行环境资源价值量化评估的，需要详细阐述方法的合理性。

对于超过地表水环境质量基线，但没有超过地表水环境质量标准并影响水生态功能的情况，根据损害发生地的水资源非使用基准价值和根据超过基线倍数确定的水资源非使用基准价值调整系数计算水资源受损价值。地表水资源非使用基准价值为损害发生地水资源费或水资源税费的1/2;当损害涉及多个地方时,根据多个地方的水资源税费和水量加权计算确定。对于超过地表水环境质量标准并影响水生态功能的情况,如果计算得到的水生态功能损害价值小于受损的水资源非使用价值,可以以受损的水资源非使用价值作为计算结果,但两者不能相加,以避免重复计算。

3.2.5 案例应用

3.2.5.1 非法倾倒油墨废水污染河流案环境损害鉴定

(1)基本案情

辽宁省某包装制品厂从事纸箱印刷业务,主要在纸箱纸板上用水性油墨印刷商标。在印刷过程中,由于采用不同色系的油墨,换色印刷时需要对印刷机的辊刷进行清洗,因此印刷过程中产生了油墨废水。根据现场调查结果,2016—2019年,该厂一直将未经处理的用于清洗纸箱印刷机的含油墨废水倾倒至旱厕,废水从旱厕溢流口直接排至某河道,对河道造成环境污染;该河道属于一般工业用水功能区。

(2)损害评估依据及方法

该案件存在排放油墨废水的事实,且在2016年1月至2019年5月对受纳河流造成持续污染。但由于对河流生态环境损害观测及应急监测不及时导致损害事实不明确,符合虚拟成本治理法的适用情形。根据《关于虚拟治理成本法适用情形与计算方法的说明》(环办政法函〔2017〕1488号,本文件虽然在本书出版时已失效,但在本案例发生时并未失效,故此处仍使用本文件进行说明),选用虚拟治理成本法进行计算。

(3)损害评估过程

①污染物排放量的确定。根据涉案企业描述,纸板印刷机的印刷辊一般3～5天需要清洗一次,每次清洗后含油墨废水产生量约为30 kg,全年生产约60天。经计算,2016年1月至2019年5月油墨废水产生总量约为1.0 t。

②单位治理成本的确定。单位治理成本可通过实际调查,获得本地或附近区域具有相同或类似的生产工艺、产品种类、生产规模、处理工艺的生产企业处理油墨废水并达标排放的单位治理成本,因此该案件单位治理成本采用实际调查法。经调查,油墨废水处置费用为3 000～3 500元/t,考虑到企业一直将油墨废水排放到河流,河流受到持续性污染损害,因此油墨废水处置费用取3 500元/t。

③调整系数的确定。调整系数的确定如下所示。

a.危害系数(α)的确定:油墨废水作为确定的污染源,其特征污染物为重金属和挥发性有机物，确定的油墨废水排放量 1.0 t，而且浓度超过环境基线水平，受纳河流的地表水环境功能属于一般工业用水。参照《生态环境损害鉴定评估技术指南　基础方法　第 2 部分：水污染虚拟治理成本法》(GB/T 39793.2—2020)的废水危害系数，确定损害案件的危害系数 α 为 1。

b.超标系数(τ)的确定：对油墨废水非法倾倒污染地表水案件特征开展沉积物布点采样分析，具体监测结果(见表 3-11)表明，排放的油墨废水中存在重金属和挥发性有机物超标情况，污染物浓度的超标率最高已经超过 1 000 倍。参照废水超标系数(见表 3-8)，确定超标系数为 2。

表 3-11　油墨废水案件沉积物监测结果

监测项目	监测点位				超标率/%
	1 号	2 号	3 号	4 号(对照点)	
铜/($mg \cdot kg^{-1}$)	84	54	42	41	2.40～104.88
铬/($mg \cdot kg^{-1}$)	64	48	25	25	92～156
镉/($mg \cdot kg^{-1}$)	0.23	0.19	0.18	0.17	5.90～35.29
铅/($mg \cdot kg^{-1}$)	42	36	30	26	15.38～61.54
汞/($mg \cdot kg^{-1}$)	0.44	0.207	0.21	0.188	11.70～134.04
甲苯/($\mu g \cdot kg^{-1}$)	85.3	34.7	115.7	1.9	1 726.32～4 389.47
乙苯/($\mu g \cdot kg-1$)	159	10	7.6	1.2	533.33～13 150.00
铜/($mg \cdot kg^{-1}$)	86	57	53	42	26.19～104.76
铬/($mg \cdot kg^{-1}$)	64	59	54	30	80.00～113.33
镉/($mg \cdot kg^{-1}$)	0.21	0.21	0.19	0.18	5.56～16.67
铅/($mg \cdot kg^{-1}$)	58	40	38	41	41.46
汞/($mg \cdot kg^{-1}$)	0.518	0.346	0.315	0.193	62.37～167.01
甲苯/($\mu g \cdot kg^{-1}$)	51.7	13.5	1.3	1.3	938.46～3 876.92
乙苯/($\mu g \cdot kg^{-1}$)	5.5	3.5	1.2	1.2	191.67～358.33

c.环境功能系数(ω)的确定：两起案件中油墨废水污染的河流均属于一般工业用水的环境功能区，参照《关于虚拟治理成本法适用情形与计算方法的说明》(环办政法函〔2017〕1488 号)，确定环境功能系数为 1.75。

(4)损害价值计算

根据《生态环境损害鉴定评估技术指南　基础方法　第 2 部分：水污染虚拟治理成本法》(GB/T 39793.2—2020)，对损害数额进行计算。油墨废水倾倒案件中地表水生态环境损害数额 $D=1\times3\ 500\times1\times2\times1.75=12\ 250$(元)。

3.2.5.2　某煤矿外排矿井水全盐量和硫酸盐超标致地表水环境损害案

(1)基本案情

某煤矿有限公司现有一座矿井水处理站，采用“预沉调节＋高效澄清池＋多介质滤池”处理工艺，设计处理规模为 1 600 m^3/h，处理后的清水部分回用于生产和生活，剩余矿井水外排至某河故道。根据 2020 年 1—4 月和 6—11 月，2021 年 4—5 月对煤矿总排口全盐量、硫酸盐的日常检测结果，总排口全盐量浓度为 2 024～2 860 mg/L，硫酸盐浓度为 1 453～1 751.2 mg/L，超过该煤矿所在省份的地方排放标准，最大超标倍数分别为 0.79 倍和 1.69 倍。

(2)损害评估依据及方法

涉案煤矿超标排放全盐量、硫酸盐的事实存在，但由于降雨等影响，某河道与该煤矿排水混合后下游 500 m 断面全盐量、硫酸盐与基线相当，损害程度不明确。根据《生态环境损害鉴定评估技术指南　基础方法　第 2 部分：水污染虚拟治理成本法》(GB/T 39793.2—2020)，本案件符合“非法排放或倾倒废水等排放行为事实明确，但损害事实不明确”情形，适用于虚拟治理成本法。

(3)损害评估过程

①废水单位治理成本确定。根据《生态环境损害鉴定评估技术指南　基础方法　第 2 部分：水污染虚拟治理成本法》(GB/T 39793.2—2020)，应优先采用实际调查法确定单位治理成本。通过实际调查，获得相近生产规模、治理工艺的企业治理的相同或相近废水，能够得到实现稳定达标排放的平均单位治理成本，从而确定单位治理成本。经调研，类似煤矿高盐废水处理项目，进水全盐量含量为 3 000 mg/L 左右、硫酸盐含量为 2 000 mg/L 左右的煤矿高盐废水，设计出水水质全盐量含量为 1 600 mg/L、硫酸盐含量为 650 mg/L。在类似设计处理规模和处理工艺情况下，能够实现稳定达标排放的平均单位治理成本为 7.19 元/m^3。

②排放数量确定。根据《生态环境损害鉴定评估技术指南　基础方法　第 2 部分：水污染虚拟治理成本法》(GB/T 39793.2—2020)，在生态环境管理部门批准的排污口超标排放废水并进入地表水体的，排放数量为超标排放的废水或特征污染物总量。结合本案件特征及前述分析，涉案煤矿自标准实施之日(2019 年 3 月 10 日)起至高盐水深度处理工程竣工之日[2022 年 7 月 31 日(预期)]，超标排放的废水总量约为 19 540 833 m^3。

③调整系数确定。调整系数的确定如下所示。

a.危害系数。本案件中涉案煤矿入河排污口所在水域为其他无特定功能水域，确定危害系数为 1。

b.超标系数。超标系数主要是确定废水中污染物超过国家或地方行业排放标准、综合排放标准的倍数。本案件中排污口全盐量、硫酸盐污染物浓度分别为 2 466 mg/L 和 1 560 mg/L。根据该省地方标准,全盐量超标倍数为 0.54,硫酸盐超标倍数为 1.4,确定超标系数为 1.25。

c.环境功能系数。该煤矿超标排放行为未发生在集中式生活饮用水地表水源地,水生动植物自然保护区,水产种质资源保护区,其他国家自然保护区,渔业用水功能区,农业用水功能区,娱乐用水、一般工业用水和一般景观用水功能区,也未引起上述用水水质异常,ω 取值为 1.5。

④损害价值计算

根据地表水生态环境损害数额计算方法,确定涉案煤矿全盐量和硫酸盐超标排放的地表水生态环境损害数额 D=19 540 833 m^3×7.19 元/m^3×1(危害系数)×1.25(超标系数)×1.5(环境功能系数)=263 434 854.9 元。

(4)生态环境恢复方案筛选建议

①直接恢复。直接恢复是指以生物修复为基础,结合物理修复、化学修复以及工程技术措施对污染河流段进行原位生态恢复。根据案件特点,涉案煤矿向水体超标排放全盐量、硫酸盐造成的地表水生态环境损害范围、程度及水量无法直接确定,需要实施生态恢复的河段也无法直接确定;采用工程技术手段直接对污染河流段进行生态恢复不可行。鉴于全盐、硫酸盐本身无毒性,对水生生态影响很小,因此不建议采取直接恢复的措施。

②替代性恢复。替代性恢复包括以下内容。

a.提标改造替代修复。企业可以通过采取污水处理新技术和新工艺,对污水处理设施设备进行提标改造。根据《地表水环境质量标准》(GB 3838—2002),硫酸盐以低于 250 mg/L 标准排放,全盐量以低于 1 000 mg/L 标准排放,从源头上大大降低污水中硫酸盐、全盐量浓度,对当地受影响的地表水、下游水域的水质进行稀释,最终达到改善地表水水质的目的。目前涉案煤矿正在实施高盐水深度处理工程,该工程在满足地方排放标准的基础上,提高了治污标准,设计硫酸盐排放浓度低于 250 mg/L、全盐量低于 1 000 mg/L。

b.其他替代修复。企业也可以采取生态建设等异位水环境生态修复,以等价值的方式实现生态替代恢复。

3.3 土壤和地下水环境污染损害价值评估

相较于对水、空气环境污染的研究,作为人类生存的最基本条件之一的土壤环境污

染方面的研究开展得相对较晚。土壤一旦被污染，通过自净能力完全复原的周期可能长达千年。近年来，随着我国工业化进程的加快，土壤和地下水环境污染事件时有发生。土壤污染损害价值评估方法一般包括恢复费用法、虚拟治理成本法、非使用基准价值法等。

3.3.1　适用范围及术语定义

3.3.1.1　适用范围

(1)本节提及的土壤和地下水环境污染生态环境损害，是指由于人类活动或各类突发事件引起污染物进入土壤环境，造成的土壤和地下水环境质量下降、生态服务功能减弱甚至丧失。

(2)本节适用于因环境污染事件导致的涉及土壤和地下水环境污染的生态环境损害价值评估，不包括涉及土壤和地下水环境污染造成的人身伤害、个人和集体财产损失等直接经济损失评估。

(3)本节不适用于核与辐射事故导致的涉及土壤和地下水环境污染的生态环境损害鉴定评估。

(4)本节提及的土壤和地下水环境污染生态环境损害价值评估方法的适用原则如下：对于已经采取的污染清除活动，统计实际发生的费用；对于可以恢复的土壤和地下水生态环境损害，估算恢复方案的实施费用；对于难以恢复的土壤和地下水生态环境损害，计算地表水生态环境损害的价值量；对于已经自行恢复的土壤和地下水生态环境损害，利用虚拟治理成本法计算损害数额。基于土壤和地下水损害是否已经恢复、是否需要恢复、是否能恢复等情况，选择恢复费用法、实际治理成本法、理论治理成本法、虚拟治理成本法、资源价值法及其他环境价值评估方法对损害价值进行量化。

3.3.1.2　术语定义

(1)土壤

土壤是指由矿物质、有机质、水、空气及生物有机体组成的地球陆地表面的疏松层。

(2)地下水

地下水是指以各种形式埋藏在地壳空隙中的水。

(3)环境敏感区

环境敏感区是指依法设立的各级各类保护区域以及对某类污染物或者生态影响特

别敏感的区域。其主要包括生态保护红线划定范围内或者其外的生态保护红线、自然保护区、海洋特别保护区、饮用水水源保护区、基本农田保护区、基本草原、重要湿地、天然林、野生动物重要栖息地、重点保护野生植物生长繁殖地、重要水生生物的栖息地和洄游通道、天然渔场、水土流失重点防治区、沙化土地封禁保护区、自然岸线，以及以居住、医疗卫生、文化教育、科研、行政办公等为主要功能的区域。

(4)理论治理成本

理论治理成本是指通过治理成本函数计算得到的治理成本。治理成本函数是以治理费用为因变量，以处理技术、处理规模、污染物去除效率等因素为自变量构建的函数模型。在污染物浓度和治理目标确定的情况下，将以上变量代入治理成本函数，可得到相应的理论治理成本。

3.3.2 恢复费用法

当受损土壤和地下水可恢复时，研究确定基本恢复目标，制定备选基本恢复方案，估算恢复时间，计算期间损害，确定补偿性恢复规模，制定备选补偿性恢复方案，开展恢复方案综合比选，确定最佳方案，最终计算恢复费用。

3.3.2.1 基本恢复方案制定

(1)确定基本恢复目标

基本恢复目标是将受损土壤和地下水环境及其生态服务功能恢复至基线水平。首先判断是否需要开展修复。当需要开展修复，且基于风险的环境修复目标值低于基线水平时，应当修复到基线水平，并根据相关法律规定进一步确认应该承担将污染物浓度从基线水平降至基于风险的环境修复目标值的责任方，要求责任方采取措施将风险降低到可接受水平；当需要开展修复，且基于风险的环境修复目标值高于基线水平且均低于现状污染水平时，应当修复到基于风险的环境修复目标值，并对基于风险的环境修复目标值与基线水平之间的损害进行评估计算。当不需要开展修复，且现状污染水平高于基线水平时，应对现状污染水平与基线水平之间的损害进行评估计算。

基于风险的环境修复目标值参照《建设用地土壤修复技术导则》(HJ 25.4—2019)和《污染地块地下水修复和风险管控技术导则》(HJ 25.6—2019)等相关标准规范。未利用地可以按照未来拟利用方式及保护目标判定是否需要修复。

(2)恢复策略选择和恢复技术筛选

恢复策略选择参照《生态环境损害鉴定评估技术指南　总纲和关键环节　第1部

分:总纲》(GB/T 37971.1—2020)中相关内容。

建设用地和耕地土壤修复分别参照《建设用地土壤修复技术导则》(HJ 25.4—2019)和《受污染耕地治理与修复导则》(NY/T 3499—2019)选择恢复模式和技术。在掌握不同恢复技术的原理、适用条件、费用、成熟度、可靠性、恢复时间、二次污染和破坏、技术功能、恢复的可持续性等要素的基础上,参考《生态环境损害鉴定评估技术指南 环境要素 第1部分:土壤和地下水》(GB/T 39792.1—2020)附录B(表B.1)和附录C(表C.1)及相关技术规范与类似案例,结合土壤和地下水污染特征、损害程度、范围和生态环境特性,从主要技术指标、经济指标等方面对各项恢复技术进行全面分析比较,确定备选技术;或采用专家评分的方法,通过设置评价指标体系和权重,对不同恢复技术进行评分,确定备选技术。提出一种或多种备选恢复技术,通过实验室小试、现场中试、应用案例分析等方式对备选恢复技术进行可行性评估。基于恢复技术比选和可行性评估结果,选择并确定恢复技术。

重金属污染土壤可采用安全填埋技术,可视情况选用固化/稳定化技术(浸出液重金属浓度超过相关标准限值)、淋洗技术(土壤粒径大)或植物修复技术(对修复时间没有要求且具有相应金属的超富集植物)。挥发性有机污染物(VOCs)[包括总石油烃(TPHs)]污染土壤可采用土壤气相抽提(土壤质地松散、水分含量低于50%)、热脱附(土壤水分含量低于30%)、焚烧等技术。TPHs还可采用生物堆、生物通风等修复技术。半挥发性有机污染物(SVOCs)污染土壤可采用热脱附、焚烧等技术。石油烃、多环芳烃(PAHs)、苯系物(BTEX)等污染土壤还可视情况选用化学氧化技术(污染物浓度较高)。多氯联苯(PCBs)和农药污染土壤可采用热脱附(污染物浓度小于500 mg/kg)、焚烧(污染物浓度大于500 mg/kg)、安全填埋(污染物浓度为50~100 mg/kg)等技术。

重金属、SVOCs、PCBs和农药污染地下水可采用抽出处理技术。VOCs(包括TPHs)污染地下水可采用抽出处理、空气注入等技术。石油烃、PAHs、BTEX等污染地下水还可视情况选用化学氧化技术(污染物浓度较高)。六价铬和卤代烃污染地下水可视情况选用化学还原技术。

(3)备选基本恢复方案制定

根据土壤和地下水的损害类型、范围和程度以及所确定的恢复目标、模式和技术,制定2~3种备选恢复方案。可以采用单一恢复技术,也可以综合采用多种恢复技术。方案中应明确恢复工程实施的技术路线、具体步骤、工艺参数、材料及其用量、设备及其运行维护方案、成本等,还应包括恢复过程中受污染水体、气体和固体废物等的无害化处理处置及其他二次污染防治措施等。制定备选恢复方案时,应对每种方案的年恢复速率和恢复到基线水平所需时间周期进行预估。

3.3.2.2 补偿性恢复方案制定

(1)期间损害计算

当土壤损害导致其所在的生态系统服务损害,且持续时间大于一年时,参照相关生态系统的损害评估标准计算生态系统服务的期间损害。

当地下水损害的持续时间大于一年时,应结合损害范围、程度以及预估的备选基本恢复方案年恢复速率和恢复到基线水平的时间,采用等值分析法计算地下水所能提供的服务的期间损害。当没有适合的基本恢复方案或基本方案实施后生态环境无法恢复到基线水平时,为永久性生态环境损害。

根据土壤和地下水提供的生态服务功能的特点,可以选择资源类指标(如水资源量等)或者服务类指标(如土壤面积、含水层体积等)计算期间损害;如果实物量指标不可得,可以选择损害价值量作为量化指标(如旅游收入等)计算期间损害。

服务性损害计算期间损害,功能性损害不计算期间损害。

(2)补偿性恢复策略选择、技术筛选和备选恢复方案制定

因土壤损害导致其所在的生态系统服务期间损害,参照相应生态系统的损害评估标准进行备选补偿性恢复方案制定。当存在地下水资源服务期间损害时,应设计补偿性恢复方案。参考基本恢复方案进行补偿性恢复策略选择、技术筛选以及确定备选方案。根据每种备选基本恢复方案对应的期间损害,量化补偿性恢复措施的单位效益,基于等值分析法确定每种补偿性方案对应的恢复规模。

(3)恢复方案综合比选

综合考虑不同基本恢复方案和补偿性恢复方案的成熟度、可靠性、时间、成本、二次污染、社会效益、经济效益和环境效益等因素,参照《生态环境损害鉴定评估技术指南 总纲和关键环节 第1部分:总纲》(GB/T 37971.1—2020)附录C“生态环境恢复方案比选考虑因素”,对恢复方案进行综合比选,确定最佳的基本恢复方案和补偿性恢复方案组合。

3.3.2.3 恢复费用计算

恢复方案的实施费用包括直接费用和间接费用。其中,直接费用包括生态环境恢复工程主体设备、材料、工程实施等费用,间接费用包括恢复工程监测、工程监理、质量控制、安全防护、二次污染或破坏防治等费用。

按照下列优先级顺序选择恢复费用计算方法,相关成本和费用以恢复方案实施地的实际调查数据为准。

(1)费用明细法

费用明细法适用于恢复方案比较明确,各项工程措施及其规模比较具体,所需要的设施、材料、设备、人工等比较确切,且鉴定评估机构对恢复方案各要素的成本比较清楚的情况。费用明细法应列出恢复方案的各项具体工程措施及其规模,明确需要的设施以及需要用到的材料和设备的数量和规格、能耗等内容,根据各种设施、材料、设备、能耗的单价,列出恢复工程费用明细。

(2)指南或手册参考法

指南或手册参考法适用于恢复技术有确定的工程投资手册可以参照的情况,根据确定的恢复工程量,参照相关指南或手册,计算恢复工程费用。

(3)承包商报价法

承包商报价法适用于恢复方案比较明确,各项工程措施及其规模比较具体,所需要的设施、材料、设备等比较确切,但鉴定评估机构对方案各要素的成本不清楚或不确定的情况。承包商报价法应选择3家或3家以上符合要求的承包商,由承包商根据恢复目标和恢复方案提出报价;对报价进行综合比较,确定合理的恢复工程费用。

(4)案例比对法

案例比对法适用于恢复技术不明确的情况。通过调研与本项目规模、损害特征、生态环境条件相类似且时间较为接近的案例,基于类似案例的恢复费用,计算恢复工程费用。

3.3.3 其他价值量化方法

3.3.3.1 适用情形

(1)当经修复后未达到基线水平或现状污染水平超过基线水平但不需要修复时,可按照本节提到的方法计算基于风险的环境修复目标值或现状污染水平与基线水平之间的损害。

(2)当能够获取土壤或地下水中污染物从基于风险的环境修复目标值或现状污染水平修复至基线水平的理论治理成本时,基于该理论治理成本进行计算。

(3)当无法获取理论治理成本、全部不需要修复且污染物排放量可获取时,可以利用基于污染物排放量的虚拟治理成本法计算。

(4)当既无法获取理论治理成本,也无法获取污染物排放量数据时,采用非使用基准价值法计算受损土壤或地下水资源价值。

(5)对于没有适合的补偿性恢复方案的情况,可以参照以上方法计算期间损害的价值量。

3.3.3.2 资源价值法

资源价值法是指基于土壤或地下水非使用基准价值的损害量化方法,土壤或地下水资源价值由其非使用基准价值和调整系数共同确定,具体计算方法见式(3-21)。

土壤资源非使用基准价值指损害发生地与受损土壤类型相同、质量相当的土壤购置单价。土壤购置单价优先采用实际购置单价,不包含运输、人工等费用。当无法获取实际购置单价时,取 25 元/t 作为非使用基准价值;当损害涉及多个地方时,根据多个地方的土壤购置单价和受损土壤方量确定非使用基准价值。地下水资源非使用基准价值指损害发生地水资源价格。当损害涉及多个地方时,根据多个地方的水资源价格和受损水量确定非使用基准价值。

$$V_r = V_b \times \gamma \tag{3-21}$$

式中,V_r 为受损土壤/地下水资源价值(元/t);V_b 为土壤/地下水资源非使用基准价值(元/t);γ 为调整系数,土壤资源和地下水资源非使用基准价值调整系数分别见表 3-12 和表 3-13。

表 3-12 土壤资源非使用基准价值调整系数

土壤中污染物浓度最大超基线倍数	调整系数
小于等于 200 倍	0.2
大于 200 倍小于等于 2 000 倍	0.4
大于 2 000 倍小于等于 5 000 倍	0.6
大于 5 000 倍小于等于 30 000 倍	0.8
大于 30 000 倍	1.0

表 3-13 地下水资源非使用基准价值调整系数

地下水中污染物浓度最大超基线倍数	调整系数
小于等于 20 倍	0.2
大于 20 倍小于等于 100 倍	0.4
大于 100 倍小于等于 500 倍	0.6
大于 500 倍小于等于 2 000 倍	0.8
大于 2 000 倍	1.0

3.3.3.3 无法(完全)恢复的损害量化方法

对于土壤和地下水环境及其生态服务功能无法通过工程恢复或完全恢复至基线水平,没有可行的补偿性恢复方案填补期间损害的情况,需要根据土壤和地下水提供的服务功能,利用直接市场价值法、揭示偏好法、效益转移法、陈述偏好法等方法,对无法恢复或无法完全恢复的土壤和地下水及其期间损害进行价值量化。

各种生态环境价值量化方法及其适用条件参照《生态环境损害鉴定评估技术指南 总纲和关键环节 第1部分:总纲》(GB/T 39791.1—2020)附录D“常用环境价值评估方法”。若提供的是生物多样性支持服务,可采用支付意愿法进行评估;若提供的是供给服务,可采用市场价值法等方法进行评估;若提供的是文化服务,可采用旅行费用法进行评估。若损害前用地类型为未利用地,可参考周边土地利用类型进行土地资源功能损失计算。若未利用地附近存在多种土地利用类型,综合考虑不同利用类型的土地资源功能,通过平均处理,计算未利用地功能损失。

采用非指南推荐的方法进行生态环境价值量化评估时,需要详细阐述方法的合理性。

3.3.4 案例应用

3.3.4.1 某企业非法倾倒印染污泥事件环境损害鉴定评估

(1)基本案情

2019年,某市公安局破获一起污染环境违法案件。经调查,该案件系某企业将其制砖所用印染污泥原料非法倾倒。倾倒场地涉及五个地块(A、B、C、D、E),倾倒污泥总量为14 325.33 t。2020年3月,该企业对其中三个场地的印染污泥进行清理,剩余未清理的印染污泥共计1 611.97 t。

(2)损害评估依据及方法

通过收集实际污染清理、恢复费用信息,现场调查和环境监测,根据基线确认、污染程度量化损害实物范围,选用实际治理成本法和恢复费用法进行损害价值计算。

(3)损害评估过程

①生态环境损害实物量化。根据现场调查及监测数据,利用空间插值法中的反距离权重法(Inverse Distance Weighted,IDW)进行插值分析,将插值点与样本点间的距离进

行加权平均，模拟未采样点位土壤的受损害情况，获得最小扩散距离；以最小扩散距离为半径，求出土壤受损害面积。根据调查结果确定土壤受损害深度，计算得出各倾倒场地的土壤受损害范围。根据测量结果计算出地表水受损害面积。水深由岸边向中间逐渐增加，测量出最大水深，取平均值后计算出地表水受损害体积。土壤、地表水受损害范围见表 3-14。

表 3-14　土壤、地表水受损害范围

倾倒场地	受损害土壤体积/m^3	受损害地表水体积/m^3
A	612	—
B	2 436	10 745
C	126	—
D	77	—
E	0	—
合计	3 251	10 745

②清除费用。根据调查材料和相关笔录，剩余未清理的印染污泥涉及倾倒场地 A 和 E，共 1 611.97 t。依据收集的印染污泥处置协议，可得印染污泥单位平均处置费用为 137 元/t。因此，防止污染扩大的清除费用为 137×1 611.97 元＝220 839.89 元＝22.084 万元。

③生态环境修复费用。生态环境修复费用包括以下内容。

a.土壤修复费用。依据《生态环境损害鉴定评估技术指南　环境要素　第 1 部分：土壤和地下水》(GB/T 39792.1—2020)，本案涉及重金属锑污染，土壤修复费用参照 700 元/m^3 计算。因此，土壤修复费用为 700×3 251 元＝2 275 700 元＝227.57 万元。

b.地表水修复费用。本案污染物为印染行业特征污染物质锑，因此参照印染行业废水治理进行处理。根据《地表水环境损害鉴定评估技术方法》(DB35/T 1726—2017)中印染行业废水治理费用标准为 1.5～5.4 元/t，因为本案件无依托设施，治理需要设立处理设施，所以取最高值 5.4 元/t。因此，地表水修复费用为 5.4×10 745 元＝58 023 元＝5.802 3 万元。

④生态环境损害价值。综上所述，该企业非法倾倒印染污泥致生态环境损害价值为 22.084 万元＋227.57 万元＋5.802 3 万元＝255.456 3 万元。

3.3.4.2　废水泄漏致土壤环境损害鉴定评估

(1)基本案情

某公司因喷淋塔抽水泵故障,导致喷淋废水泄漏到天面并通过天面雨水管流入厂界外荒地,形成积水。对积水的采样监测结果显示,喷淋废水中六价铬、总铬、总镍、总铜浓度均超过《电镀水污染物排放标准》(DB44/T 1597—2015)排放限值。喷淋废水直接下渗到土壤,成为土壤环境的主要污染源。受当地生态环境部门委托,某司法鉴定机构对造成的生态环境损害及生态环境修复方案开展相关鉴定评估工作。

(2)评估过程

根据《生态环境损害鉴定评估技术指南　环境要素　第1部分:土壤和地下水》(GB/T 39792.1—2020)对评估区域土壤和地下水污染状况及基线水平开展采样监测,调查评估结果表明:0～4.5 m深处的土壤生态环境均受到损害,指标为pH、铬、六价铬、铜、镍等;地下水生态环境受到损害,指标为pH和铜。

利用地理信息系统软件ArcGIS插值量化出受到环境损害的土壤体积为720.5 m^3,需要修复的污染土壤体积为152 m^3,受到损害的地下水体积为1 010 m^3。经价值量化的土壤恢复费用为332 400元,未恢复到基线水平的土壤和地下水生态环境损害数额为188 744元。

评估区域的土壤中重金属六价铬生态环境风险不可接受,需要采取修复管控措施,筛选出水泥窑协同处置技术方案用于恢复受六价铬污染的土壤,修复土壤体积约152 m^3。对于现状污染水平超过基线水平但不需要开展专门修复的损害区域,由当事方在原地以替代修复方式建设小型生态主题公园,负责日常维护管养,并自觉接受生态环境部门监督。

(3)小结

本案通过实地踏勘、资料收集、采样检测、座谈走访、文献查阅等方式,确定评估的时空范围和程度,调查环境基线,确认土壤和地下水环境的损害,分析污染环境行为与生态环境损害之间的因果关系,开展生态环境损害实物量化和价值量化,比选评估区域修复方案,对受影响区域后续生态环境修复与恢复提出建议。

替代修复模式既弥补了违法企业对土壤和地下水环境造成的损害,也改善了企业所在地居民的生活环境,同时还能起到长期警示作用,产生了较好的社会效应,为生态环境损害赔偿工作取得实效进行了有益的探索。

3.4 海洋环境污染损害价值评估

3.4.1 适用范围及术语定义

3.4.1.1 适用范围

(1)本节的海洋环境污染生态环境损害是指由于人类活动或各类突发事件向海域排入污染物质、能量,对海洋生态系统及其生物、非生物因子造成的有害影响。

(2)本节的海洋环境污染事件包括海洋溢油、危险化学品泄漏及其他污染物排放等事件。评估方法主要针对海洋溢油污染生态环境损害。其他海洋环境污染事件可参考本评估方法。

(3)本节适用于因海洋环境污染事件导致的涉及海洋环境污染的生态环境损害价值评估,不包括涉及海洋环境污染造成的人身伤害、个人和集体财产损失等直接经济损失评估。

3.4.1.2 术语定义

(1)海洋溢油生态环境损害

海洋溢油生态环境损害指因海洋油气勘探开发、海底输油管道、石油运输、船舶碰撞以及其他突发事故造成的石油或其制品泄漏入海,导致海域环境质量的下降、海洋生物群落结构破坏、海洋生态系统服务功能丧失或部分丧失等所形成的损害。

(2)近岸海域

近岸海域包括已公布领海基点和未公布领海基点的近海海域。已公布领海基点的近岸海域指领海外部界限至大陆海岸之间的海域,如渤海、北部湾等内海。未公布领海基点的近岸海域指由大陆海岸向海延伸 12 n mile(1 n mile=1 852 m)的海域。

(3)非持久性油类

在自然环境条件下,较易挥发或降解的石油或其制品,如轻质柴油、汽油、煤油等。

(4)持久性油类

在自然环境条件下,比较难以挥发或降解的石油或其制品,如原油、润滑油、重柴油、重燃油等。

(5)生境修复

生境修复是指采用物理、化学或生物的方法修复受损的生境,使损害的生物栖息地环境恢复到受损前的状态。

(6)种群恢复

种群恢复是指采用人工放流等人工干预的方法恢复受到损害的关键生态位的生物种群,使受损的生物种群恢复到受损前的水平。

(7)岸滩

岸滩可分为基岩海岸与沿滩、淤泥质海岸与潮滩、砂质岸滩、基岩质岸滩、砂砾质岸滩等,不包括红树林、海草床等。

(8)海洋环境容量

海洋环境容量是指在不造成海洋环境不可承受的影响的前提下,海洋环境所能容纳某物质的能力。

(9)海洋生态系统服务功能

海洋生态系统服务功能是指人类从海洋生态系统获得的效益,其维持了人类赖以生存和发展的生命支持系统。

(10)海洋生态环境敏感区

海洋生态环境敏感区是指海洋生态环境功能目标很高且遭受损害后很难恢复其功能的海域。其包括海洋渔业资源产卵场、重要渔场水域、海水增养殖区、滨海湿地、海洋自然保护区、珍稀濒危海洋生物保护区、典型海洋生态系(如珊瑚礁、红树林、河口)等。

(11)海洋生态环境亚敏感区

海洋生态环境亚敏感区是指海洋生态环境功能目标高且遭受损害后难以恢复其功能的海域。其包括海滨风景旅游区、人体直接接触海水的海上运动或娱乐区、与人类食用直接有关的工业用水区等。

(12)海洋生态环境非敏感区

海洋生态环境非敏感区是指海洋生态环境功能目标较低且遭受损害后可以恢复其功能的海域。其包括一般工业用水区、港口水域等。

(13)重点渔业水域

重点渔业水域是指中华人民共和国管辖水域中重要鱼、虾、蟹、贝类及其他重要水生生物的产卵场、索饵场、越冬场、洄游通道和鱼、虾、蟹、贝、藻类及其他水生动植物的养殖场所。

3.4.2 评估方法

海洋溢油生态损害价值包括恢复期的海洋生态损失、海洋生态修复费用和调查评估费。其中，恢复期的海洋生态损失为海洋生态直接损失，包括海洋生态系统服务功能损失和海洋环境容量损失；海洋生态修复费用为海洋生境修复费用和生物种群恢复费用。海洋生态价值损害宜按评估工作等级选择不同的计算内容（见表 3-15）。

表 3-15　海洋生态损害价值计算内容

评估工作等级	消除和减轻损害等措施费用	恢复期的海洋生态损失		海洋生态修复费用		其他费用
		海洋生态服务功能损失	海洋环境容量损失	海洋生境修复费用	生物种群恢复费用	调查评估费
1 级评估	★	★	★	☆	☆	★
2 级评估	★	★	★	☆	☆	★
3 级评估	★	☆	★	☆	☆	★

注：★为必选评估项目，☆为可选评估项目。

根据油品性质、溢油扩散范围及所处的海域类型，评估工作等级划分为三个等级（见表 3-16）。特别地，溢油影响海域为海洋环境敏感区或溢油抵岸的溢油事故的，其海洋生态损害评估工作等级可提高一个等级；溢油量在 100 t 以上的，评估等级为 1 级。

表 3-16　评估工作等级

油品性质	溢油扩散范围(A)/km^2	海域类型	评估等级
非持久性油类	$A<100$	所有海域	3 级
	$100\leqslant A<1\ 000$	近岸海域	2 级
		远岸海域	3 级
	$A\geqslant 1\ 000$	近岸海域	1 级
		远岸海域	2 级
持久性油类	$A<100$	所有海域	3 级
	$100\leqslant A<1\ 000$	近岸海域	2 级
		远岸海域	3 级
	$A\geqslant 1\ 000$	近岸海域	1 级
		远岸海域	1 级

注：远岸海域为近岸以外其他海域。

海洋溢油污染生态环境损害价值计算公式为

$$H = H_{ZJ} + H_{HP} + H_{M} \tag{3-22}$$

式中，H 为海洋溢油污染生态环境损害价值(元)；H_{ZJ} 为恢复期的海洋生态损失(元)；H_{HP} 为海洋生态修复费用(元)；H_{M} 为调查评估费(元)。

3.4.2.1　消除和减轻损害等措施费用

消除和减轻损害等措施所产生的费用包括应急处理费用和污染清理费用。应急处理费用包括应急监测费用、检测费用、应急处理设备和物品使用费、应急人员费等。污染清理费用包括污染清理设备的使用费、污染清理物资的费用、污染清理人员费、污染物的运输与处理费用等。消除和减轻损害等措施费用应根据国家和地方有关标准或实际发生的费用进行计算。

3.4.2.2　恢复期的海洋生态损失

恢复期的海洋生态损失为海洋生态直接损失，依据不同的海洋生态系统类型分别进行计算，包括海洋生态系统服务功能损失和海洋环境容量损失，计算公式为

$$H_{ZJ} = H_{S} + H_{C} \tag{3-23}$$

式中，H_{S} 为海洋生态系统服务功能损失(元)；H_{C} 为海洋环境容量损失(元)。

(1)海洋生态系统服务功能损失

海洋溢油事故造成的海洋生态系统服务功能损失的计算公式为

$$H_{S} = \sum_{i=1}^{n} h_{i} \tag{3-24}$$

$$h_{i} = h_{di} \times h_{ai} \times s_{i} \times t_{i} \times T \times d \tag{3-25}$$

式中，h_i 为第 i 类区域海洋生态系统类型海洋生态系统服务功能损失(元)；h_{di} 为溢油对 i 类区域影响的海洋生态价值[元/(hm^2 · a)]；h_{ai} 为溢油对 i 类区域海洋生态系统的影响面积(hm^2)；s_i 为溢油对 i 类区域海洋生态系统的影响程度；t_i 为自溢油事故发生至第 i 类区域海洋生态系统恢复至原状的时间(年)；T 为溢油毒性系数，没有使用消油剂取值为 1，使用消油剂取值为 3；d 为敏感程度折算率，取值范围为 1%～3%，海洋环境敏感区取 3%，近岸海域非环境敏感区取 2%，远岸海域非环境敏感区取 1%。

溢油对海洋生态系统的影响程度以《近岸海洋生态健康评价指南》(HY/T 087—2005)中规定的海洋生态系统健康指数的变化率表示。其中，对于海洋生物健康评价标准值，可参照溢油影响海域或邻近海域的背景值确定。溢油影响海域的生态价值按照《海洋生态资本评估技术导则》(GB/T 28058—2011)中规定的海洋生态系统服务评估方

法估算(不包括渔业资源)。如果溢油影响海域的生态价值难以评估,宜按照表3-17中不同类型海洋生态系统的平均公益价值进行评估。

表3-17 不同类型海洋生态系统的平均公益价值 单位:元/(hm^2·a)

功能类型	生态系统类型					
	河口和海湾	海草床	珊瑚礁	大陆架	岸滩	红树林
价值	182 950	155 832	47 962	12 644	119 138	78 097

(2)海洋环境容量损失

海洋环境容量损失采用影子工程法计算,计算公式为

$$H_C = W_q + W_c \tag{3-26}$$

式中,W_q 为污水处理费,按照溢油源发生地或影响区域所在地的地市级以上城市的油类污水处理费用(元/m^3),如果难以直接获得溢油源发生地或影响区域所在地的地市级以上城市的油类污水处理费用,宜采用调研的方式获取;W_c 为溢油损害水体体积,即溢油影响海域海水中石油类浓度超出其所在海洋功能区水质标准要求及油膜覆盖海域的水体体积(m^3)。

损害水体体积的计算公式为

$$W_c = h_a \times d \tag{3-27}$$

式中,h_a 为溢油影响的海水面积(m^2);d 为溢油影响的海水深度(m)。

3.4.2.3 海洋生态修复费用

海洋生态修复费用为海洋生境修复费用和生物种群恢复费用之和,计算公式为

$$H_{HP} = H_H + H_P \tag{3-28}$$

式中,H_H 为海洋生境修复费用(元);H_P 为生物种群恢复费用(元)。

(1)海洋生境修复费用

生境修复方法与原则详见《海洋生态损害评估技术导则 第2部分:海洋溢油》(GB/T 34546.2—2017)附录C。

生境修复费用为开展海洋生境修复而支出的清污、监测、试验、修复、评估等相关合理费用,根据国家和地方有关监测、评估服务收费标准或实际发生的费用进行计算。计算公式为

$$H_H = h_{hc} + h_{hb} \tag{3-29}$$

式中,h_{hc} 为清污费(元);h_{hb} 为修复费(元)。

清污费的计算采用直接统计的方法，应将溢油后应用的各种物理、化学方法清除石油污染所使用的原料、设备、人员、船舶、飞机等费用（包括行政主管部门发生的溢油清污费）分别统计，最后进行累加。

修复费的计算采用直接统计的方法，包括本底监测、试验研究、现场修复、修复效果评估等费用，最后进行累加。修复费的计算公式为

$$h_{hb}=h_{hcb}+h_{hce}+h_{hcx}+h_{hcp} \tag{3-30}$$

式中，h_{hcb}为修复所需要的本底监测费用（元），包括船舶、人员、车辆、样品取样分析等；h_{hce}为修复所需要的试验研究费用（元），包括船舶、人员、车辆、样品取样分析等；h_{hcx}为现场修复所发生的费用（元），包括原料、船舶、人员、设备、车辆、样品取样分析等；h_{hcp}为对修复过程和效果所开展的修复效果评估费用（元），包括船舶、人员、车辆、样品取样分析等。

（2）生物种群恢复费用

生物种群恢复方法与方案设计见《海洋生态损害评估技术导则　第 2 部分：海洋溢油》（GB/T 34546.2—2017）附录 D。

生物种群恢复费用采用直接统计的方法，应将溢油影响海域的生物种群恢复正常状态而应用的各种方法所使用的原料、设备、人员、船舶等以及试验研究、修复效果评估等费用分别统计，最后进行累加。计算公式为

$$H_{P}=\sum_{i=1}^{n}f_{swi} \tag{3-31}$$

$$f_{swi}=f_{y}+f_{s}+f_{r}+f_{c}+f_{sy}+f_{p} \tag{3-32}$$

式中，H_P 为生物种群恢复费用（元）；f_{swi} 为第 i 类关键生物种群恢复费用（元）；f_y 为生物种群恢复过程中所支出的原料费用（元）；f_s 为生物种群恢复过程中所支出的设备费用（万元）；f_r 为生物种群恢复过程中所支出的人员费用（元）；f_c 为生物种群恢复过程中所支出的船舶费用（元）；f_{sy}为生物种群恢复过程中所支出的试验研究费用（元）；f_p 为生物种群恢复过程中所支出的修复效果评估费用（元）。

3.4.3 案例应用——“塔斯曼海”轮溢油致海洋生态损害案

3.4.3.1 基本案情

2002 年 11 月 23 日凌晨 4 时，满载原油的马耳他籍“塔斯曼海”轮与中国大连“顺凯一号”轮在天津港东部海域大沽锚地发生碰撞。“塔斯曼海”轮溢出文莱轻质原油，使得

局部海域受到严重污染。2002 年 12 月，天津市海洋局经国家海洋局授权，代表中国政府向“塔斯曼海”轮船主英费尼特航运公司和伦敦汽船船东互保协会提出本次溢油生态环境索赔。国家海洋局北海环境监测中心提供技术支撑，开展本次溢油海洋生态损害的技术取证和评估工作。

3.4.3.2 评估内容

结合“塔斯曼海”轮溢油致海洋生态损害对象及程度，将评估内容分为四部分：海洋生态直接损失、生境修复费、生物种群恢复费和调查评估费。本次评估为 1 级评估，因而海洋生态直接损失、生物种群恢复费和调查评估费等为必做项目。鉴于本次溢油事故对海洋沉积物和潮滩环境造成了损害，因而“塔斯曼海”轮致海洋生态损害评估内容可包括五部分：海洋环境容量价值损失、海洋生态服务功能损失、海洋生态恢复费用、前期开展工作费用及监测评估费用(见图 3-3)。前两项属于直接的海洋生态损失。海洋生态恢复费用包括海洋生境恢复费用及海洋生物恢复费用。海洋生境恢复费用主要包括海洋沉积物恢复费用和潮滩恢复费用，海洋生物恢复费用主要包括海洋生物主要优势种恢复费用和主要经济种恢复费用。

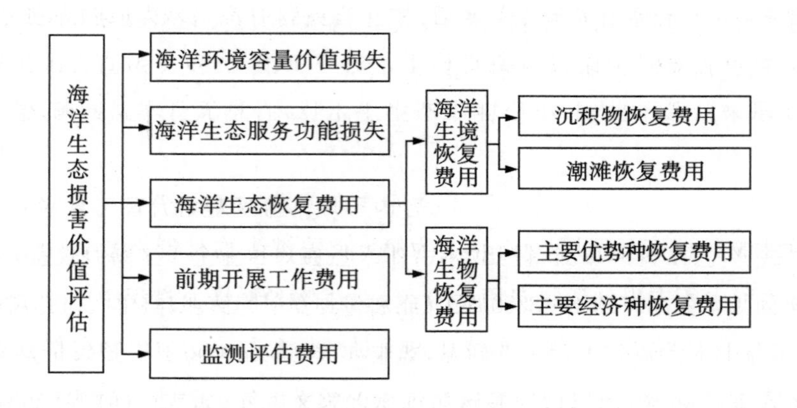

图 3-3 “塔斯曼海”轮溢油致海洋生态损害价值评估内容

3.4.3.3 环境容量价值损失评估

环境容量价值损失是指超过一定限度的环境污染破坏了环境的自净功能，使环境损失了容纳消解污染物的能力。对于某一海域，其环境容量是有限、有价的。当一定量的污染物进入海域时，会对海域的环境构成损害，从而导致海域的环境容量降低，环境容量价值遭受一定程度的损失。对于本次“塔斯曼海”轮溢油事故造成的海域环境容量损失，分别采用效用函数法和影子工程法两种方法进行评估。

(1)效用函数法

根据《国务院关于渤海碧海行动计划的批复》(国函〔2001〕124号),《渤海碧海行动计划》是渤海和环渤海地区水环境保护、生态环境保护和海洋资源保护工作的重要依据,天津市、河北省、辽宁省、山东省人民政府是《渤海碧海行动计划》的主要责任者。作为环渤海的主要省市之一,天津市实施了《渤海天津碧海行动计划》,采取众多有效措施,投入大量资金用于污染物入海总量控制和污染物达标排放,并确定了近期、中期和远期目标。具体为"到2005年……污染物入海总量控制指标:无机氮、磷酸盐、COD,石油类""近期目标:陆源COD入海量比2000年消减10%以上,磷酸盐、无机氮和石油类的入海量分别消减20%。即到2005年陆源COD入海量消减11.4万吨……石油类的入海量消减0.28万吨,入海总量分别控制在石油类1.11万吨"。

本方法根据《渤海天津碧海行动计划》中一定期限内有关控制石油类入海总量的措施投资和石油类的入海消减量,将本次溢油量按比例折算,估算此次溢油事故造成的环境容量价值损失。即本次溢油事故造成的海域环境容量价值损失=本次溢油事故的溢油量÷天津碧海行动2005年之前的油类入海消减量×天津碧海行动2005年之前为达到该目标所采取措施的投资额。

根据《渤海天津碧海行动计划》,为达到2005年油类入海消减量的近期目标所投资的项目及投资额见表3-18。

表3-18　《渤海天津碧海行动计划》为控制油类入海量所投资项目情况

编号	名称	投资额/亿元
1	大港油田地区污水处理厂	0.5
2	大港采油污水和炼油废水深度处理及污水综合利用	0.5
3	天津港口船舶溢油应急计划	0.58
4	天津海域船舶溢油污染应急计划	0.3
5	渔港海上环境设施建设	1.0
6	渔业环境管理体系建设	0.8
合　计		3.68

在《渤海天津碧海行动计划》第三章"行动计划总体设计"的第四节"行动目标"中有关石油类控制目标的内容如下。

近期目标(2005年):海上船舶和石油平台污染源达标排放,初步建立进出渤海湾船只的污染物排放监控体系,建立港口/码头的船舶溢油应急计划。建设、改造完成一批市政污水处理工程和设施;有效消减入海各类排放口污染物入海总量;与船舶作业相关的污染物达标排放,建立天津近岸海域船舶溢油应急处理系统。

中期目标(2010 年):COD 实施总量控制,并控制住氮、磷和石油排污总量;继续完善各类污水处理工程,大力开展利用污水和再生水的生态环境建设,建成油类污染物码头接收处理设施;启动渤海船舶"零排放"计划。

远期目标(2020 年):石油类等项控制指标要全面达到总量控制要求;全面实施海上流动污染源及其相关作业的监控和管理;在渤海湾实现船舶及相关活动的"零排放"目标。

在该计划第二章"行动计划背景"的第四节"天津市海域环境保护存在的主要问题"中指出:"海上船舶和采油平台排污是造成油污染的重要因素……特别是海上事故性溢油,更是造成油污染的重要因素……"

因此,本次溢油事故造成的海域环境容量价值损失为 205 吨÷2 800 吨×3.68 亿元=0.27 亿元。

(2)影子工程法

对于污染的海水衡量其损失程度,可以选择影子工程法。假定建设一个污水处理厂对受污染的海水进行处理,将建厂的费用以及对受污染的海水的处理费用作为海水水质污染程度的评价内容。

①含油废水治理技术方法。污水处理的主要原则是从清洁生产的角度出发,改革生产工艺和设备,减少污染物,防止污水外排,进行综合利用和回收。必须外排的污水,其处理方法因水质和要求而异(见表 3-19)。一级处理主要分离水中的悬浮固体物、胶状物、浮油或重油等,可以采用水质水量调节、自然沉淀、上浮、隔油等方法。二级处理主要去除可生物降解的有机物和部分胶状物,以减少废水的 BOD 和部分 COD,通常采用生物化学法。化学混凝和化学沉淀等是二级处理出水的后处理工艺。对于环境卫生标准要求高,而废水的色、臭、味污染严重或 BOD 和 COD 的比值很小(小于 0.2～0.25)的,则采用三级处理方法予以深度净化。污水的三级处理,主要是去除难以生物降解的有机污染物和废水中溶解的无机污染物,常用的方法有活性炭吸附和化学(臭氧)氧化,还有离子交换或膜分离技术等。含多元分子结构污染物的污水,一般先用物理方法部分分离,然后用其他方法处理。

表 3-19 常用的污水处理方法

类别	处理方法	主要去除污染物
一级处理	1.格栅分离	粗粒悬浮物
	2.沉砂	固体沉淀物
	3.均衡	不同的水质冲击
	4.中和(pH值调节)	酸、碱
	5.油水分离	浮油、粗分散油
	6.气浮或凝聚	细分散油及微细的悬浮物
二级处理	1.活性污泥法	微生物可降解的有机物、BOD、COD
	2.生物膜法	
	3.氧化沟	
	4.氧化塘	
二级处理出水的后处理	1.氨气提法	气体 H_2S、CO_2、NH_3
	2.凝聚沉淀法	不能沉降的悬浮粒子、胶体粒子、细分散油后处理
	3.过滤或微絮凝过滤	悬浮固体物、细分散油
	4.气浮	悬浮固体物、细分散油
	5.活性炭过滤	悬浮固体物、细分散油
三级处理	1.活性炭吸附	臭味、颜色、COD、细分散油
	2.灭菌	细菌、病毒
	3.电渗析	盐类、重金属
	4.离子交换	盐类、有机物、细菌
	5.反渗透	
	6.蒸发	
	7.臭氧氧化	难降解的有机物、溶解油

下面介绍含油废水治理基本技术相关内容。

a.含油废水的来源。含油废水的来源很广，凡是与油接触的水都含有油类，部分含油废水中还含有硫化物、酚、氰等毒性物质。

b.含油废水的分类。含油废水根据来源、油类在水中存在形式的不同，可以分为浮油、分散油、乳化油和溶解油四类。

浮油以连续相漂浮在水面，形成油膜或油层。浮油的油滴粒径较大，一般大于100 μm。分散油以微小油滴悬浮于水中，不稳定，静止一定时间后往往变为浮油。分散油的油滴粒径为10～100 μm。乳化油中往往含有表面活性剂使油成为稳定的乳化液。

油滴粒径极微小,一般小于 10 μm,大部分为 1～2 μm。溶解油是一种以化学方式溶解的微粒分散油,油滴直径比乳化油还要小,有时可小到几纳米。

c.含油废水的处理方法。含油废水对水体的主要危害表现在油类覆盖在水面,阻止空气中的溶解氧溶于水,使水中的溶解氧减少,致水生生物死亡。含油废水的处理方法很多,处理设备类型也很多。除油工艺流程需要根据污水的水质、水量、工艺条件和净化条件要求来确定。常用的含油废水的处理方法有重力分离法、气浮法、吸附法、粗粒化法和膜过滤法五种。

重力分离法是初级处理方法,它利用油和水的密度差及油和水的不相溶性,在静止或流动状态下实现油珠、悬浮物与水分离。

气浮法是使欲去除的油珠吸附在大量微细气泡上,利用气体本身的浮力将油污带出水面,以达到分离的目的。气浮法按气泡产生的方式不同,可分为鼓气气浮、加压气浮和电解气浮。

吸附法是利用亲油性材料吸附水中的油。最常用的吸附材料是活性炭,它具有良好的吸油能力,可吸附废水中的分散油、乳化油和溶解油。由于活性炭价格较高,再生也比较困难,因此只用于低浓度含油废水的处理或深度处理。此外,煤炭、吸油毡、陶粒、石英砂、木屑、稻草等也具有吸油性,也可用作吸附材料。

粗粒化是使含油废水通过一种添有粗粒化材料的装置,使废水中的微细油滴聚结成大颗粒,以达到油水分离的目的。该方法适用于处理分散油和乳化油。粗粒化材料一般具有良好的亲油疏水性能,当含油废水通过这种材料时,微细油珠便被吸附在其表面上,经过不断碰撞,油珠逐渐聚结扩大而形成油膜最后在重力和水流推力作用下脱离材料表面而浮升于水面。

膜过滤法是利用滤膜的微孔拦截油粒,主要适用于去除乳化油和溶解油。膜又可分为超滤膜、反渗透膜和混合滤膜。

②污水处理厂投资估算。可根据溢油范围进行大致估算。溢油面积为 359.60 km^2,采用表层水体(水深0.5 m)进行计算,因此整个受污染的水体体积约为 1.8×10^8 m^3。

天津开发区污水处理厂为市政公司重点工程。该厂于 1998 年 7 月 16 日破土动工,位于开发区南海路与第十四大街交口处,占地 6.71 hm^2,污水处理规模为 10 万吨/日,总投资约 1.7 亿元。天津开发区污水处理厂是开发区首次利用外国政府贷款进行的基础设施建设项目,从项目立项、引进设备、贷款筹措及工程建设都得到了市、区领导和国家有关部委的高度重视和大力支持,被列为 1998 年开发区重点建设项目之一,同时也被列入天津市“环境保护规划”和天津市“绿色工程计划”。此外,经调研,天津塘沽南排河污水处理厂建设规模为 10 万吨/日,总投资约为 2.7 亿元。

参照上述资料，需要建设的规模为 10 万吨/日的污水处理厂投资应在 2.2 亿元左右。鉴于处理污水中的主要污染物为油类，根据处理成本，再乘以 10%的折算系数，得出投资额约为 2 200 万元。

③污水处理费用估算。整个过程需要处理的水体体积为 1.8×10^8 m^3，根据有关资料，各城市污水处理费用收取标准控制在 0.2～0.6 元/吨，其中天津市为 0.6 元/吨（国家发展和改革委员会价格监测中心于 2004 年 6 月发布）。由于只处理油类污染物，可采用最低标准 0.2 元/吨，因此处理这部分水体的费用为 3 600 万元。

不计算污水处理厂的建厂费用，则整个过程的费用合计为 3 600 万元。

(3)评估结果

关于此次溢油事故致海洋环境容量损失，可采取第二种方法（影子工程法）进行估算，即费用合计（海洋环境容量损失）为 3 600 万元。

3.4.3.4　海洋生态服务功能损失评估

科斯坦萨等 13 位科学家在 *Nature* 杂志上发表文章，对全球生态系统服务的类型、功能进行了分类，列举了相关例子，同时计算出全球各类型生态系统服务的平均价值。中国科学院在《2003 年中国可持续发展战略报告》中利用科斯坦萨等人的研究成果对中国可持续发展综合国力进行了测算。国内外在对不同类型的生态系统功能价值（如湿地生态价值、森林生态价值、海岸带生态价值等）进行计算时也大都采用科斯坦萨等人的计算方法。

在科斯坦萨等人发表的文章“The value of the world's ecosystem services and natural capital”中，首先估算了生态系统类型的全球分布，设计了一个包括 16 个主要生态系统类型的总体分类体系，它们分别代表当前的土地利用类型。总体上，生态系统可分为海洋生态系统和陆地生态系统。海洋生态系统可进一步分为开阔海域和海岸带。海岸带又分为河口湾、海带/海藻场、珊瑚礁和大陆架。该文献中谈到“本研究采用的估值方法假设生态系统功能不存在高阈值、不连续性或不可逆转性等情况。然而，事实并非如此。因此，本研究的估值结果比实际总价值偏低”。最后，科斯坦萨等人指出，受日益频繁的人类活动的影响，生态系统受到的压力逐渐增加，生态系统服务在将来可能成为日趋稀缺的资源，其价值也会不断增加。如果生态系统服务的价值超过了其有效的、不可逆转的限值，其价值可能会迅速跃升至无限大。考虑到所涉及的巨大不确定性，研究人员可能永远无法对生态系统服务的价值做出非常精确的估计。尽管本研究是非常粗略的初步估算，但也是一个有用的起点，它强调了生态系统服务的相对重要性，以及继续浪费这些服务对人类福祉的潜在影响。

溢油污染海域位于渤海湾，水深约 20 m，属于河口湾类型。可以用单位生态系统服务价值较低的大陆架生态类型来近似代替河口湾生态类型的单位价值，平均价值为 1 610 美元/(hm^2 · a)。

生态服务功能损失率估算：根据调查资料可知，本次油污造成沉积物中的油类浓度平均值的初级生产力损失近 50%，次级生产力损失 91%，经济鱼类损失 60%以上，沉积物中的油类浓度平均值比事故发生前升高了 714%，水质及潮滩中均明显含有“塔斯曼海”轮原油。因此，按最保守的估算，生态服务功能损失应在 50%以上。

国外在计算溢油损失时多采用生境等价分析（Habitat Equivalency Analysis，HEA）模型。该模型是以生境变化来分析海洋功能损害。美国国家海洋和大气管理局（NOAA）导则建议在 HEA 应用中采用 3%的折算率。此次溢油事故位于生态环境敏感区，因此折算率应取 3%，由此，溢油事故致生态服务功能损失率为 50%×3%=1.5%。

计算参数：

①单位生态系统服务价值：1 610 美元/(hm^2 · a)。

②生态服务功能损失率：1.5%。

③损失时间：暂以 1 年计。

④损失面积：359.60 km^2。

因此，海洋生态服务功能损失价值=单位价值×生态服务功能损失×损失时间=1 610×1.5%×1×359.60×100=868 434(美元)。

需要说明的是，环境容量损失的本质可视为海洋生态服务功能损失的内容之一。根据科斯坦萨等人在“The value of the world's ecosystem services and natural capital”研究中构建的生态服务功能指标体系，海洋生态服务功能中第九项“废物处理功能”与环境容量功能相类似，但在本案例中引用的科斯坦萨等人的海洋生态服务功能价值评估并不包括废物处理价值，因此本案例中海洋生态服务功能损失和环境容量损失的计算中不存在重复计算的问题。

3.4.3.5 生境恢复费用评估

(1)海洋沉积物生境恢复

“塔斯曼海”轮原油泄漏造成了严重的海洋沉积物污染。该海域沉积物中的油类浓度平均值比事故发生前升高了 714%，污染面积确定为 82.79 km^2，其中两次事故后的油类浓度以调查站点 T6、T7 和 T8 为最高，可取这三个站点围成的区域边界作为严重污染的范围（面积是 6.397 km^2）。石油烃中的有毒成分（如多环芳烃）很难降解，其存在对于底栖生物的种类、群落结构及生物多样性将产生毒害作用，并有可能富集到生物体内，进而影响人们的身体健康。此外，石油烃进入海洋沉积物，已经造成海洋功能的损害，而且这种损害是不可逆的。因此，必须对受损的海洋沉积物进行修复，以加速其恢复过程。

生物修复是利用微生物本身具有的将有害物质分解成无害物质的特殊能力而达到消除污染的目的，它既可以消除化学物污染又不破坏生态环境，成为最有发展前景的修复技术之一。因此，可利用生物修复技术开展海洋沉积物的修复工作。本书采用南开大学提供的生物修复技术进行估算，工艺流程如图 3-4 所示。生物修复方案主要包括三大部分：菌剂生产加工费用估算，污染海域沉积物生物修复菌剂用量及所需时间估算，原位修复费用估算。

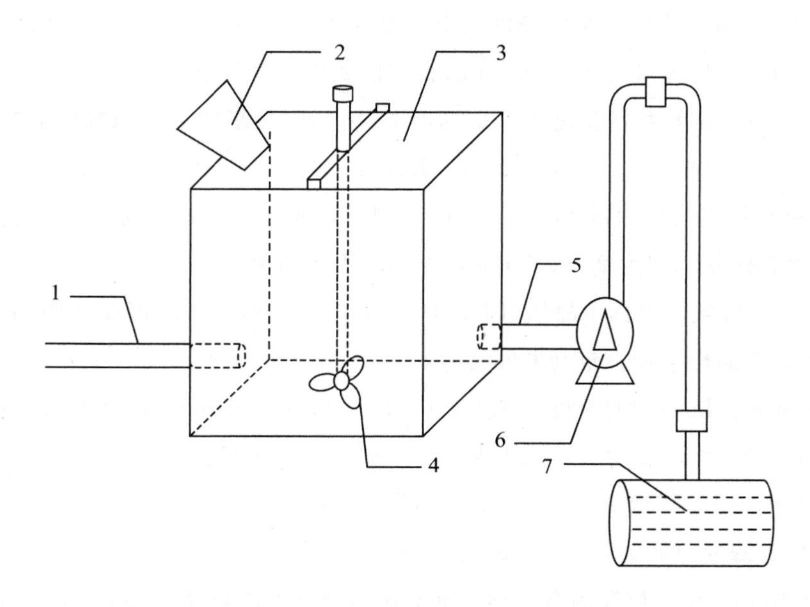

1—海水进水管直径，约 10 cm；2—解烃菌及载体进料处；3—混合柜(200 cm×100 cm×100 cm)；4—搅拌器；5—输送管直径，约 10 cm；6—压力泵；7—底部缓冲释放器(1 m×3 m)，孔径 20 目。

图 3-4 生物修复工艺流程示意图

生物修复方案的流程大致为：低温解烃菌筛选→培养条件优化→低温解烃菌扩大培养→低温解烃菌制剂研制→解烃效果模拟→制剂投放(原位修复)。

①菌剂生产加工费用估算。该种菌剂效率经实验室确定，轻度污染区域每平方米需用菌剂 0.05 kg，严重部分每平方米需用菌剂 0.10 kg。由上述可知，污染严重的区域面积为 6.397 km^2，约等于6. 40 km^2，则轻度污染的区域面积为 82.79－6.40≈76.40(km^2)。共用菌剂量为 0.10 kg×1 000 000×6.40 ＋ 0.05 kg×1 000 000×76.40＝4 460 000 kg＝4 460 t。若每吨菌剂按 0.5 万元计，则菌剂生产费用为 0.5 万元/t×4 460 t＝2 230 万元。

②污染海域沉积物生物修复菌剂用量及所需时间估算。解烃菌对原油的降解实验研究表明，在室内 32 ℃和 50 ℃模拟条件下，每毫升解烃菌菌液每周可降解原油 8.2～

12.5 mg。在低温(5～10 ℃)条件下,解烃菌对原油的降解速率会大幅度降低,仅为理想室温条件下的1/8～1/10(即0.8～1.2 mg)。通常解烃菌的含菌量为1×10^{8}个细胞/mL。由于低温菌用于海洋原油降解,所用菌剂应可沉入海底,因此需加入具有吸附性能的介质,制成产品的每克菌剂含菌量估计为1×10^{6}个细胞。由于固体菌剂的单位含菌量(每克)比液体菌剂有所降低,所以估计在海洋实际应用中,每克该菌剂每周仅可降解原油0.5 mg。按此降解速率估算,该污染海域所用菌剂用量及生物修复时间如下。

a.严重污染海域。根据事故后(即2002年11月)监测的海洋沉积物中的石油含量,由T6、T7和T8所构成的严重污染区的石油烃平均含量为1 085.67 mg/kg。2001年事故海域的石油烃平均含量为85.8 mg/kg,我们以此作为背景值。

若该区域海洋沉积物的密度为2.2×10^{3} kg/m^{3},则每平方米沉积物中的"塔斯曼海"油量为(1 085.67－85.8)mg/kg$\times2.2\times10^{3}$ kg/m$^{3}\times10^{-3}$ m＝2 199.7 mg/m^{2}。

100 g菌剂每周的降油量为0.5 mg/(g·周)×100 g＝50 mg/周。

因此,生物修复时间为2 199.7 mg÷50 mg/周≈44周。

b.轻度污染海域。根据事故后(即2002年11月)监测的海洋沉积物中的石油含量,轻度污染区的石油烃平均含量为609 mg/kg。

若该区域海洋沉积物的密度为2.2×10^{3} kg/m^{3},则每平方米沉积物中的"塔斯曼海"油量为(609－85.8)mg/kg$\times2.2\times10^{3}$ kg/m$^{3}\times10^{-3}$ m＝1 151 mg/m^{2}。

50 g菌剂每周的降油量为0.5 mg/(g·周)×50 g＝25 mg/周。

因此,生物修复时间为1 151 mg÷25 mg/周≈46周。

综上所述,用于生物修复的微生物菌剂对污染原油的降解速率为0.5 mg/(g·周),每平方米投放100 g菌剂,严重污染区域需要44周左右可将污染原油降解掉,而轻度污染区域需要46周左右可将污染原油降解掉。

③原位修复费用估算。石油解烃菌放入海底工程的措施为:在距离沉积物1～2 m处将特定的附着石油解烃菌的生物载体撒播到沉积物中,以达到石油解烃菌对沉积物中的油类及其毒性成分降解的目的。具体实施步骤设计如下。

a.石油解烃菌剂载体的选择。选择经过高新技术处理的生物载体(粒径40～60目)作为石油解烃菌的吸附材料。载体的比重大于海水,容易沉入海底,不会漂浮在海面,因此石油解烃菌可以在海底对石油及其毒性成分进行降解。

b.船舶的选择。选择200马力(1马力≈735 W)左右的船舶作为石油解烃菌投放时的运载工具。

c.投放工艺的选择。采用压力输送装置,将比重大于海水的生物载体(附有石油解烃菌)投放到海底。工艺流程为:将解烃菌及其载体在混合柜内与海水混合均匀后,经压力泵输送到距离海底1～2 m 的缓冲释放器内，经释放器上的小孔均匀地投放到海底表层沉积物中（见图 3-4）。

d.投放效率。为提高投放效率，根据释放装置的扫海面积，可以配备三套解烃菌投放工艺设备，分别布设在船的两侧及船尾，且可以增加船舶的数量。因此，投放效率是完全有条件保障的。

假定小试、中试试验均完成，原位修复费用暂以人员费、租车租船费、监测费等计算。

人员费用：共有高级人员 5 人、初级人员 10 人，其中高级人员 300 元/天、初级人员 200 元/天，以工作 120 天计，则需要 42 万元。

租车租船费：以 120 天（投放累积时间为每次 20 天，计 40 天；监测频率为 40 次，每次 2 天，计 80 天）计，1 辆车按 500 元/天计，1 艘船按 4 000 元/天计，则需要 54 万元。

监测费用：共布设监测站位 30 个，每个站位以 12 项监测要素计，每项监测要素平均 200 元，监测频率 40 次，则需要 288 万元。

综上，原位修复费用合计为 54 万元＋42 万元＋288 万元＝384 万元。

④修复总费用。沉积物生物修复总费用为菌剂费用和原位修复费用之和，共计 2 230 万元＋384 万元＝2 614 万元。

（2）潮间带生境恢复

北海监测中心于 2002 年溢油事故发生后发现滩涂中含有“塔斯曼海”轮所溢原油，2003 年 3 月监测到原油仍存在，并确定潮间带污染面积为 154 km^2。已有研究表明，原油对潮间带生物的影响很大，其自然消除一般需要数年甚至数十年的时间。因此，需要对受损的潮间带进行修复，以加速原油消除过程。

潮间带生境恢复采用生物修复技术。对于本次受损的潮间带，由于涉及的面积巨大，处理难度大，许多费用只有可处理性研究结束后，才能给出明确的数值，因此仍采用南开大学提出的生物修复技术进行估算。

总费用主要包括两大部分：菌剂生产加工费用和原位修复费用。为便于计算，修复工程时间暂以 1 年计。

①菌剂生产加工费用。根据南开大学的研究成果，每平方米至少需要使用菌剂 0.05 kg，每吨菌剂生产成本至少 0.5 万元。潮间带污染面积共 154 km^2，取总面积的 30％进行喷洒（根据其覆盖敏感区的范围），共用菌剂量为 0.05 kg/m^2×1 000 000×154 km^2×30％＝2 310 t。

每吨菌剂按 0.5 万元计，则菌剂生产加工费用为 0.5 万元/t×2 310 t＝1 155 万元。

②原位修复费用。假定小试、中试试验均完成，原位修复费用暂以人员费、租车租船费、监测费等计算。

人员费用:共有高级人员 5 人、初级人员 10 人,其中高级人员 300 元/天、初级人员 200 元/天,以工作 100 天计,则需要 35 万元。

租车费:以 100 天、4 辆车(500 元/天)计,则需要 20 万元。

监测费用:共布设监测站位 10 个,每个站位以 2 项监测要素(潮间带生物、细菌)计,每项监测要素平均 2 000 元,监测频率为 1 次/周(以半年时间计,共 24 次),则需要 96 万元。

因此,原位修复费用合计为 35 万元+20 万元+96 万元=151 万元。

③修复总费用。潮间带生物修复所需总费用为 1 155 万元+151 万元=1 306 万元。

(3)生态安全性分析

负责此项技术的南开大学生命科学学院先后三次委托天津市疾病预防控制中心对拟采用的解烃菌进行毒理检验,结果表明解烃菌本身对人畜无毒害,使用过程安全且不会对环境造成污染。

实际上,被油污染的海域已聚集了很多解烃菌,并在不断利用油污中的石油烃来繁殖。一般来说,单靠自然界中的解烃菌进行生物修复,海域实现完全净化需要几十年时间。人为地加入解烃菌和少量 N、P 营养元素可加速净化过程,大大缩短生物修复时间。在此过程中暂时出现微生态失衡(解烃菌浓度显著增加)是正常现象,待净化过程结束后原生态平衡会逐渐恢复。

需要说明的是,虽然对沉积物及潮间带生境修复设计了技术路线,但是生物修复技术目前尚未在海洋沉积物中得以应用,因此我们得到的修复费用仅是初步的估算结果,实际工程所花的费用将远远大于估算结果。

3.4.3.6 受损经济生物补充恢复费用评估

限于目前的技术水平,这里仅讨论受损经济生物补充恢复(游泳生物恢复)的费用评估方法。

"塔斯曼海"轮溢油对渤海湾海洋生态环境造成了严重影响,致使从浮游植物到游泳生物各级海洋生物种类减少,种群结构发生变化。研究表明,近年来渤海湾经济鱼类的种群结构组成越来越简单,繁殖年龄小龄化趋势日益严重,小黄鱼 1 龄鱼占种群的比例达 97%以上。在自然环境条件下,海洋生物自我恢复功能较差,尤其是鱼类和头足类游泳生物繁殖周期较长,一旦某一种群被破坏,生态系统中的其他生物往往会填补生态缺位,这种情况导致生态系统发生了不可恢复的改变,并且时间越长越难恢复其原有的生物结构。因此,在采取海洋环境恢复措施的同时,必须采取人为干预措施补充损失的主要生物优势种,使污染海域尽早恢复与原来相同或相似的生态结构,恢复生态平衡,发挥海洋生态系统的正常功能。

人工补充主要受损经济生物种群数量的方法有补充受精卵、幼体和成体等。由于补充受精卵受外来因素干扰多、效果差，而补充成体的成本太高、难以实现，因此，一般用补充幼体的方法修复受损的主要游泳生物种群。

（1）幼体购置费

补充主要游泳生物损失量是补偿生态损失的重要组成部分。根据 1999—2001 年的调查结果，计算 2002 年溢油后造成的 6 种优势种的单种损失量，确定每种游泳生物所需的补充量。

在自然海域，从仔、稚鱼长到成体，将有大量的个体被捕食或死亡，其存活率会受其所处的营养级和各成长阶段捕食者的数量等因素影响而有所不同。对于海洋渔业放流增殖，国内外已有许多研究。事故发生时（2002 年），我国在一般情况下放流的鱼类的回捕率为 0.03%～0.25%。国家“渔业生物资源及其开发利用”的中长期规划提出，到2006—2015 年我国鱼类放流的回捕率达到 0.2%～0.5%。因此，补充主要游泳生物的回捕率，取其上限值0.5%计算，低营养级鳀鱼和斑鰶苗放流存活率按其 10 倍计，为 5%，其他较高营养级的种类放流存活率按回捕率的 20 倍计，为 10%。事故发生时（2002 年），国内人工培育的苗种价格为1～7 元/尾，野生苗种为 0.25～1.0 元/尾，取其下限 0.25 元/尾计算补充鱼苗费用。由表 3-20 计算可知，补充主要游泳生物损失的鱼苗总价值为 906.17 万元。

表 3-20 主要游泳生物损失数量统计

种类	损失数量/尾	存活率/%	需补充幼体数量/尾	单价/(元/尾)	金额/万元
银鲳	215 904	10	2 159 040	0.25	53.98
小黄鱼	210 905	10	2 109 050	0.25	52.73
斑鰶	415 626	5	8 312 520	0.25	207.81
鳀鱼	1 015 798	5	20 315 960	0.25	507.9
火枪乌贼	178 074	10	1 780 740	0.25	44.52
日本乌贼	156 929	10	1 569 290	0.25	39.23

(2)其他费用

补充主要游泳生物损失除购置相应的幼体外，还需要做好幼体运输、放流保护等工作。幼体运输、放流保护等其他费用包括：

运输费：1 200 元/车次×70 车次＝8.4 万元。

放流劳务费:100 元/(人·天)×24 天×8 人=1.92 万元。

吊车等设备租赁费:1 000 元/天×24 天=2.4 万元。

船舶租赁费:1 500 元/(只·天)×24 天×2 只=7.2 万元。

调查评估费:6.0 万元/次×2 次=12.0 万元。

合计人民币:31.92 万元。

综上所述,幼体购置费为 906.17 万元,运输和放流等其他费用为 31.92 万元,合计 938.09 万元。

3.4.3.7 修复前期研究费用

此次溢油事故发生后,多个部门开展关于石油解烃菌应用于此次海洋生态环境修复方面的研究工作。相关研究费用主要包括三部分:人员费、设备费和材料费。具体费用包括人员费 86.4 万元、设备费 12.83 万元、材料费 7.6 万元,合计 106.83 万元。

3.4.3.8 监测评估费用

监测评估费用主要包括所有参与此项工作的单位(如北海监测中心、天津市海洋环境监测中心站、天津市海洋局等)为开展此项工作所花的监测评估费用,合计 532.88 万元。

3.4.3.9 海洋生态损害总价值评估

综合上述计算,此次溢油事故对海洋生态造成的损害费用如下。

(1)环境容量价值损失:基于效用函数法计算的环境容量价值损失为 2 700 万元,基于影子工程法计算的环境容量价值损失为 3 600 万元。

(2)海洋生态服务功能损失(不包括环境容量):738.17 万元。

(3)海洋沉积物生境人工恢复费用:2 614 万元。

(4)潮间带生境人工恢复费用:1 306 万元。

(5)受损经济生物补充人工恢复费用:938.09 万元。

(6)修复前期研究费用:106.83 万元。

(7)监测评估费用:532.88 万元。

其中,环境容量损失取影子工程法的估算值。以上各项费用合计 9 835.97 万元(即海洋生态损害总价值)。

3.4.3.10 总结

(1)本书将海洋溢油对环境与生态的损害分为四项基本内容,即海洋生态直接损失、生境(海洋沉积物及潮滩)修复费用、海洋生物种群恢复费用、调查评估费用等。其中,海洋生态直接损失包括环境容量损失和海洋生态服务功能损失,其他为间接的海洋生态损失。该分类在较大程度上考虑了损失评估的可操作性及易于计量的原则,同时也考虑了与《1969年国际油污损害民事责任公约的1992年议定书》中相应规定的一致性。

(2)"塔斯曼海"轮溢油事故给海洋生态造成了巨大损害,使得海洋生境,尤其是海洋沉积物及潮间带生境在短期内(3～5年内)无法自然恢复,使得部分海洋生物灭绝。因此,必须对受损的海洋生态进行恢复。

(3)经初步估算,此次溢油事故造成的海洋生态损害总价值为9 835.97万元。该种计量方式不但充分考虑了相关研究领域的最新科研成果,而且所选取的计算参数均是最低的,因此计算的总价值是十分保守的,应低于实际的损害价值。

该海洋生态损失索赔案历时两年,历经6次公开审理。2004年12月30日,天津海事法院一审判决:被告方赔偿原告各项费用共计人民币1 000余万元,其中包括海洋环境容量损失750.58万元,监测评估费用及生物修复研究经费245.2万元。

本案是我国加入《1992年国际油污损害民事责任公约》后,首例根据公约向外国船舶公司保险人进行索赔的案件,是我国首例"海洋生态环境污染损害索赔案",引起了广泛的关注。

第4章　生态破坏类生态环境损害价值评估方法与应用

生态破坏是指人类不合理地开发、利用自然资源和兴建工程项目而引起的生态环境的退化及由此而衍生的有关环境效应,从而对人类的生存环境产生不利影响的现象。生态破坏类生态环境损害是指因破坏生态导致森林、草原、湿地、海洋等生态系统及其生态服务功能的损害。因生态破坏导致生态系统及其服务功能受损的生态环境损害价值评估包括生态系统存量价值损失评估以及生态系统物质产品供给、调节服务和文化服务等流量价值损失评估。本章侧重因破坏生态行为导致陆地、海洋生态系统损害的价值评估。受损生态系统的生态环境损害价值为受损生态系统存量价值和受损生态系统服务流量价值之和。生态系统存量价值损失、可恢复的生态系统服务流量价值损失一般由恢复费用法进行评估;不易恢复、不可恢复的生态系统服务流量价值损失可由生态服务价值评估法进行评估。

4.1　陆地生态系统损害价值评估

4.1.1　适用范围及术语定义

4.1.1.1　适用范围

(1)本节提及的陆地生态系统损害是指由非法开垦、非法征用占用、违规工程建设等生态破坏行为,造成的陆地生态系统生境质量下降、物种数量减少、结构受损、生态服务功能降低甚至丧失的有害影响。

(2)本节适用于因生态破坏事件导致的涉及生态环境损害价值评估,不包括涉及生态破坏造成的人身伤害、个人和集体财产损失等直接经济损失评估。

(3)本节提及的陆地生态系统损害价值评估方法的适用原则如下：陆地生态系统可以恢复的，应优先基于等值分析原则，编制并比选生态系统基本恢复方案和补偿性恢复方案，采用恢复费用法计算将陆地生态系统恢复到接近基线水平所需的费用；生态系统无法原地恢复的，可采取异地恢复；生态系统无法恢复的，应采用替代性的措施实现恢复目标或采用适合的生态系统服务价值量化方法计算生态系统的损害价值。

4.1.1.2　术语定义

(1)陆地生态系统

陆地生态系统是指地球表面陆地生物及其环境通过能流、物流、信息流形成的功能整体。陆地生态系统包括湿地生态系统、草地生态系统、森林生态系统、荒漠生态系统、农田生态系统、城市生态系统等类型。

(2)湿地生态系统

湿地生态系统是由陆地和水域相互作用而形成的兼顾水域和陆地生态系统特征的自然综合系统，包括陆地所有淡水生态系统、陆地和海洋过渡地带的滨海湿地生态系统和海洋边缘部分咸水、半咸水水域。

(3)草地生态系统

草地生态系统是以饲用植物和食草动物为主体的生物群落与其生存环境共同构成的开放生态系统，包括人工草地生态系统和天然草地生态系统两大类。

(4)森林生态系统

森林生态系统是以乔木为主体的生物群落与其非生物环境相互作用，并发生能量转换和物质循环的综合系统，包括天然林生态系统和人工林生态系统。

(5)荒漠生态系统

荒漠生态系统是指由超强耐旱生物及其干旱环境组成的生态系统。

(6)农田生态系统

农田生态系统是指人类在以作物为中心的农田中，利用生物和非生物环境之间以及生物种群之间的相互关系，通过合理的生态结构和高效生态机能，进行能量转化和物质循环，并按人类社会需要进行物质生产的综合体。

(7)城市生态系统

城市生态系统是城市居民与其环境相互作用而形成的统一整体，由自然环境、社会经济和文化科学技术共同组成。

4.1.2 恢复费用法

通过文献调研、专家咨询、案例研究、现场实验等方法，评价受损生态系统及其服务功能恢复至基线的经济、技术和操作的可行性。根据受损生态系统及其服务功能的可恢复性，制定基本恢复方案，需要实施补偿性恢复的，同时需要评价补偿性恢复方案的可实施性。

4.1.2.1 恢复方案制定

(1)确定恢复目标

原则上，应将受损生态系统及其服务功能恢复至基线。自生态系统损害发生到恢复至基线的持续时间大于一年的，应计算期间损害，制定基本恢复方案和补偿性恢复方案；小于等于一年的，仅制定基本恢复方案。

应根据生态系统损害的类型、范围和程度，选择反映生态系统损害关键特征、易于定量测量评价的指标，明确生态系统恢复目标。当损害类型以供给服务为主时，一般采用资源数量、密度等指标；当损害类型以支持服务为主时，一般采用栖息地面积、重要保护物种的种群数量等指标；当损害类型以调节服务为主时，一般采用湿地面积、森林面积等指标。

(2)选择恢复策略

按照以下优先级顺序选择生态系统恢复的模式。

①在受损区域原位恢复与受损生态系统基线同等类型和质量的生态服务功能。

②在受损区域外异位恢复与受损生态系统基线同等类型和质量的生态服务功能。

③在受损区域原位恢复与受损生态系统基线不同类型但同等价值的生态服务功能。

④在受损区域外异位恢复与受损生态系统基线不同类型但同等价值的生态服务功能。

对于破坏生态行为造成的生态系统损害，原则上以自然恢复为主、人工恢复为辅。

(3)筛选恢复技术

结合受损生态系统特征、恢复目标和恢复策略等，从技术成熟度、恢复效果、恢复时间、恢复成本和环境影响等方面比较分析现有恢复技术的优缺点，通过比较分析，提出备选恢复技术清单。筛选恢复技术应考虑的因素见《生态环境损害鉴定评估技术指南　总纲和关键环节　第1部分：总纲》(GB/T 39791.1—2020)附录C。

(4)制定备选方案

基本恢复方案的规模根据生态系统损害的范围和程度确定。补偿性恢复方案的规模受基本恢复方案的实施时间、恢复效果等因素的影响,应根据基本恢复方案的实施时间、恢复效果等信息,采用等值分析方法,量化期间损害,确定补偿性恢复的规模。

应同时制定多个备选的基本恢复方案及其相应的补偿性恢复方案,并确定各备选恢复方案组合的恢复目标、恢复策略、恢复技术、恢复规模、工程量、实施时间、预期效果等信息,估计备选恢复方案的实施费用。

(5)比选恢复方案

采用专家咨询法、成本-效果分析法、层次分析法等对备选恢复方案进行筛选。通过比较备选恢复方案的目标可达性、合法性、公众可接受性、可持续性以及经济、社会和生态效益等,筛选确定最佳恢复方案。筛选备选恢复方案时应考虑的因素见《生态环境损害鉴定评估技术指南　总纲和关键环节　第1部分:总纲》(GB/T 39791.1—2020)附录C。

4.1.2.2　恢复费用计算

陆地生态系统恢复费用包括基本恢复和补偿性恢复的费用,一般按照下列优先级顺序选用费用计算方法:实际费用统计法、费用明细法、承包商报价法、指南或手册参考法、案例比对法。具体方法可参照《生态环境损害鉴定评估技术指南　总纲和关键环节　第1部分:总纲》(GB/T 39791.1—2020)。

相关成本和费用以恢复方案实施当地的实际调查数据为准。其中,植被恢复的技术经济指标可参照《防护林造林工程投资估算指标》(林规发〔2016〕58号)等相关标准或规范性文件,植被恢复和复垦费用标准可参考当地植被恢复与土地复垦的具体费用标准,物种孵化、栖息地建设等生境恢复的技术经济指标根据相关技术文件或经验参数确定。

针对陆地生态系统恢复的费用明细法,直接统计需要的设施、材料(苗木、种子及动物等)、工程实施等费用,列出恢复工程费用明细,具体包括种苗购买费、投资费、运行维护费、技术服务费等。投资费包括场地整理、土石方工程、材料购置、植物种植、动物引入、孵化设备租用或购买等费用。运行维护费包括管护抚育、监测、水电消耗和其他能耗等费用。替代恢复工程建设如需购置土地,一并统计土地购置费用。

4.1.3 陆地生态系统服务价值评估

4.1.3.1 物质产品供给

物质产品是指人类从生态系统获取的能够在市场交易的产品，满足人类生产、生活与发展的物质需求，包括农业、林业、畜牧业、渔业等产品与生态能源等(具体指标见表 4-1)。

表 4-1 生态系统的物质产品指标

类别	项目	内容	指标
农业产品	粮食作物	谷物	水稻、小麦、玉米、谷子、高粱、其他谷物等
		豆类	大豆、绿豆、红小豆
		薯类	马铃薯
	油料	油料	花生、油菜籽、向日葵籽、芝麻、胡麻籽
	棉花	棉花	棉花
	麻类	麻类	黄红麻、亚麻、大麻、苎麻
	糖类	糖类	甜菜、甘蔗
	烟叶	烟叶	烟叶
	药材	药材	药材
	茶叶	茶叶	红毛茶、绿毛茶
	蔬菜	蔬菜	蔬菜(含菜用瓜)
	瓜类	瓜类	西瓜、甜瓜
	水果	水果	香蕉、苹果、梨、葡萄、柑橘、红枣、柿子、菠萝、其他园林水果等
林业产品	木材	木材	木材
	其他林产品	橡胶	橡胶
		松脂	松脂
		生漆	生漆
		油桐籽	油桐籽
		油茶籽	油茶籽

续表

类别	项目	内容	指标
畜牧业产品	畜禽	畜禽	牛、羊、猪、家禽等
	奶类	奶类	牛奶
	禽蛋	禽蛋	禽蛋
	动物皮毛	羊毛	细绵羊毛、半细绵羊毛、羊绒、山羊毛
	其他畜产品	蜂蜜	蜂蜜
		蚕茧	柞蚕茧、桑蚕茧
渔业产品	淡水产品	淡水产品	鱼类、贝类、虾蟹类、其他
生态能源	生态能源	水能	水能发电量
		薪柴	薪柴量
		秸秆	固化产量
		沼气	沼气量
其他	装饰观赏资源等	装饰观赏资源等	花卉、苗木等

(1)实物量评估

物质产品实物量为所评估的陆地生态系统提供的各类物质产品产量的总和。生态系统在一定时间内提供的各类产品的产量可以通过现有的经济核算体系获得，实物产品的产量可以通过统计资料获取。产量数据一般来自林业、农业、渔业和统计部门相关资料以及实地调查。

(2)价值量评估

生态系统物质产品价值是指生态系统通过初级生产、次级生产为人类提供农产品、林业产品、畜牧业产品、渔业产品、生态能源等的经济价值。由于生态系统物质产品能够在市场上进行交易，存在相应的市场价格，因此可以运用市场价值法对生态系统的物质产品服务进行价值核算。计算公式为

$$V_{\mathrm{m}} = \sum_{i=1}^{n} E_i \times P_i \tag{4-1}$$

式中，V_{m} 为生态系统物质产品价值(元/a)；n 为生态系统产品种类数；E_i 为第 i 类生态系统产品产量(根据产品的计量单位确定，如 kg/a)；P_i 为第 i 类生态系统产品的价格(根据产品的计量单位确定，如元/kg)，产品价格从林业、农业、渔业及统计部门获得或根据市场定价获得。

4.1.3.2 水源涵养

水源涵养是指生态系统(如森林、草地等)通过其特有的结构与水相互作用,对降水进行截留、渗透、蓄积,增强土壤下渗、蓄积,涵养土壤水分、调节暴雨径流和补充地下水,增加可利用水资源的功能,并通过蒸散发实现对水流、水循环的调控,主要表现在缓和地表径流、补充地下水、减缓河流流量的季节波动、滞洪补枯、保证水质等方面。水源涵养量大的地区不仅可以满足本区域内生产、生活的水源需求,还可以持续地向其他区域提供水资源。以水源涵养量作为生态系统水源涵养功能实物量的评估指标。

(1)实物量评估

水源涵养的实物量评估主要有两种方法:水量平衡法和水量供给法。推荐优先采用水量平衡法,在技术参数缺失的情况下,可以选择水量供给法。水量平衡是指在一定的时空内,水分在生态系统中保持质量守恒,即生态系统水源涵养量是降水输入与暴雨径流和生态系统自身水分消耗量的差值。计算公式为

$$Q_{\mathrm{wr}} = \sum_{i=1}^{n}(P_i - R_i - \mathrm{ET}_i) \times A_i \times 10^{-3} \tag{4-2}$$

式中,Q_{wr} 为生态系统水源涵养量($\mathrm{m^3/a}$);P_i 为生态系统降雨量(mm/a);R_i 为生态系统地表径流量(mm/a);ET_i 为生态系统蒸发量(mm/a);A_i 为第 i 类生态系统面积($\mathrm{m^2}$);i 为研究区域第 i 类生态系统类型;n 为研究区域生态系统类型数。

生态系统地表径流量(R_i)由降雨量乘以地表径流系数获得,计算公式为

$$R_i = P_i \times \alpha \tag{4-3}$$

式中,α 为平均地表径流系数,其取值如表 4-2 所示。

表 4-2 各生态系统类型的 α 取值

生态系统类型 1	生态系统类型 2	平均地表径流系数 α/%
森林	常绿阔叶林	2.67
	常绿针叶林	3.02
	针阔混交林	2.29
	落叶阔叶林	1.33
	落叶针叶林	0.88
	稀疏林	19.20

续表

生态系统类型 1	生态系统类型 2	平均地表径流系数 α/%
灌丛	常绿阔叶灌丛	4.26
	落叶阔叶灌丛	4.17
	针叶灌丛	4.17
	稀疏灌丛	19.20
草地	草甸	8.20
	草原	4.78
	草丛	9.37
	稀疏草地	18.27
湿地	湿地	0.00

降雨量数据通过气象部门获取，地表径流量、蒸散发量等在技术条件允许的情况下进行实测或从遥感数据及核算区域的相关文献中获取。

(2)价值量评估

水源涵养价值主要表现为蓄水、保水的经济价值。生态系统水源涵养价值量的评估采用影子工程法或市场价值法。影子工程法即模拟建设蓄水量与生态系统水源涵养量相当的水利设施，以建设该水利设施所需要的成本核算水源涵养价值。水源涵养价值的计算公式为

$$V_{wr}=Q_{wr}\times C \tag{4-4}$$

式中，V_{wr}为生态系统水源涵养价值(元/a)；C 为水资源价格(元/m^3)，可采用水资源市场交易价格，当交易市场未建立时，以水库建设的工程及维护成本或水资源影子价格替代，即水库单位库容的工程造价及维护成本。

水库单位库容的工程造价及维护成本等数据来自国家发改委、水利部等发布的工程预算依据或公开发表的参考文献，并根据价格指数折算得到核算年份的价格。

4.1.3.3　土壤保持

土壤保持是指生态系统(如森林、草地等)通过林冠层、枯落物、根系等结构增加土壤抗蚀性，减少由水蚀所导致的土壤侵蚀，减少土壤流失，从而保持土壤的功能。它是生态系统提供的重要调节服务之一。土壤保持功能主要与气候、土壤、地形和植被有关。以土壤保持量，即生态系统减少的土壤侵蚀量(用潜在土壤侵蚀量与实际土壤侵蚀量的差值测度)作为生态系统水土保持功能的评估指标。其中，实际土壤侵蚀量是指当前地表

植被覆盖情形下的土壤侵蚀量，潜在土壤侵蚀是指没有地表植被覆盖情形下可能发生的土壤侵蚀量。

（1）实物量评估

土壤保持实物量主要采用修正通用水土流失方程（RUSLE）的土壤保持服务模型计算，计算公式为

$$Q_{sr}=R\times K\times L\times S\times(1-C\times P) \tag{4-5}$$

式中，Q_{sr}为土壤保持量（t/a）；R 为降雨侵蚀力因子，用多年平均年降雨侵蚀力指数表示；K 为土壤可蚀性因子，通常用标准样方上单位降雨侵蚀力所引起的土壤流失量来表示；L 为坡长因子，无量纲；S 为坡度因子，无量纲；C 为植被覆盖和管理因子，无量纲；P 为水土保持措施因子，无量纲。

（2）价值量评估

生态系统土壤保持价值主要包括减少泥沙淤积的价值和减少面源污染的价值两方面。

生态系统通过保持土壤，减少水库、河流、湖泊的泥沙淤积，有利于降低干旱、洪涝灾害发生的风险。根据土壤保持量和淤积量，运用替代成本法（即水库清淤工程的费用）核算减少泥沙淤积的价值。

生态系统通过保持土壤，减少氮、磷等土壤营养物质进入下游水体（包括河流、湖泊、水库和海湾等），可降低下游水体的面源污染。根据土壤保持量和土壤中氮、磷的含量，运用替代成本法（即污染物处理的成本）核算减少面源污染的价值。计算公式如式（4-6）、式（4-7）和式（4-8）。

$$V_{sr}=V_{sd}+V_{dpd} \tag{4-6}$$

$$V_{sd}=\lambda\times(Q_{sr}/\rho)\times c \tag{4-7}$$

$$V_{dpd}=\sum_{i=1}^{n}Q_{sr}\times C_i\times P_i \tag{4-8}$$

式中，V_{sr}为生态系统土壤保持价值（元/a）；V_{sd}为减少泥沙淤积价值（元/a）；V_{dpd}为减少面源污染价值（元/a）；c 为单位水库清淤工程费用（元/m^3）；ρ 为土壤容重（t/m^3）；λ 为泥沙淤积系数；i 为土壤中氮、磷等营养物质的数量，$i=1,2,\cdots,n$；C_i 为土壤中氮、磷等营养物质的纯含量（%）；P_i 为处理成本（元/t）。

土壤保持量由实物量核算得到。土壤容重，氮、磷、钾含量，单位水库清淤工程费，单位污染物处理成本，肥料价格等数据源于当地土壤调查、文献、专项调查以及国家发改委等部门。

4.1.3.4 防风固沙

防风固沙是生态系统(如森林、草地等)通过降低风速、削弱风沙流强度等减少土壤流失和风沙危害的功能,是生态系统提供的重要调节服务之一。防风固沙功能与风速、降雨、温度、土壤、地形和植被等因素密切相关。在风蚀过程中,植被一方面可以减少土壤裸露,对土壤形成保护,减少风蚀输沙量;另一方面可以通过根系固定表层土壤,改良土壤结构,提高土壤抗风蚀的能力。此外,植被还可以通过增加地表粗糙度、阻截等方式降低风速、降低大风风力侵蚀和风沙危害。以防风固沙量,即通过生态系统减少的风蚀量(潜在风蚀量与实际风蚀量的差值)作为生态系统防风固沙功能的评估指标。

(1)实物量评估

防风固沙量的核算主要采用修正的风力侵蚀模型方程,计算公式为

$$Q_{sf}=0.169\,9\times(\mathrm{WF}\times\mathrm{EF}\times\mathrm{SCF}\times K')^{1.371\,1}\times(1-C^{1.371\,1}) \tag{4-9}$$

式中,Q_{sf}为防风固沙量(t/a);WF 为气候侵蚀因子(kg/m);EF 为土壤侵蚀因子;SCF 为土壤结皮因子;K'为地表糙度因子;C 为植被覆盖因子。

气候侵蚀因子、地表糙度因子、土壤侵蚀因子、土壤结皮因子、植被覆盖因子参考《陆地生态系统生产总值(GEP)核算技术指南》附录 C.2。

(2)价值量评估

根据防风固沙量和土壤沙化覆沙厚度,核算出减少的沙化土地面积;运用恢复成本法,根据单位面积沙化土地治理费用或单位植被恢复成本进行生态系统防风固沙功能的价值评估,计算公式为

$$V_{sf}=(Q_{sf}\times C)/(\rho\times h) \tag{4-10}$$

式中,V_{sf}为生态系统防风固沙价值(元/a);ρ 为土壤容重(t/m^3);h 为土壤沙化覆沙厚度(m);C 为治沙成本(元/m^2)或单位植被恢复成本(元/m^2)。

防风固沙量由实物量核算得到,土壤容重来自土壤调查或文献资料,单位治沙工程成本或单位植被恢复成本源于政府相关文件规定。

4.1.3.5 碳固定

生态系统固碳功能是指自然生态系统吸收大气中的二氧化碳(CO_2)合成有机质,将碳固定在植物或土壤中的功能。该功能有利于降低大气中二氧化碳浓度,减缓温室效应。生态系统的固碳功能对降低减排压力具有重要意义。选用固定二氧化碳量作为生态系统固碳功能的评价指标。

(1)实物量评估

陆地生态系统固碳功能根据数据的可得性,可选择固碳速率法或净生态系统生产力法(NEP 法)两种计算方法。

①固碳速率法。固碳速率法的计算公式为

$$Q_{tCO_2}=M_{CO_2}/M_C\times(FCS+GSCS+WCS+CSCS) \tag{4-11}$$

式中,Q_{tCO_2} 为陆地生态系统二氧化碳总固定量(t/a);FCS 为森林及灌丛固碳量(t/a);GSCS 为草地固碳量(t/a);WCS 为湿地固碳量(t/a);CSCS 为农田土壤固碳量(t/a);$M_{CO_2}/M_C=44/12$,为 C 转化为 CO_2 的系数。

a.固碳速率法——森林及灌丛固碳量:

$$FCS=FCSR\times SF\times(1+\beta) \tag{4-12}$$

式中,FCSR 为森林及灌丛的固碳速率[t/(hm² · a)];SF 为森林及灌丛面积(hm²);β 为森林及灌丛土壤固碳系数。

b.固碳速率法——草地固碳量:

$$GSCS=GSR\times SG \tag{4-13}$$

式中,GSR 为草地土壤的固碳速率[t/(hm² · a)];SG 为草地面积(hm²)。

由于草地植被每年都会枯落,其固定的碳又返还回大气或者进入土壤中,故不考虑草地植被的固碳量,只考虑草地的土壤固碳量。

c.固碳速率法—湿地固碳量:

$$WCS=\sum_{i=1}^{n}SCSR_i\times SW_i\times 10^{-2} \tag{4-14}$$

式中,$SCSR_i$ 为第 i 类水域湿地的固碳速率[g/(m² · a)];SW_i 为第 i 类水域湿地的面积(hm²),$i=1,2,\cdots,n$。

d.固碳速率法——农田土壤固碳量:

$$CSCS=(BSS+SCSR_N+PR+SCSR_S)\times SC \tag{4-15}$$

式中,BSS 为无固碳措施条件下的农田土壤固碳速率[t/(hm² · a)];$SCSR_N$ 为施用化学氮肥和复合肥的农田土壤固碳速率[t/(hm² · a)];PR 为农田秸秆还田推广施行率(%);$SCSR_S$ 为秸秆全部还田的农田土壤固碳速率[t/(hm² · a)];SC 为农田面积(hm²)。

由于农田植被每年都会被收获,其固定的碳又返还回大气或者进入土壤中,故不考虑农田植被的固碳量,只考虑农田土壤的固碳量。

无固碳措施条件下的农田土壤固碳速率:

$$BSS=NSC\times BD\times H\times 0.1 \tag{4-16}$$

式中,NSC 为无化学肥料和有机肥料施用的情况下,我国农田土壤有机碳的变化

[g/(kg·a)];BD 为各省(自治区、直辖市)土壤容重(t/m³);H 为土壤厚度(m)。

施用化学氮肥和复合肥的农田土壤固碳速率：

东北农区：

$$SCSR_N = 1.738\,5 \times TNF - 104.03 \tag{4-17}$$

华北农区：

$$SCSR_N = 0.528\,6 \times TNF + 1.597\,3 \tag{4-18}$$

西北农区：

$$SCSR_N = 0.635\,2 \times TNF - 1.083\,4 \tag{4-19}$$

南方农区：

$$SCSR_N = 1.533\,9 \times TNF - 266.7 \tag{4-20}$$

式中，TNF 为单位面积耕地化学氮肥、复合肥总施用量[kgN/(hm²·a)]，计算公式为

$$TNF = (NF + CF \times 0.3)/S_P \tag{4-21}$$

式中，NF 和 CF 分别为化学氮肥和复合肥施用量(t)；S_P为耕地面积(hm²)。

秸秆还田的农田土壤固碳速率：

东北农区：

$$SCSR_S = 40.524 \times S + 340.33 \tag{4-22}$$

华北农区：

$$SCSR_S = 40.607 \times S + 181.9 \tag{4-23}$$

西北农区：

$$SCSR_S = 17.116 \times S + 30.553 \tag{4-24}$$

南方农区：

$$SCSR_S = 43.548 \times S + 375.1 \tag{4-25}$$

式中，S 为单位耕地面积秸秆还田量[t/(hm²·a)]，计算公式为

$$S = \sum_{j=1}^{n} CY_j \times SGR_j / S_P \tag{4-26}$$

式中，CY_j 为作物 j 在当年的产量(t)；S_P 为耕地面积(hm²)；SGR_j 为作物 j 的草谷比。

②净生态系统生产力法。净生态系统生产力法包含以下内容。

a.森林、草地和湿地固碳。净生态系统生产力(NEP)是定量化分析生态系统碳源/汇的重要科学指标。生态系统固碳量可以用 NEP 衡量。NEP 被广泛应用于碳循环研究中，其可由净初级生产力(NPP)减去异氧呼吸消耗得到，或根据 NPP 与 NEP 的相关转换系数换算得到，然后测算出陆地生态系统固定二氧化碳的质量，如式(4-27)所示。

$$Q_{tco_2} = M_{CO_2}/M_C \times NEP \tag{4-27}$$

式中，NEP为净生态系统生产力(t/a)。

其中，净生态系统生产力(NEP)有两种算法。

一是由净初级生产力(NPP)减去异氧呼吸消耗得到NEP。

$$NEP=NPP-RS \tag{4-28}$$

式中，NEP为净生态系统生产力(t/a)；NPP为净初级生产力(t/a)；RS为土壤呼吸消耗碳量(t/a)。

二是按照各省(自治区、直辖市)NEP和NPP的转换系数，根据NPP计算得到NEP。

$$NEP=\alpha \times NPP \times M_{C6}/M_{C6H10O5} \tag{4-29}$$

式中，α 为NEP和NPP的转换系数；NPP为净初级生产力(t/a)；$M_{C6}/M_{C6H10O5}=72/162$，为干物质转化为C的系数。

b.农田土壤固碳计算方法如式(4-30)所示。

$$Q_{SCO_2}=\sum_{i}^{n} A_i \times S_i \tag{4-30}$$

式中，Q_{SCO_2} 为农田土壤固碳量(t/a)；n 为不同生态系统类型数目；A_i 为不同生态系统的土壤面积(hm^2)；S_i 为不同生态系统实测土壤固碳量[t/(hm^2·a)]。

c.核算参数及数据来源。净初级生产力(NPP)、土壤呼吸消耗碳量(RS)、生物量数据、各类陆地生态系统面积、化学氮肥(NF)施用量、复合肥(CF)施用量和作物 j 在当年的产量(CY_j)等数据来自自然资源、林业、农业和统计等部门的遥感数据、统计数据、实地调查或相关文献数据；NPP与NEP的转换系数、生物量-碳转换系数、森林及灌丛固碳速率推荐值、森林及灌丛土壤固碳系数、草地土壤固碳速率、湿地固碳速率、各省(自治区、直辖市)土壤容重、无化学肥料和有机肥料施用的情况下我国农田土壤有机碳的变化、土壤厚度以及作物 j 的草谷比等见《陆地生态系统生产总值(GEP)核算技术指南》附录C.3。

(2)价值量评估

生态系统固碳价值的核算可以采用替代成本法(造林成本法、工业减排成本)或市场价值法(碳市场交易价格)，建议优先采用碳市场交易价格，计算公式为

$$V_{tCO_2}=Q_{tCO_2} \times C_C \tag{4-31}$$

式中，V_{tCO_2} 为生态系统固碳价值(元/a)；C_C 为碳市场交易价格(元/t)。

生态系统固碳量由实物量核算得到。单位造林固碳成本、工业碳减排成本、碳交易市场价格参考相关文献。

4.1.3.6 空气净化

空气净化功能是指生态系统吸收、过滤、阻隔和分解大气污染物(如二氧化硫、氮氧

化物、颗粒物等)，净化空气污染物，改善大气环境的能力。空气净化功能主要体现在净化大气污染物和阻滞颗粒物方面。

(1)实物量评估

根据生态系统受损地区的污染物浓度是否超过环境空气功能区质量标准，选择不同的方法对生态系统空气净化进行实物量评估。环境空气功能区质量标准见《陆地生态系统生产总值(GEP)核算技术指南》附录C.4。

①如果污染物排放量未超过环境空气功能区质量标准，则采用大气污染物排放量核算实物量。计算公式为

$$Q_{ap} = \sum_{i=1}^{n} Q_i \tag{4-32}$$

式中，Q_{ap}为生态系统空气净化能力(kg/a)；Q_i 为第 i 类大气污染物排放量(kg/a)；i 为污染物类别，$i=1,2,\cdots,n$，无量纲；n 为大气污染物类别的数量，无量纲。

②如果污染物排放量超过环境空气功能区质量标准，则采用生态系统自净能力核算实物量。计算公式为

$$Q_{ap} = \sum_{i=1}^{m} \sum_{j=1}^{n} Q_{ij} \times A_i \tag{4-33}$$

式中，Q_{ij}为第 i 类生态系统第 j 种大气污染物的单位面积净化量[kg/(km^2·a)]，i 为生态系统类型，$i=1,2,\cdots,m$，无量纲；j 为大气污染物类别，$j=1,2,\cdots,n$，无量纲；A_i 为第 i 类生态系统类型受损面积(km^2)；m 为生态系统类型的数量，无量纲；n 为大气污染物类别的数量，无量纲。

核算参数及数据来源：污染物排放数据从生态环境部门获取，各类生态系统面积源于自然资源部门，生态系统对污染物的单位面积净化量源于参考文献或实地监测。

(2)价值量评估

生态系统空气净化价值是指生态系统吸收、过滤、阻隔和分解降低大气污染物(如二氧化硫、氮氧化物、颗粒物等)，使大气环境得到改善产生的生态效应。采用替代成本法(工业治理大气污染物成本)评估生态系统空气净化价值。

大气污染物(二氧化硫、氮氧化物、颗粒物)净化价值计算方法：运用二氧化硫、氮氧化物、颗粒物三种污染物空气净化实物量，分别乘以单位二氧化硫、氮氧化物、颗粒物处理的费用，核算空气净化价值，计算公式为

$$V_{ap} = \sum_{i=1}^{n} Q_{api} \times C_i \tag{4-34}$$

式中，V_{ap}为生态系统大气环境净化的价值(元/a)；Q_{api}为第 i 种大气污染物的净化量(t/a)，i 为大气污染物类别，$i=1,2,\cdots,n$，无量纲；C_i 为第 i 类大气污染物的治理成本(元/t)。

单位治理成本核算采用地方印发的排污费征收标准，没有地方标准的，可以参考国家发展和改革委员会发布的《排污费征收标准及计算方法》中的收费标准或者《中华人民共和国环境保护税法》中的税收标准。

4.1.3.7 水质净化

水质净化功能是指湖泊、河流、沼泽等水域湿地生态系统吸附、降解、转化水体污染物，净化水环境的能力。

(1)实物量评估

水质净化服务价值核算主要是指利用监测数据，根据水体生态系统中污染物构成和浓度变化，选取适当的指标对其进行定量化核算。常用指标包括氨氮、化学需氧量、总氮、总磷以及部分重金属等。根据《地表水环境质量标准》(GB 3838—2002)中对水环境质量应控制的项目和限值的规定，选取生态系统水质净化功能的评价指标。

水质净化功能核算依据污染物浓度是否超过地表水水域环境功能和保护目标而选择不同的方法。

①如果污染物排放量未超过地表水水域环境功能标准限值，则采用污染物排放量核算实物量。计算公式为

$$Q_{wp}=\sum_{i=1}^{n}P_i \tag{4-35}$$

式中，Q_{wp}为水体污染物净化量(kg/a)；P_i为第i类污染物排放量(kg/a)，包括总氮、总磷、化学需氧量等；i为污染物类别，$i=1,2,\cdots,n$，无量纲；n为水体污染物类别的数量，无量纲。

②如果污染物排放量超过地表水水域环境功能标准限值，根据生态系统的自净能力核算实物量。计算公式为

$$Q_{wp}=\sum_{i=1}^{m}\sum_{j=1}^{n}P_{ij}\times A_i \tag{4-36}$$

式中，P_{ij}为某种生态系统单位面积污染物净化量(kg/km^2)；A_i为生态系统面积(km^2)；$i=1,2,\cdots,m$，无量纲；m为生态系统类型的数量，无量纲；j为污染物类别，$j=1,2,\cdots,n$，无量纲；n为水体污染物类别的数量，无量纲。

核算参数及数据来源：污染物排放数据从生态环境部门获取，各类生态系统面积源于自然资源部门，生态系统对污染物的单位面积净化量源于参考文献或实地监测。

(2)价值量评估

生态系统降解水体污染物、净化水质的价值采用替代成本法计算，通过工业治理水

体污染物成本核算生态系统水质净化价值。

化学需氧量、氨氮净化价值计算方法：运用化学需氧量、氨氮两种污染物指标的水质净化实物量，分别乘以单位化学需氧量、氨氮处理的费用，核算水体净化价值，计算公式为

$$V_{wp}=\sum_{i=1}^{n}Q_{wpi}\times C_i \tag{4-37}$$

式中，V_{wp} 为生态系统水质净化的价值（元/a）；Q_{wpi} 为第 i 类水体污染物的净化量（t/a）；C_i 为第 i 类水体污染物的单位治理成本（元/t）；i 为研究区第 i 类水体污染物类别，$i=1,2,\cdots,n$，无量纲；n 为研究区水体污染物类别的数量，无量纲。

定价参数与数据来源：污染物净化量由实物量核算得到。化学需氧量、氨氮水质等污染物指标的单位治理成本核算采用地方印发的排污费征收标准，没有地方标准的，可以参考国家发展和改革委员会发布的《排污费征收标准及计算方法》中的收费标准或者《中华人民共和国环境保护税法》中的税收标准。

4.1.3.8 气候调节

生态系统气候调节服务是指生态系统通过植被蒸腾作用、水面蒸发过程吸收太阳能，降低气温、增加空气湿度，改善人居环境舒适程度的生态功能。选用生态系统蒸散发过程消耗的能量作为生态系统气候调节服务的评价指标。

(1)实物量评估

气候调节服务可通过实际测量生态系统内外温差、生态系统消耗的太阳能量和生态系统的总蒸散量进行核算，优先选择实际测量方法；其次根据数据的可得性选取生态系统消耗的太阳能量或生态系统的总蒸散量进行核算。

①通过实际测量生态系统内外温差进行实物量转换。计算公式为

$$Q=\sum_{i=1}^{n}\Delta T_i\times\rho_c\times V \tag{4-38}$$

式中，Q 为吸收的大气热量(J/a)；ρ_c 为空气的比热容[J/(m^3 · ℃)]；V 为生态系统内空气的体积(m^3)；ΔT_i 为第 i 天生态系统内外实测温差(℃)；n 为年内日最高温超过 26 ℃的总天数。

②采用生态系统消耗的太阳能量作为气候调节的实物量。计算公式为

$$\mathrm{CRQ}=\mathrm{ETE}-\mathrm{NRE} \tag{4-39}$$

式中，CRQ 为生态系统消耗的太阳能量(J/a)；ETE 为森林、草地、灌丛、湿地等生态系统蒸腾作用消耗的太阳能量(J/a)；NRE 为森林、草地、灌丛、湿地等生态系统吸收的太阳净

辐射能量(J/a)。

③采用生态系统蒸腾作用和蒸发过程总消耗的能量作为气候调节的实物量。计算公式为

$$E_{tt}=E_{pt}+E_{we} \tag{4-40}$$

$$E_{pt}=\sum_{i}^{3}EPP_i\times S_i\times D\times\frac{10^6}{3\ 600\times r} \tag{4-41}$$

$$E_{we}=E_w\times q\times\frac{10^3}{3\ 600}+E_w\times y \tag{4-42}$$

式中,E_{tt}为生态系统蒸腾和蒸发过程消耗的总能量(kW·h/a);E_{pt}为生态系统植被蒸腾作用消耗的能量(kW·h/a);E_{we}为湿地生态系统蒸发过程消耗的能量(kW·h/a);EPP_i为第i类生态系统单位面积蒸腾作用消耗的热量[kJ/(m²·d)];S_i为第i类生态系统面积(km²);D为日最高气温大于26 ℃天数;r为空调能效比:3.0,无量纲;i为生态系统类型(森林、灌丛、草地);E_w为蒸发量(m³);q为挥发潜热,即蒸发1 g水所需要的热量(J/g);y为加湿器将1 m³水转化为蒸汽的耗电量(kW·h),仅计算湿度小于45%时的增湿功能。

水面蒸发量、植被蒸(散)发量、生态系统面积、单位面积蒸腾作用的耗热量等数据来自气象、自然资源、林业等相关部门和文献资料。

(2)价值量评估

运用替代成本法(即人工调节温度和湿度所需要的耗电量)核算生态系统蒸腾作用调节温度或湿度的价值和水面蒸发过程调节温度或湿度的价值,计算公式为

$$V_{tt}=E_{tt}\times P_e \tag{4-43}$$

式中,V_{tt}为生态系统气候调节的价值(元/a);E_{tt}为生态系统调节温度或湿度消耗的总能量(kW·h/a);P_e为当地电价[元/(kW·h)]。

定价参数与数据来源:生态系统调节温度或湿度消耗的能量由实物量核算得到。电价从地方发展和改革委员会发布的相关文件或供电部门获取,一般参考工业电价。

4.1.3.9 物种保育

物种多样性是生物多样性最主要的结构和功能单位,可以为生态系统演替与生物进化提供必需的物种与遗传资源,是人类生存和发展的基础。物种保育服务是指生态系统为珍稀濒危动植物物种提供生存与繁衍的场所,从而对其起到物种保育的作用和价值。

(1)实物量评估

①香农-威纳(Shannon-Weiner)指数法:把濒危动植物、特有动植物和古树名木的数

量纳入计算中，计算公式为

$$G_{\text{bio}}=A\times\left(1+0.1\times\sum_{m=1}^{x}E_m+0.1\times\sum_{n=1}^{y}B_n+0.1\times\sum_{r=1}^{z}O_r\right) \tag{4-44}$$

式中，G_{bio}为物种保育的实物量（hm^2）；E_m 为区域内物种 m 的濒危分值；B_n 为区域内物种 n 的特有值；O_r 为区域内物种 r 的古树年龄指数；x 为濒危指数物种数量；y 为特有种指数物种数量；z 为古树年龄指数物种数量；A 为群落面积（hm^2）。

②保护区保护法：采用区域保护区面积进行核算，计算公式为

$$G_{\text{bio}}=S \tag{4-45}$$

式中，S 为自然保护区面积（hm^2）。

（2）价值量评估

运用单位面积保育成本核算物种保育服务的价值量，将实物量与物种保育成本相乘得到价值量。

①Shannon-Weiner 价值法：将物种保育的实物量与单位面积物种保育价值相乘得到物种保育价值量，计算公式为

$$V_{\text{bio}}=G_{\text{bio}}\times S_{\text{生}} \tag{4-46}$$

式中，V_{bio}为物种保育价值（元/a）；$S_{\text{生}}$为单位面积物种保育价值[元/（hm^2 · a）]。

②保护区保护价值法：计算公式为

$$V_{\text{bio}}=G_{\text{bio}}\times S_{\text{c}} \tag{4-47}$$

式中，S_{c} 为自然保护区单位面积保育成本[元/（hm^2 · a）]。

核算参数及数据来源：保护区总投入、物种数量参照相关统计、报告和文献资料。不同 Shannon-Weiner 指数对应等级划分以及相应的单位面积物种多样性保护价值参照《陆地生态系统生产总值（GEP）核算技术指南》附录 C.6。

4.1.3.10　休闲旅游

休闲旅游服务是指人类通过精神感受、知识获取、休闲娱乐和美学体验从生态系统获得的非物质惠益。

（1）实物量评估

采用区域内自然景观的年旅游总人数作为文化服务的实物量评价指标。计算公式为

$$N_{\text{t}}=\sum_{i=1}^{n}N_{\text{t}i} \tag{4-48}$$

式中，N_{t} 为游客总人数；$N_{\text{t}i}$为第 i 个旅游区的人数；n 为旅游区个数，$i=1,2,\cdots,n$。

核算参数及数据来源：自然景观名录、旅游人数与旅客来源通过旅游、园林、统计等部门或问卷调查获取。

（2）价值量评估

一般运用旅行费用法核算人们通过休闲旅游活动体验的生态系统与自然景观的美学价值，并获得的知识和精神愉悦的非物质价值。计算公式为

$$V_r = \sum_{j=1}^{J} N_j \times TC_j \tag{4-49}$$

$$TC_j = T_j \times W_j + C_j \tag{4-50}$$

$$C_j = C_{tc,j} + C_{lf,j} + C_{ef,j} \tag{4-51}$$

式中，V_r 为核算地点的休闲旅游价值（元/a）；N_j 为 j 地到核算地区旅游的总人数（人/a）；$j=1,2,\cdots,J$ 为来核算地点旅游的游客所在区域（如省内、省外等）；TC_j 为来自 j 地的游客的平均旅行成本（元/人）；T_j 为来自 j 地的游客用于旅途和核算旅游地点的平均时间（天/人）；W_j 为来自 j 地的游客的当地平均工资[元/（人·天）]；C_j 为来自 j 地的游客花费的平均直接旅行费用（元/人），其中包括游客从 j 地到核算区域的交通费用$C_{tc,j}$、食宿花费 $C_{lf,j}$ 和门票费用 $C_{ef,j}$。

定价参数与数据来源：旅游人数通过旅游、园林等部门获取，游客的社会经济特征、旅行费用情况等通过问卷调查获得。

4.1.3.11 景观价值

生态系统的景观价值是指森林、湖泊、河流、海洋等生态系统可以为其周边的人群提供美学体验、精神愉悦的功能，从而提高周边土地、房产的价值。

（1）实物量评估

采用能直接从自然生态系统获得景观价值的土地与居住小区房产总面积作为景观价值实物量评价指标。计算公式为

$$A_l = \sum_{i=1}^{n} A_{li} \tag{4-52}$$

式中，A_l 为从自然生态系统景观获得升值的土地与居住小区房产总面积（km^2/a）；A_{li} 为第 i 区的房产面积（km^2），$i=1,2,\cdots,n$。

受益土地与居住区名录及面积通过调查获取。

（2）价值量评估

运用享乐价值法核算生态系统为其周边的人群提供美学体验、精神愉悦功能的景观价值。计算公式为

$$V_l = A_l \times P_a \tag{4-53}$$

式中，V_l 为景观价值（元/a）；A_l 为受益总面积（km^2）；P_a 为由生态系统带来的单位面积溢价[元/(km^2 · a)]。

生态系统带来的单位面积溢价由实地调研获取。

4.1.3.12　海岸带防护

海岸带是海岸线向陆海两侧扩展一定宽度的带状区域，包括陆域与近岸海域，对于其具体范围，至今尚无统一的界定。2001 年 6 月，联合国“千年生态系统评估”项目将海岸带定义为“海洋与陆地的界面，向海洋延伸至大陆架的中间，在大陆方向包括所有受海洋因素影响的区域；具体边界为位于平均海深 50 m 与潮流线以上 50 m 之间的区域，或者自海岸向大陆延伸 100 km 范围内的低地，包括珊瑚礁、高潮线与低潮线之间的区域、河口、滨海水产作业区，以及水草群落”。在实际管理中，海岸带的范围可根据管理目的和研究需要而定。

海岸带防护功能是指滨海盐沼、红树林、珊瑚礁等生态系统减低海浪，避免或减小海堤（或海岸）侵蚀的能力。

(1)实物量评估

海岸带防护功能实物量运用滨海盐沼、红树林、珊瑚礁等生态系统防护或替代海堤等防护工程的长度核算。计算公式为

$$D_{cl} = \sum_{i=1}^{n} D_{cli} \tag{4-54}$$

式中，D_{cl}为生态系统防护的海岸带总长度（km/a）；D_{cli}为第 i 类生态系统防护的海岸带长度（km/a）；i 为研究区生态系统类型，$i=1,2,\cdots,n$，无量纲；n 为研究区生态系统类型的数量，无量纲。海岸带长度从自然资源部门获得，或利用遥感数据分析结合实地调查获得。

(2)价值量评估

运用替代成本法（即海浪防护工程建设成本）核算滨海盐沼、红树林、珊瑚礁等生态系统防风护堤的价值。计算公式为

$$V_{cl} = \sum_{i=1}^{n} D_{cli} \times C_{cli} \tag{4-55}$$

式中，V_{cl}为海岸带防护价值（元/a）；D_{cli}为第 i 类生态系统防护的海岸带长度（km）；C_{cli}为第 i 类生态系统海浪防护工程的单位长度建设维护成本（元/km）。

生态系统防护的海岸带长度由实物量核算得到。防护工程的单位长度建设成本从发改委、海洋等部门获得。

4.2 海洋生态系统损害价值评估

4.2.1 适用范围及术语定义

4.2.1.1 适用范围

(1)本节提及的海洋生态系统损害,是指由于人类直接、间接的海洋开发利用活动改变海域自然条件,对海洋生态系统及其生物、非生物因子造成的有害影响。

(2)海洋开发利用活动按照用海洋类型可分为填海造地用海(建设填海造地、农业填海造地、废弃物处置填海造地、人工岛式油气开采、非透水构筑物等)、透水构筑物用海(跨海桥梁、海底隧道、平台式油气开采等)、围海用海、开放式用海(海砂等矿产开采、倾倒区、取/排水口、专用航道、锚地、海底电缆管道、污水达标排放、养殖用海)等。

(3)海洋生态系统损害价值包括海洋生态修复费用和恢复期的海洋生态损失价值。其中,恢复期的海洋生态损失为海洋生态直接损失,包括海洋环境容量损失和海洋生态系统服务功能损失。

(4)海洋生态系统损害价值评估方法的适用原则:①海洋生态系统损害价值应采用基于生态修复措施的费用进行计算,即将海洋生态系统恢复到接近基线水平所需的费用作为首要的海洋生态系统损害价值评估的方法,同时,应包括恢复期的海洋生态损失费用;②无法原地修复的,应采取异地修复;③无法修复的,应采用替代性的措施实现修复目标;④恢复期的海洋生态损失费用应包括恢复期的海洋环境容量损失价值量、恢复期的海洋生物资源损失价值量等。

4.2.1.2 术语定义

(1)海洋生态系统

海洋生态系统是指海洋生物群落与周围环境相互作用形成的统一体,具有相对稳定功能并能自我调控的生态单元。

(2)海洋生态系统服务

海洋生态系统服务是指人类从海洋生态系统获得的效益,包括海洋供给服务、海洋调节服务、海洋文化服务和海洋支持服务。

(3)海洋生态系统服务价值

海洋生态系统服务价值是指一定时期内海洋生态系统服务的货币化价值,包括海洋供给服务价值、海洋调节服务价值、海洋文化服务价值和海洋支持服务价值。

(4)海洋生态修复

海洋生态修复是指通过人工措施的辅助作用,使受损海洋生态系统恢复至原来或与原来相近的结构和功能状态。

(5)基线水平

基线水平是指海洋生态损害事件发生前,该海域的环境与生态系统的状态。

(6)恢复期

恢复期是指自海洋生态损害事件发生至生态修复目标实现的时间段。

(7)海洋环境容量

海洋环境容量是指在不造成海洋环境不可承受的影响的前提下,海洋环境所能容纳某物质的能力。

(8)海洋环境容量损失

海洋环境容量损失是指海洋生态损害事件导致的海域污染负荷的增加或海域原有纳污能力的下降。

(9)海洋供给服务

海洋供给服务是指一定时期内海洋生态系统提供的物质性产品和产出,包括食品生产、原料生产、氧气生产和基因资源供给。

(10)海洋调节服务

海洋调节服务是指一定时期内海洋生态系统提供的调节人类生存环境质量的服务,包括气候调节、废弃物处理、干扰调节和生物控制。

(11)海洋文化服务

海洋文化服务是指一定时期内海洋生态系统提供文化性产品的场所和材料,包括休闲娱乐、科研服务和文化用途。

(12)海洋支持服务

海洋支持服务保证海洋生态系统提供供给、调节和文化三项服务所必需的基础服务,包括初级生产、营养物质循环和生物多样性维持。其中,生物多样性维持包括物种多样性维持和生态系统多样性维持。

(13)海洋碳汇

海洋碳汇是指红树林、盐沼、海草床、浮游植物、大型藻类、贝类等从空气或海水中吸收并储存大气中二氧化碳的过程、活动和机制。

(14)红树林

红树林是指在热带和亚热带潮间带,以红树植物为主体的各种耐盐的乔木和灌木组成的潮滩湿地木本生物群落。

(15)盐沼

盐沼是指分布在河口或海滨浅滩中含有大量盐分的湿地。

(16)海草床

海草床是指中、低纬度海域潮间带中、下区和低潮线以下浅水区海生显花植物(海草)和草栖动物繁茂的平坦软相地带。

(17)浮游植物

浮游植物是指生活于水域上层、自养性的浮游生物。

(18)大型藻类

大型藻类是指由固着器固着在岩石或其他基底上,体长可达 1 m 以上的多细胞、有组织的藻类。

(19)贝类

贝类是三胚层、两侧对称且具有真体腔的动物,属于软体动物中的一类。

4.2.2 海洋生态修复费用评估

4.2.2.1 生态修复目标和修复方案

海洋开发利用活动可采取替代重建的方式实现生态修复目标。修复目标可根据该海域的生态特征和受损对象的损害程度制定。替代性生态修复的目标应以修复工程所提供的生态功能和服务等同于海洋生态损害事件发生前该海域所提供的功能和服务为标准。

针对海洋生态修复目标,制定海洋生态修复方案。修复方案应在技术上可行,能够促进受损海洋生态的有效恢复,且修复的效果应能够通过验证。海洋生态修复方案应包括生态修复的项目概况、目标、范围、修复内容与总体布局、项目投资概算、实施周期与进度安排、预期修复成效、跟踪监测与竣工验收要求等。

4.2.2.2 生态修复费用计算

海洋生态修复的费用测算,应按照国家工程投资估算的规定列出,包括工程费、设备及所需补充的生物物种等材料的购置费、替代工程建设所需的土地(海域)购置费用和工

程建设其他费用(包括调查、制定工程方案、跟踪监测、恢复效果评估等费用)等。海洋生态修复的费用计算公式为

$$F=F_G+F_S+F_T+F_Q \tag{4-56}$$

式中,F 为海洋生态修复总费用(万元);F_G 为工程费用(水体、沉积物等生境重建所需的直接工程费)(万元);F_S 为设备及所需补充的生物物种等材料的购置费用(万元);F_T 为替代工程建设所需的土地(海域)的购置费用(万元);F_Q 为其他修复费用(万元)。

生态修复工程投资费用宜采用概算定额法,按照地区或行业有关工程造价定额标准编制;若无法采用概算定额法,也可采用类比已建或在建的相似生态修复工程,编制生态修复工程的费用。

概算定额法是根据生态修复方案设计的工程内容,计算出工程量,按照概算定额单价(基价)和有关计费标准进行计算汇总,得出修复项目的投资费用。概算定额法的具体步骤如下。

(1)列出修复工程中各分项工程的名称,并计算其工程量。

(2)确定各分项工程项目的概算定额单价。

(3)计算各分项工程的直接工程费,合计得到单位工程的直接工程费。

(4)按照有关标准计算措施费,合计得到单位工程的直接费。

(5)按照一定的取费标准计算间接费和利税。

(6)计算单位工程投资总额。

当生态修复方案设计的生态修复目标、修复内容等与已建或在建的生态修复工程的设计相类似时,可采用类比法来计算生态修复的费用。

4.2.3 恢复期海洋生态损失价值评估

4.2.3.1 恢复期海洋环境容量的损失价值评估

海洋环境容量的损失价值量的计算应采取标准自净容量法、水动力交换法、浓度场分担率法、排海通量最优化法或其他成熟方法,首先计算因污染物的排放或围填海等海洋工程引起的海域水体交换、生化降解等自净能力变化等导致的海洋环境容量的损失,然后通过调查或对照最近监测的实测数据予以验证。对于非直接向海域排放污染物质的生态损害事件,应计算因海域水动力、地形地貌等自然条件改变而导致的海域化学需氧量、总氮、总磷及原有特征污染物负荷能力下降的量。

海洋环境容量损失价值评估可采用影子工程法计算,即利用当地政府公布的水体污

染物排放指标有偿使用的计费标准或排污交易市场交易价格计算。对于非直接向海域排放污染物质的生态损害事件导致的海洋环境容量损失，应按照当地城镇污水处理厂的综合污水处理成本计算。用于成本类比的污水处理厂的处理工艺，应符合《城镇污水处理厂污染物排放标准》(GB 18918—2002)规定的出水水质控制要求；海洋生态损害事件发生海域处于海洋保护区或其他禁排、限排区的，应至少符合一级标准中 A 标准的基本要求。

4.2.3.2 海洋生态系统服务的损失价值评估

海洋生态系统服务的损失价值评估指标主要考虑那些可计量、可货币化的服务要素：海洋供给服务评估指标考虑养殖生产、捕捞生产等要素，海洋调节服务评估指标考虑气候调节、氧气生产、废弃物处理和海岸带防护等要素，海洋文化服务评估指标考虑休闲娱乐和科研服务等要素，海洋支持服务评估指标考虑物种多样性维持和生态系统多样性维持等要素。具体的评估指标应根据海洋生态系统损害状况及评估海域的实际情况确定。

(1)海洋供给服务

①养殖生产。养殖生产包括下列内容。

a.物质量评估。养殖生产的物质量应采用评估海域的主要养殖水产品类别(鱼类、甲壳类、贝类、藻类、其他)的年产量进行评估，按照表 4-3 进行分类统计。

表 4-3 海域年养殖生产实物量、价值量计算

序号	分类	实物量/t	平均价格/(元/kg)	价值量/万元
1	鱼类			
2	甲壳类(虾、蟹)			
3	贝类			
4	藻类			
5	其他			

b.价值量评估。养殖生产的价值量应采用市场价格法进行评估，计算公式为

$$V_{SM}=\sum(Q_{SMi}\times P_{Mi})\times 10^{-1} \tag{4-57}$$

式中，V_{SM}为养殖生产价值(万元/a)；Q_{SMi}为第 i 类养殖水产品的产量(t/a)，$i=1,2,3,4,5$ 分别代表鱼类、甲壳类、贝类、藻类和其他；P_{Mi}为第 i 类养殖水产品的平均市场价格

(元/kg)。

养殖水产品的平均市场价格应采用评估海域邻近的海产品批发市场的同类海产品批发价格进行计算，应根据评估海域实际情况进行调整。

②捕捞生产。捕捞生产包含下列内容。

a.物质量评估。若评估海域存在商业捕捞活动，则捕捞生产的物质量应采用评估海域的主要捕捞水产品(鱼类、甲壳类、贝类、藻类、头足类、其他)的年产量进行评估，按照表 4-4 分类统计。

表 4-4　海域年捕捞生产物质量、价值量计算

序号	分类	实物量/t	平均价格/(元/kg)	价值量/万元
1	鱼类			
2	甲壳类(虾、蟹)			
3	贝类			
4	藻类			
5	头足类			
6	其他			

若评估海域存在商业捕捞或者非商业捕捞活动，但是没有捕捞产量统计数据，捕捞生产的物质量应根据邻近海域同类功能区主要品种的捕捞量与资源量的比例推算。

若缺少评估海域渔业资源现存量数据，可采用邻近海域同类功能区单位面积海域渔业资源现存量数据推算。

b.价值量评估。捕捞生产的价值量应采用市场价格法进行评估，计算公式为

$$V_{SC}=\sum(Q_{SCi}\times P_{Ci})\times 10^{-1} \tag{4-58}$$

式中，V_{SC}为捕捞生产价值(万元/a)；Q_{SCi}为第 i 类捕捞水产品的产量(t/a)，$i=1,2,3,4,5,6$ 分别代表鱼类、甲壳类、贝类、藻类、头足类和其他；P_{Ci}为第 i 类捕捞水产品的平均市场价格(元/kg)。

捕捞水产品的平均市场价格应采用评估海域邻近海产品批发市场的同类海产品批发价格进行计算，应根据评估海域实际情况进行调整。

(2)海洋调节服务

①气候调节(固碳服务)。根据《海洋生态资本评估技术导则》(GB/T 28058—2011)，气候调节(固碳服务)的实物量评估方法有两种：一是基于海洋吸收大气二氧化碳的原理计算，适用于有海-气界面二氧化碳通量监测数据的大面积海域评估。气候调节的物质量

等于评价海域的水域面积乘以单位面积水域吸收二氧化碳的量。我国各海域每年吸收二氧化碳的量分别是：渤海36.88 t/km^2，北黄海 35.21 t/km^2，南黄海 20.94 t/km^2，东海 2.50 t/km^2，南海 4.76 t/km^2。二是基于海洋植物（浮游植物和大型藻类）固定二氧化碳的原理计算，适用于小面积海域评估，也适用于大面积海域评估。气候调节的物质量等于评价海域的水域面积乘以单位面积水域浮游植物和大型藻类固定二氧化碳的量。

气候调节的物质量的计算公式为

$$Q_{CO_2}=Q'_{CO_2}\times S\times 365\times 10^{-3}+Q''_{CO_2} \tag{4-59}$$

式中，Q_{CO_2} 为气候调节固定二氧化碳的实物量（t/a）；Q'_{CO_2} 为单位时间单位面积水域浮游植物固定的二氧化碳量[mg/(m^2 · d)]；S 为评估海域的水域面积（km^2）；Q''_{CO_2} 为大型藻类固定的二氧化碳量（t/a）。

浮游植物固定的二氧化碳量的计算公式为

$$Q'_{CO_2}=3.67\times Q_{PP} \tag{4-60}$$

式中，Q_{PP} 为浮游植物的初级生产力[mg/(m^2 · d)]。

大型藻类固定的二氧化碳量的计算公式为

$$Q''_{CO_2}=1.63\times Q_A \tag{4-61}$$

式中，Q''_{CO_2} 为大型藻类固定的二氧化碳量（t/a）；Q_A 为大型藻类的干重（t/a）。

基于此评估方法，《海洋碳汇经济价值核算方法》进一步丰富了海洋固碳价值评估方法，增加了红树林、盐沼、海草床、浮游植物、大型藻类、贝类等海洋固碳价值评估内容，其中碳汇能力评估以储存的碳量作为计算结果，具体计算方法如下：

a.实物量评估。海洋碳汇能力的计算公式为

$$C_{ocean}=\sum C_i \tag{4-62}$$

式中，C_{ocean} 为海洋碳汇能力（g/a）；C_i 为第 i 种海洋碳汇类型（包括红树林、盐沼、海草床、浮游植物、大型藻类、贝类等）的碳汇能力（g/a）。

红树林碳汇能力（$C_{mangroves}$）的计算公式为

$$C_{mangroves}=C_{ms}+C_{mp} \tag{4-63}$$

式中，C_{ms} 为红树林沉积物碳汇能力（g/a）；C_{mp} 为红树林植物碳汇能力（g/a）。

红树林沉积物碳汇能力采用《红树林湿地生态系统固碳能力评估技术规程》（DB45/T 1230—2015）中规定的标志桩法测定，计算公式为

$$C_{ms}=\rho_{ms}\times S_{ms}\times R_{ms}\times A_{ms} \tag{4-64}$$

式中，ρ_{ms} 为红树林沉积物容重（g/cm^3）；S_{ms} 为红树林沉积物有机碳含量（mg/g）；R_{ms} 为红树林沉积物沉积速率（mm/a）；A_{ms} 为红树林面积（m^2）。

红树林植物调查采用《红树林生态监测技术规程》(HY/T 081—2005)中规定的群落样方调查方法。红树林植物碳汇能力的计算公式为

$$C_{mp}=\sum(A_i^{mp}\times P_i^{mp}\times CF_i^{mp})\tag{4-65}$$

式中,A_i^{mp} 为第 i 个站位红树林面积(m^2);P_i^{mp} 为第 i 个站位红树林植物年净初级生产力[$g/(m^2\cdot a)$];CF_i^{mp} 为第 i 个站位红树林植物平均含碳比率,无量纲。

盐沼碳汇能力($C_{saltmarsh}$)的计算公式为

$$C_{saltmarsh}=C_{ss}+C_{sp}\tag{4-66}$$

式中,C_{ss}为盐沼沉积物碳汇能力(g/a);C_{sp}为盐沼植物碳汇能力(g/a)。

盐沼沉积物碳汇能力采用《红树林湿地生态系统固碳能力评估技术规程》(DB45/T 1230—2015)中规定的标志桩法测定,计算公式为

$$C_{ss}=\rho_{ss}\times S_{ss}\times R_{ss}\times A_{ss}\tag{4-67}$$

式中,ρ_{ss}为盐沼沉积物容重(g/cm^3);S_{ss}为盐沼沉积物有机碳含量(mg/g);R_{ss}为盐沼沉积物沉积速率(mm/a);A_{ss}为盐沼面积(m^2)。

盐沼植物调查采用《红树林生态监测技术规程》(HY/T 081—2005)中规定的群落样方调查方法。盐沼植物碳汇能力的计算公式为

$$C_{sp}=\sum(A_i^{sp}\times P_i^{sp}\times CF_i^{sp})\tag{4-68}$$

式中,A_i^{sp} 为第 i 个站位盐沼面积(m^2);P_i^{sp} 为第 i 个站位盐沼植物年净初级生产力[$g/(m^2\cdot a)$];CF_i^{sp} 为第 i 个站位盐沼植物平均含碳比率,无量纲。

海草床碳汇能力($C_{seagrass}$)的计算公式为

$$C_{seagrass}=C_{sgs}+C_{sgp}\tag{4-69}$$

式中,C_{sgs}为海草床沉积物碳汇能力(g/a);C_{sgp}为海草床植物碳汇能力(g/a)。

海草床沉积物碳汇能力采用《红树林湿地生态系统固碳能力评估技术规程》(DB45/T 1230—2015)中规定的标志桩法测定,计算公式为

$$C_{sgs}=\rho_{sgs}\times S_{sgs}\times R_{sgs}\times A_{sgs}\tag{4-70}$$

式中,ρ_{sgs}为海草床沉积物容重(g/cm^3);S_{sgs}为海草床沉积物有机碳含量(mg/g);R_{sgs}为海草床沉积物沉积速率(mm/a);A_{sgs}为海草床面积(m^2)。

海草床植物调查采用《红树林生态监测技术规程》(HY/T 081—2005)中规定的群落样方调查方法。海草床植物碳汇能力的计算公式为

$$C_{sgp}=\sum(A_i^{sgp}\times P_i^{sgp}\times CF_i^{sgp})\tag{4-71}$$

式中,A_i^{sgp} 为第 i 个站位海草床面积(m^2);P_i^{sgp} 为第 i 个站位海草床植物年净初级生产力[$g/(m^2\cdot a)$];CF_i^{sgp} 为第 i 个站位海草床植物平均含碳比率,无量纲。

浮游植物碳汇能力采用《海洋监测规范　第7部分：近海污染生态调查和生物监测》(GB 17378.7—2007)第8章规定的叶绿素a法测定，计算公式为

$$C_{\text{phytoplankton}}=A_{\text{sea}}\times P_{\text{phytoplankton}}\times \text{CF}_{\text{phytoplankton}} \tag{4-72}$$

式中，A_{sea}为评估海域的面积(m^2)；$P_{\text{phytoplankton}}$为浮游植物年净初级生产力[$g/(m^2\cdot a)$]；$\text{CF}_{\text{phytoplankton}}$为浮游植物平均含碳比率，无量纲。

大型藻类碳汇能力($C_{\text{macroalgae}}$)的计算公式为

$$C_{\text{macroalgae}}=C_{\text{mas}}+C_{\text{map}} \tag{4-73}$$

式中，C_{mas}为大型藻类沉积物碳汇能力(g/a)；C_{map}为大型藻类植物碳汇能力(g/a)。

大型藻类沉积物碳汇能力采用《红树林湿地生态系统固碳能力评估技术规程》(DB45/T 1230—2015)中规定的标志桩法测定，计算公式为

$$C_{\text{mas}}=\rho_{\text{mas}}\times S_{\text{mas}}\times R_{\text{mas}}\times A_{\text{mas}} \tag{4-74}$$

式中，ρ_{mas}为大型藻类沉积物容重(g/cm^3)；S_{mas}为大型藻类沉积物有机碳含量(mg/g)；R_{mas}为大型藻类沉积物沉积速率(mm/a)；A_{mas}为大型藻类覆盖面积(m^2)。

大型藻类植物碳汇能力的计算公式为

$$C_{\text{map}}=\sum(P_i^{\text{map}}\times K_i^{\text{map}}\times \text{CF}_i^{\text{map}}) \tag{4-75}$$

式中，P_i^{map}为第i种大型藻类植物的生物量(湿重)(g/a)；K_i^{map}为第i种大型藻类植物湿重与干重之间的转换系数，无量纲；CF_i^{map}为第i种大型藻类植物干质量下的含碳比率，无量纲。

贝类碳汇能力的计算公式为

$$C_{\text{shellfish}}=C_{\text{sfs}}+\sum(\text{CB}_j^{\text{sh}}+\text{CZ}_j^{\text{sh}}) \tag{4-76}$$

式中，C_{sfs}为贝类沉积物碳汇能力(g/a)；CB_j^{sh}为第j种贝类贝壳碳汇能力(g/a)；CZ_j^{sh}为第j种贝类软体组织碳汇能力(g/a)。

贝类沉积物碳汇能力采用《红树林湿地生态系统固碳能力评估技术规程》(DB45/T 1230—2015)中规定的标志桩法测定，计算公式为

$$C_{\text{sfs}}=\rho_{\text{sfs}}\times S_{\text{sfs}}\times R_{\text{sfs}}\times A_{\text{sfs}} \tag{4-77}$$

式中，ρ_{sfs}为贝类沉积物容重(g/cm^3)；S_{sfs}为贝类沉积物有机碳含量(mg/g)；R_{sfs}为贝类沉积物沉积速率(mm/a)；A_{sfs}为贝类覆盖面积(m^2)。

贝类贝壳碳汇能力的计算公式为

$$\text{CB}_j^{\text{sh}}=P_j^{\text{sh}}\times K_j^{\text{sh}}\times R_j^{\text{sh1}}\times \text{CF}_j^{\text{sh1}} \tag{4-78}$$

式中，P_j^{sh}为第j种贝类的生物量(湿重)(g/a)；K_j^{sh}为第j种贝类湿重与干重之间的转换系数，无量纲；R_j^{sh1}为第j种贝类干重状态下的贝壳干质量占比，无量纲；CF_j^{sh1}为第j种

贝类贝壳干质量下的含碳比率，无量纲。

贝类软体组织碳汇能力的计算公式为

$$CZ_j^{sh}=P_j^{sh}\times K_j^{sh}\times R_j^{sh2}\times CF_j^{sh2} \tag{4-79}$$

式中，R_j^{sh2} 为第 j 种贝类干重状态下的软体组织干质量占比，无量纲；CF_j^{sh2} 为第 j 种贝类软体组织干质量下的含碳比率，无量纲。

b.价值量评估。气候调节（海洋固碳）的价值量采用替代市场价格法进行评估，计算公式为

$$V_{CO_2}=Q_{CO_2}\times P_{CO_2}\times 10^{-4} \tag{4-80}$$

式中，V_{CO_2} 为气候调节价值（万元/a）；Q_{CO_2} 为气候调节固定二氧化碳的实物量（t/a），若为碳质量，则需要转化成二氧化碳质量，转化系数为 44/12；P_{CO_2} 为二氧化碳排放权的市场交易价格（元/t）。

二氧化碳排放权的市场交易价格宜采用评估年份我国环境交易所或类似机构二氧化碳排放权的平均交易价格，也可根据评估海域实际情况进行调整。

②氧气生产。氧气生产包含下列内容。

a.物质量评估。海洋生态系统氧气生产实物量可以通过海洋固碳的质量转化成氧气的质量系数计算。若无海洋固碳实物量，氧气生产的实物量应采用海洋植物通过光合作用过程生产的氧气量进行评估，包括浮游植物初级生产提供的氧气和大型藻类初级生产提供的氧气两部分。氧气生产的物质量的计算公式为

$$Q_{O_2}=Q'_{O_2}\times S\times 365\times 10^{-3}+Q''_{O_2} \tag{4-81}$$

式中，Q_{O_2} 为氧气生产的物质量（t/a）；Q'_{O_2} 为单位时间单位面积水域浮游植物产生的氧气量[mg/(m^2 · d)]；S 为评估海域的水域面积（km^2）；Q''_{O_2} 为大型藻类产生的氧气量（t/a）。

浮游植物初级生产提供氧气的计算公式为

$$Q'_{O_2}=2.67\times Q_{PP} \tag{4-82}$$

式中，Q_{PP} 为浮游植物的初级生产力[mg/(m^2 · d)]。

浮游植物的初级生产力宜采用评估海域实测初级生产力数据的平均值。若评估海域内初级生产力空间变化较大，宜采用按克里金插值后获得的分区域初级生产力平均值进行分区计算，再进行汇总。

大型藻类初级生产提供氧气的计算公式为

$$Q''_{O_2}=1.19\times Q_A \tag{4-83}$$

式中，Q_A 为大型藻类的干重（t/a）。

b.价值量评估。氧气生产的价值量应采用替代成本法进行评估，计算公式为

$$V_{O_2}=Q_{O_2}\times P_{O_2}\times 10^{-4} \tag{4-84}$$

式中，V_{O_2}为氧气生产价值（万元/a）；P_{O_2}为人工生产氧气的单位成本（元/t）。

人工生产氧气的单位成本宜采用评估年份钢铁业液化空气法制造氧气的平均生产成本，主要包括设备折旧费用、动力费用、人工费用等，也可根据评估海域实际情况进行调整。

③废弃物处理。废弃物处理包含下列内容。

a.物质量评估。废弃物处理的实物量评估方法有两种：一是对于已知环境容量的海域，宜采用环境容量值进行评估。废弃物处理的物质量按 COD、氮、磷等的容纳量计算，也可按排海废弃物的数量进行评估。二是对于未知环境容量的海域，宜采用排海废弃物的数量进行评估。排海废弃物主要考虑废水、COD、氮、磷等。如果全部评估海域已知环境容量，基于环境容量值的计算方法作为仲裁方法。

废弃物处理（考虑排海废水）的物质量的计算公式为

$$Q_{SWT}=Q_{WW}-Q_{WW}\times\omega\times 20\% \tag{4-85}$$

式中，Q_{SWT}为废弃物处理（考虑排海废水）的物质量（t/a）；Q_{WW}为工业和生活废水产生量（t/a）；ω 为工业和生活废水所含污染物的质量分数（%）；$Q_{WW}\times\omega$ 表示工业和生活废水所含的污染物总量（t/a）；$Q_{WW}\times\omega\times 20\%$表示废水通过河流、沟渠入海过程中滞留在途中的污染物量（t/a），按 20%的滞留率计算。

废弃物处理（考虑排海 COD、氮、磷等污染物）的物质量的计算公式为

$$Q_{SWT}=Q_{WW}\times\omega\times(1-20\%) \tag{4-86}$$

式中，Q_{SWT}为废弃物处理（考虑排海 COD、氮、磷等污染物）的物质量（t/a）；（1－20%）表示污染物的入海率。

b.价值量评估。废弃物处理的价值量应采用替代成本法进行评估，计算公式为

$$V_{SW}=Q_{SWT}\times P_W\times 10^{-4} \tag{4-87}$$

式中，V_{SW}为废弃物处理的价值量（万元/a）；Q_{SWT}为废弃物处理的物质量（t/a）；P_W 为人工处理废水（含 COD、氮、磷等）的单位价格（元/t）。

人工处理废水（含 COD、氮、磷等）的单位价格宜通过评估海域毗邻行政区评估年份废水（含 COD、氮、磷等）处理设施的运行费用除以当年的废水（含 COD、氮、磷等）处理量得到。计算公式为

$$P_W=\frac{Q_{WC}}{Q_{WT}\times\eta} \tag{4-88}$$

式中，Q_{WC}为评估海域毗邻行政区评估年份废水（含 COD、氮、磷等）处理设施的运行费用（万元/a）；Q_{WT}为评估海域毗邻行政区评估年份废水（含 COD、氮、磷等）产生量（万 t/a）；

η 为评估海域毗邻行政区的废水(含 COD、氮、磷等)处理率。

(3)海洋文化服务

①休闲娱乐。休闲娱乐包含下列内容。

a.实物量评估。休闲娱乐服务评估主要考虑评估海域中以自然海洋景观为主体的海洋旅游景区。休闲娱乐的物质量应采用海洋旅游景区的年旅游人数评估。若旅游人数很少,可不进行该项评估。

b.价值量评估。休闲娱乐服务价值量评估方法有两种:若评估海域旅游景区较少(少于八个),则休闲娱乐服务的价值量宜采用分区旅行费用法或个人旅行费用法进行评估。休闲娱乐服务价值等于总旅行费用加上总消费者剩余;若评估海域旅游景区较多(多于八个),难以针对每个景区开展问卷调查,则休闲娱乐服务的价值量宜使用收入替代法进行评估。

基于分区旅行费用法的休闲娱乐服务价值量的计算公式为

$$V_{ST}=\sum\int_{0}^{Q}F(Q) \tag{4-89}$$

式中,V_{ST} 为休闲娱乐服务的价值量(万元/a);$F(Q)$ 为通过问卷调查数据回归拟合得到的旅游需求函数。调查问卷应包括旅行者出发地、旅游次数、旅行费用、家庭收入等调查项目。

基于个人旅行费用法的休闲娱乐服务价值量的计算公式为

$$V_{ST}=(\mathrm{TC}+\mathrm{CS})\times P \tag{4-90}$$

式中,TC 为单个游客旅行费用的平均值(元/人),通过旅行费用问卷调查法获得;CS 为单个游客的消费者剩余(元/人),通过对游客旅行次数和旅行费用等参数回归分析后得到;P 为旅游景区接待的旅游总人数(万人/a)。

收入替代法的计算公式为

$$V_{ST}=\sum_{j}^{m}\sum_{i}^{n}(V_{Tj}\times F_{ji}) \tag{4-91}$$

式中,V_{Tj} 为评估海域毗邻的第 j 个沿海市(县)某年的旅游收入(万元/a);F_{ji} 为评估海域内第 i 个海洋旅游景区对其所在市(县)j 的旅游收入的调整系数;m 为评估海域毗邻沿海市(县)个数;n 为评估海域某个沿海市(县)的海洋旅游景区数。

F_{ji} 由景区海岸线长度系数(P_{ji})和景区级别系数(Q_{ji})组成,计算公式为

$$F_{ji}=\frac{P_{ji}+Q_{ji}}{2} \tag{4-92}$$

式中,P_{ji} 为景区海岸线长度系数;Q_{ji} 为景区级别系数。其中,景区海岸线长度系数(P_{ji})的计算公式为

$$P_{ji}=\frac{L_i}{\sum_i L_{ji}} \tag{4-93}$$

式中，L_i 为评估海域内第 i 个海洋旅游景区的海岸线长度(km)；$\sum_i L_{ji}$ 为第 i 个海洋旅游景区所在市(县) j 的主要海洋旅游景区海岸线长度总和(km)。

景区级别系数(Q_{ji})的计算公式为

$$Q_{ji}=\frac{D_i}{\sum_i D_{ji}} \tag{4-94}$$

式中，D_i 为评估海域内第 i 个海洋旅游景区的景区级别分值；$\sum_i D_{ji}$ 为第 i 个海洋旅游景区所在市(县) j 的主要海洋旅游景区级别分值总和。

根据国家旅游局评定的景区级别，赋以 D_i 一定分值。5A 级景区赋值 6 分，4A 级景区赋值 5 分，以此类推，直到 1A 级景区赋值 2 分；未定景区级别但是在评估海域又相对重要的景区赋值 1 分，其他赋值 0 分。

②科研服务。科研服务包含下列内容。

a.物质量评估。科研服务采用科研成本法评估。科研服务的物质量宜采用公开发表的以评估海域为调查研究区域或实验场所的海洋类科技论文数量进行评估。评估海域的科研论文数量应通过科技文献检索引擎查询筛选获得。

b.价值量评估。科研服务的价值量应采用直接成本法进行评估，计算公式为

$$V_{SR}=Q_{SR}\times P_R \tag{4-95}$$

式中，V_{SR} 为科研服务的价值量(万元/a)；Q_{SR} 为科研服务的物质量(篇/a)；P_R 为每篇海洋类科技论文的科研经费投入(万元/篇)。

每篇海洋类科技论文的科研经费投入数据宜采用国家海洋局海洋科技投入经费总数与同年发表海洋类科技论文总数之比。

(4)海洋支持服务

①物种多样性维持。物种多样性维持包含下列内容。

a.实物量评估。物种多样性维持的物质量应采用评估海域内分布的海洋保护物种数(国家级、省级)以及在当地有重要价值(科学的、文化的、宗教的、经济的)的海洋物种数来进行评估。

b.价值量评估。物种多样性维持的价值量应采用条件价值法进行评估，宜采用评估海域毗邻行政区(省、市、县)的城镇人口对该海域内的海洋保护物种以及当地有重要价值的海洋物种的支付意愿来评估物种多样性维持的价值。计算公式为

$$V_{SSD}=\sum WTP_j\times\frac{P_j}{H_j}\times\eta \tag{4-96}$$

式中，V_{SSD}为物种多样性维持的价值量（万元/a）；WTP_j 为支付意愿，即评估海域内第 j 个沿海行政区（省、市、县）以家庭为单位的物种保护支付意愿的平均值[元/(户·a)]；P_j 为评估海域内第 j 个沿海行政区（省、市、县）的城镇人口数（万人）；H_j 为评估海域内第 j 个沿海行政区（省、市、县）的城镇平均家庭人口数（人/户）；η 为被调查群体的支付率。

②生态系统多样性维持。生态系统多样性维持包含下列内容。

a.实物量评估。生态系统多样性维持的物质量应采用具体评估海域内分布的国家、省级的海洋自然保护区、海洋特别保护区和水产种质资源保护区数量进行评估。

b.价值量评估。生态系统多样性维持的价值量应采用条件价值法进行评估，宜采用评估海域毗邻行政区（省、市、县）城镇人口对该海域内的海洋自然保护区、海洋特别保护区和水产种质资源保护区的支付意愿来评估生态系统多样性维持的价值。计算公式为

$$V_{SED}=\sum WTP_j\times\frac{P_j}{H_j}\times\eta \tag{4-97}$$

式中，V_{SED}为生态系统多样性维持的价值量（万元/a）；WTP_j 为支付意愿，即评估海域内第 j 个沿海行政区（省、市、县）以家庭为单位的保护区支付意愿的平均值[元/(户·a)]。

4.3 案例应用

4.3.1 非法采石生态环境损害价值评估

(1)基本案情

北京市某村村民郑某于 2006 年左右开始使用某公司的工业用地经营砂石料厂，在未取得采矿许可证的情况下，擅自开采涉案工厂院内外的建筑用砂。经测绘及价格评估，郑某在涉案工厂院内擅自开采的建筑用砂总量达 48 276.6 m^3，价值 144.8 万余元。此外，郑某从同村村民张某处转包了位于某村西南部的果园地，在未取得采矿许可证的情况下，于 2011 年擅自开采承包地内的建筑用砂。经综合测绘及价格评估，被开采建筑用砂总量为 107 994.61 m^3，价值 323.9 万余元。两处非法采砂活动分别形成了 0.77 hm^2、2.96 hm^2 两个大坑，造成植被和土壤受损、生态服务功能丧失。某鉴定机构接

受委托，对本案造成的生态环境损害价值进行鉴定评估。

(2)评估方法

选取合适的指标，计算自损害开始到完全恢复至基线水平期间的生态服务损失。利用服务等值法，明确补偿性恢复措施需要提供的生境面积。

制定基本恢复方案和补偿性恢复方案，将植被恢复至基线水平，并补偿期间损失，采用恢复费用法，依据恢复工程实施的费用评估生态环境损害价值。

(3)损害实物量化

基本恢复规模按照受损区域面积确定为 3.73 hm^2。此外，根据遥感影像确定逐年损害率，得出补偿性恢复的植被面积为 0.92 hm^2。

(4)恢复方案比选

提出回填土方和回填砂石两种恢复方案。

方案一：回填土方。

回填土方工程直接费用为 568.52 万元。回填土方有利于植被的恢复，能够保证良好的恢复效果。回填土方工程地质稳定性低于砂石回填，但能保证周边地质稳定性，不会造成地质灾害。

方案二：回填砂石。

回填砂石工程直接费用为 3 106.3 万元。回填砂石难以有效固定并维持植物生长所需的水分和土壤养分，不利于植被的恢复，无法保证恢复效果。回填砂石工程地质稳定性高，不会造成大的地质灾害。

从植被恢复效果和可持续性方面来看，方案一优于方案二。因此选择方案一作为生态环境恢复方案。

(5)损害价值量化

生态恢复工程费用包括基本恢复工程费用(见表 4-5)和补偿性恢复工程费用(见表 4-6)。

表 4-5 基本恢复工程概算

序号	科目	费率	金额/万元
1	基本恢复工程费	—	668.20
2	建设单位管理费	0.017 0	11.36
3	勘察设计费	0.033 0	22.05
4	工程监理费	0.024 5	16.37
5	招投标费	0.004 5	3.01

续表

序号	科目	费率	金额/万元
6	竣工验收费	0.005 0	3.34
小计			724.42
7	项目预备费	0.050 0	36.22
合计			760.64

表 4-6　补偿性恢复工程概算

序号	科目	费率	金额/万元
1	补偿性恢复工程费	—	15.11
2	建设单位管理费	0.017 0	0.26
3	勘察设计费	0.033 0	0.50
4	工程监理费	0.024 5	0.37
5	招投标费	0.004 5	0.07
6	竣工验收费	0.005 0	0.08
小计			16.39
7	项目预备费	0.050 0	0.82
合计			17.21

通过以上计算得出非法采矿区域生态恢复费用为 760.64 万元＋17.21 万元＝777.85 万元，即本次非法采矿活动造成的生态环境损害价值量为 777.85 万元。

4.3.2　露天煤矿非法占用草地的生态系统服务损害价值评估

(1)基本案情

某露天煤矿有限公司自 2006 年以来在未取得草原征占用批准手续的情况下开工建设，于 2016 年 10 月 21 日取得项目建设用地农用地转用的批复。2019 年 5 月 23 日，国家林业和草原局准予行政许可决定书，同意某露天煤矿项目征用该地区 179.342 hm^2 的草原。

2021 年 6 月 15 日，某司法鉴定中心受当地林业和草原局委托，对某露天煤矿有限公司自 2006 年至 2020 年 12 月非法占用草地自破坏之日起至修复完成期的生态服务功能价值损失进行鉴定。

(2)评估方法

①确定受损区域生态功能。根据国家及地方政府部门公开发布的文件,分析受损区域所在地区对于保障国家和区域生态安全的作用,然后结合受损区域实际情况,确定受损区域生态服务功能。

②期间损害量化。根据《生态环境损害鉴定评估技术指南　总纲和关键环节　第1部分:总纲》(GB/T 39791.1—2020)中的规定"自生态环境损害发生到恢复至基线的持续时间大于一年的,应计算期间损害……损害类型以调节服务为主时,一般采用湿地面积、森林面积等指标……",采用期间损害评估方法评估非法占用草地的生态服务功能损失实物量。

③评估生态系统服务功能损害价值。通过查阅政府公开发布的资料,获得受损区域所在地区草地生态系统服务功能单位面积价值量,并根据受损面积,计算生态服务功能损害总价值。

(3)确定受损区域生态系统服务功能

①受损区域所在地区对于国家生态安全的作用。受损区域所在省级行政区地域宽广,草地面积位居全国前列,加上高平原地貌等地理特征,使得该地区在北方地区具有独特的地理区位,成为我国北方的生态屏障。

根据《国务院关于同意新增部分县(市、区、旗)纳入国家重点生态功能区的批复》(国函〔2016〕161号),受损区域所在的县级行政区属于国家重点生态功能区。根据《全国主体功能区规划》(国发〔2010〕46号),国家层面限制开发的重点生态功能区是指生态系统十分重要、关系全国或较大范围区域的生态安全,目前生态系统有所退化,需要在国土空间开发中限制进行大规模、高强度的工业化与城镇化开发,以保持并提高生态产品供给能力的区域。国家重点生态功能区分为水源涵养型、水土保持型、防风固沙型和生物多样性维护型四种类型。受损区域所在的县级行政区属于防风固沙型国家重点生态功能区。

根据《全国生态功能区划(修编版)》,受损区域所在的地级行政区属于防风固沙重要区,主导功能为防风固沙、辅助功能为生物多样性保护。

②受损区域所在地区对于区域生态安全的作用。受损区域所在的省级行政区在东亚东北部地区占据着独特的地理区位,在保障行政区内部以及邻近的东北、华北、西北等区域生态环境安全中发挥着重要作用。

根据受损区域所在省级行政区的生态产品总值(GEP)核算报告,按照自然地理条件以及生态系统分布情况,该行政区分为森林屏障带、草原生态屏障带、稀树灌草生态屏障带和西北荒漠生态屏障带四个生态屏障带。受损区域主要位于草原生态屏障带。该行政区草原生态屏障带的生态服务功能包括防风固沙、水源涵养、土壤保持、固碳释氧、畜产品生产、生物多样性保护。

综上所述，受损区域草地的生态服务功能包括防风固沙、水源涵养、土壤保持、固碳释氧、畜产品生产、生物多样性保护六个类别，以调节服务为主。

(4)期间损害量化

根据《环境损害鉴定评估推荐方法(第Ⅱ版)》(环办〔2014〕90 号)，期间损害评估的计算公式为

$$H=\sum_{t=t_0}^{t_n}R_t\times d_t\times(1+r)^{(T-t)} \tag{4-98}$$

式中，H 为期间损害量(hm^2)，本次评估指受损草地自破坏之日起至修复完成期的期间损害量。t 为自生态环境损害发生至恢复到基线期间的任意年份(t_0—t_n 之间)，本次评估起始时间为 2006 年，故 t_0 取 2006 年，预计生态恢复期为 3 年，故 t_n 的最终取值为 2024 年。T 为基准年，一般选择开展生态环境损害鉴定评估的年份作为基准年，本次评估受理时间为 2021 年，故 T 取值为 2021 年。R_t 为第 t 年受损区域生态环境服务功能的数量，对于资源，该参数可能是个体数量、生物量、寿命值、资源数量、能量、生产率或对生物或生态系统具有重要影响的其他量度；对于服务，该参数可能是受影响的栖息地面积，也可能是河流长度或其他栖息地的面积等。本次评估针对受损草地的生态服务功能，故取值为草地当年的损害面积(hm^2)。d_t 为第 t 年受损区域生态环境服务功能相对于基线损失的比例，该比例随时间变化，取值为 0～1，因本次评估生态恢复期为 3 年，2006—2020 年取值为 100%，2021—2024 年取值分别为 80%、60%、30%、0%。r 为现值系数，推荐取值为2%～5%，本次评估取值为 5%。

根据期间损害量化公式及 2006—2020 年非法占用林地草地面积(见表 4-7)，该露天煤矿有限公司非法占用草地自破坏之日起至修复完成期(2006—2024 年)的期间损害量为 6 755.49 hm^2。

表 4-7　2006—2020 年非法占用草地面积　　单位：m^2

年份	非法占用草地面积
2006	0
2007	0
2008	0
2009	2 900 936.06
2010	2 900 936.06

续表

年份	非法占用草地面积
2011	2 900 936.06
2012	2 900 936.06
2013	2 900 936.06
2014	3 398 974.53
2015	5 039 412.79
2016	5 730 308.03
2017	6 209 090.62
2018	7 103 163.37
2019	7 103 163.37
2020	527 686.17
2021	527 686.17
2022	527 686.17
2023	527 686.17
2024	527 686.17

(5)生态服务功能损害价值量化

非法占用草地生态服务功能损害价值量的计算公式为

$$V=\sum_{i=1}^{n}V_i\times H \tag{4-99}$$

式中,V 为非法占用草地生态服务功能损害价值量(元);V_i 为受损区域所在地区草地第 i 类生态系统服务功能单位面积价值量(元/hm^2),本次评估 V_i 取受损区域所在省级行政区草原屏障带 2000 年和 2015 年第 i 类生态服务功能单位面积价值量的平均值;H 为非法占用草地自破坏之日起至修复完成期的期间损害面积(hm^2)。

通过查阅受损区域所在省级行政区生态产品总值核算报告,该地区草原生态屏障带防风固沙、水源涵养、土壤保持、固碳释氧、畜产品生产、生物多样性保护六类生态服务功能在 2000 年单位面积价值量分别为 2 428.82 元/hm^2、2 872.76 元/hm^2、55.78 元/hm^2、2 998.41 元/hm^2、382.07 元/hm^2、2 311.52 元/hm^2;2015 年单位面积价值量分别为 1 434.20 元/hm^2、6 552.77 元/hm^2、88.90 元/hm^2、3 431.50 元/hm^2、441.00 元/hm^2、2 334.95 元/hm^2;2000 年和 2015 年平均单位面积价值量 V_i 分别为 1 931.51 元/hm^2、4 712.77 元/hm^2、72.34 元/hm^2、3 214.96 元/hm^2、411.54 元/hm^2、2 323.24 元/hm^2。具体见表 4-8。

表 4-8 受损区域所在省级行政区草原生态屏障带生态服务功能价值量

生态服务功能	2000 年		2015 年		V_i
	价值量/亿元	单位面积价值量/(元/hm²)	价值量/亿元	单位面积价值量/(元/hm²)	平均单位面积价值量/(元/hm²)
防风固沙	924.77	2 428.82	546.07	1 434.20	1 931.51
水源涵养	1 093.80	2 872.76	2 494.96	6 552.77	4 712.77
土壤保持	21.24	55.78	33.85	88.90	72.34
固碳释氧	704.30	1 849.78	806.03	2 116.96	1 983.37
	437.34	1 148.63	500.51	1 314.54	1 231.59
畜产品生产	85.69	225.06	98.91	259.78	242.42
	59.78	157.01	69.00	181.22	169.12
生物多样性保护	880.11	2 311.52	889.03	2 334.95	2 323.24
合计	—	11 049.35	—	14 283.32	12 666.36

根据式(4-99),非法占用草地生态服务功能损害价值量为 V=(1 931.51+4 712.77+72.34+3 214.96+411.54+2 323.24)元/hm^2×6 755.49 hm^2=12 666.36 元/hm^2×6 755.49 hm^2=85 567 468.32 元。

4.3.3 世界自然遗产三清山巨蟒峰损毁案

(1)基本案情

三清山,位于江西省上饶市东北部,因玉京、玉虚、玉华"三峰峻拔,如道教三清列坐其巅"而得名;是世界自然遗产、世界地质公园、国家重点风景名胜区、国家 5A 级旅游景区、全国文明风景旅游区示范点,是集自然景观与人文景观于一身的国内外知名景区,是全人类共同享有的宝贵遗产资源。巨蟒峰位于三清山核心景区,被称为三清山三大绝景之一,是经长期自然风化和重力崩解作用形成的巨型花岗岩石柱,历经 3 亿多年地质演化屹立不倒,相对高度 128 m,最细处直径不足 7 m,形如巨蟒,头大腰细昂首挺立,极其险要,是大自然赋予人类的璀璨瑰宝,是具有世界级地质地貌意义的地质遗迹。2017 年,巨蟒峰被认证为"世界最高的天然蟒峰",是不可再生的珍稀自然资源性资产、可持续利用的自然遗产,具有重大科学价值、美学观赏价值和经济价值。

2017 年 4 月 15 日,张某某、毛某某、张某前往三清山风景名胜区攀爬巨蟒峰,并采用电钻钻孔、打岩钉、布绳索的方式攀爬至巨蟒峰顶部。经现场勘查,张某某等在巨蟒峰自下而上打入岩钉 26 枚。公安机关委托的专家组论证认为，钉入巨蟒峰的 26 枚岩钉属于钢铁物质，会直接诱发和加重巨蟒峰物理、化学、生物风化过程；巨蟒峰的最细处(直径约 7 m)已至少被打入四个岩钉，形成了新裂隙，会加快花岗岩柱体的侵蚀进程，甚至造成其崩解。张某某等三人的打岩钉攀爬行为对巨蟒峰造成了永久性的损害，破坏了自然遗产的自然性、原始性、完整性。2018 年 5 月，上饶市人民检察院委托江西财经大学三名专家对三清山巨蟒峰的受损价值进行评估。

(2)评估方法

自然遗迹和风景名胜是环境的组成部分，属于不可再生资源。具有代表性的自然遗迹和风景名胜的生态服务价值表现为社会公众对其享有的游憩权益和对独特景观的观赏权益。独特的环境资源、自然景观缺乏真实的交易市场，其环境资源和生态服务的价值难以用常规的市场方法评估。

本案例评估的价值体现在因游客攀爬行为而导致三清山巨蟒峰受损的总经济价值。根据资源环境价值理论，旅游资源总经济价值分为使用价值和非使用价值两大类。涉及公共福利且可永续传递教育价值的重要遗产类旅游资源，国内外学界和业界比较认可的评估方法主要有两种：旅行费用法和条件价值法。同时，根据《环境损害鉴定评估推荐方法(第Ⅱ版)》(环办〔2014〕90 号)和《生态环境损害鉴定评估技术指南　总纲》(环办政法〔2016〕67 号)，旅行费用法和条件价值法特别适用于独特景观、文物古迹等生态服务价值评估。目前对旅游资源价值进行的评估中，单独使用旅行费用法或条件价值法的居多，但存在着不能全面、准确、细化地估算旅游资源总经济价值的缺点。如果综合运用以上两种方法，则可以更为精确地评估和细化旅游资源的价值。因此，根据事件的实际情况，拟采用两种方法进行综合评估，根据评估结果获得具体的损害价格区间，为损害赔偿提供更为有效、客观和科学的决策依据。

三种常用的旅行费用法包括区域旅行费用法(zonal travel cost method，ZTCM)、个人旅行费用法(individual travel cost method，ITCM)和旅行费用区间法(travel cost interval analysis，TCIA)。其中，旅行费用区间法既可以避免个人旅行费用法中拥有固定客源这一暗含假设的限制，又对区域旅行费用法中同一客源地旅行费用相等这一与实际不符的假设进行了改进。因此，这里运用旅行费用区间法来评估巨蟒峰的游憩价值，通过计算总旅行费用和总消费者剩余得到旅游资源的游憩价值，即旅游资源的总游憩价值(total recreation value，TRV)＝游客直接旅行费用(tourist directly cost，TDC)＋游客旅游消费者剩余(tourist consumer surplus，TCS)，计算公式为

$$\mathrm{TRV}=\frac{\mathrm{TDC}+\mathrm{TCS}}{\mathrm{SN}}\times\mathrm{TN}=(\mathrm{ADC}+\mathrm{ACS})\times\mathrm{TN} \tag{4-100}$$

式中，TRV 为总游憩价值（元）；TDC 为总旅行费用（元）；TCS 为总消费者剩余（元）；ADC 为游客的人均旅行费用（元）；ACS 为人均旅游消费者剩余（元）；SN 为样本游客数（人）；TN 为年游客总量（人）。在问卷调查中，根据游客的旅行费用及消费行为，评估巨蟒峰在此次损害事件中受损的使用价值。

条件价值法是指通过调查问卷，选定特定调查群体，设计一个虚拟的市场环境，并向该虚拟市场中的被调查群体描述物品供应数量或质量的变化情况，得到其支付意愿金额或受偿意愿金额，据此来评价生态资源环境的经济价值。一般情况下，游客的受偿意愿金额通常要大于支付意愿金额。若使用受偿意愿来评估资源环境价值，则有被夸大的可能。因此，只调查游客对巨蟒峰受损后的生态修复的支付意愿，并将其作为相应的评价标准。具体计算公式为

$$\mathrm{WTP}=\left(\sum_{i=1}^{N}\mathrm{AWTP}_i\times\frac{N_i}{N}\right)\times\mathrm{Tour} \tag{4-101}$$

式中，WTP 为游客对景区旅游资源修复的总支付意愿（元）；AWTP_i 为游客在 i 水平的支付意愿金额（元）；N_i 为被调查游客中支付意愿为 AWTP_i 的人数（人）；N 为被调查游客总数（人）；Tour 为景区游客接待总人数（人）。

在调查中利用条件价值法调查游客对修复受损巨蟒峰的支付意愿，以此评估巨蟒峰在此次损害事件中受损的非使用价值。

（3）数据收集

①数据来源。评估数据主要来源于三清山（巨蟒峰）游客的旅行费用和支付意愿问卷调查数据、周边居民和三清山管委会成员访谈调查资料以及管委会公布的《三清山风景名胜区 2016 年工作汇报》等。

②调查问卷设计与实施。为保证抽样调查样本的数量和质量，利用 Scheaffer 抽样公式确定调查问卷发放数量。

$$n=\frac{N}{(N-1)\sigma^2+1} \tag{4-102}$$

式中，n 为合理抽样样本数；N 为旅游景区年游客接待量；σ 为抽样误差率，一般取值为 6%。

2016 年，三清山景区游客接待量为 1 658.390 万人。经计算可知，游客调查的抽样数量应在 280 份左右。根据旅行费用法和条件价值法的评估要素，调查问卷包括四部分：一是游客的基本信息，包括游客性别、年龄、来源地、职业、月收入、受教育程度等；二是游客的旅行信息情况，包括客源地、出游目的、出游时间、出游方式、出游花费等；三是游客对“巨蟒峰攀爬案”的认知情况，包括对巨蟒峰的整体印象、对攀爬事件的了解程度和了

解途径以及损害程度等;四是游客的支付意愿,包括游客为了巨蟒峰旅游资源修复而愿意支付的动机、金额和支付方式等。

2018 年 4 月 19 日至 22 日于三清山巨蟒峰景点附近进行实地问卷调查,采取随机访问的方式填写调查问卷。本次调查共发放问卷 1 048 份,回收问卷 1 048 份,问卷回收率 100%。其中,旅行费用法有效问卷 910 份,条件价值法有效问卷 1 048 份,问卷有效率分别为 86.80%和 100%,且问卷数量超过了抽样调查样本要求的 280 份。

(4)使用价值损害评估

采用旅行费用法计算三清山巨蟒峰受损的使用价值,需要计算游客旅行费用和游客消费者剩余。

根据 910 份调查问卷,三清山作为国家乃至世界闻名的旅游景区,其游客以省外游客为主,占总样本数的 80.50%,省内及邻近地市的游客比例不高;从游客的性别比例来看,男性游客比例明显高于女性游客,与大多数山岳型景区游客性别分布规律一致;从景区的游客年龄分布来看,以中青年游客为主,符合一般的游客年龄分布规律;从受教育程度来看,景区游客的文化程度所占比例最大的是大专/本科(60.00%);从游客的职业构成来看,到访游客以企事业单位人员为主(61.40%),同时闲余时间较多又具有一定经济基础的离退休人员也占有一定比重(17.50%);从游客的月收入水平来看,到访游客的月收入水平集中在 1 000～5 999 元(44.10%),月收入超过 8 000 元的游客也占有相当比重(25.60%),游客收入水平整体较高;从游客的出游方式来看,到访游客以集体出游为主,个人出游比例相对偏低,仅为 5.80%。总体来看,本次调查的样本符合要求,调查群体及其社会经济特征具有一定的代表性和典型性,适合做进一步的价值损害评估分析。

①游客旅行费用评估。游客旅行费用主要包括游客直接花费和游客的时间价值。直接花费包括往返交通费用、旅途中的餐饮住宿费用、景区内的花费(包括门票、索道)等,通过问卷结果统计可得。游客的时间价值利用机会成本法进行计算,利用游客实际工资的 40%来测算游客的单位时间机会成本,即游客的时间价值=游客旅游时间×客源地的小时工资×40%。其中,客源地的小时工资=各地在岗职工的年薪/[一年工作日(240 天)×一天工作时间(8 小时)]。游客到三清山景区游玩的时间一般在 24～48 小时,则游客旅游时间取平均值,即 36 小时。经计算,三清山景区样本游客旅行费用总支出为 174.299 4 万元(见表 4-9)。

表 4-9　三清山景区游客的旅行费用统计

地区	调查人数/人	平均旅行花费/元	小时工资/(元/小时)	人均旅游时间价值/(元/人)	人均旅行费用/(元/人)	总体旅行费用/(万元)
玉山	20	443.0	27.55	396.70	839.70	1.679 4
上饶	27	592.0	27.93	402.14	994.14	2.684 2
江西	131	866.2	29.24	421.02	1 287.22	16.862 6
安徽	36	1 429.5	30.78	443.27	1 872.77	6.742 0
北京	46	1 434.3	62.46	899.46	2 333.76	10.735 3
福建	35	1 282.1	32.28	464.80	1 746.90	6.114 1
甘肃	1	500.0	29.99	431.81	931.81	0.093 2
广东	67	1 767.2	37.67	542.45	2 309.65	15.474 7
广西	48	1 659.1	30.14	434.09	2 093.19	10.047 3
贵州	3	1 000.0	34.52	497.09	1 497.09	0.449 1
海南	1	3 085.0	32.12	462.47	3 547.47	0.354 7
河北	13	1 247.7	28.82	415.01	1 662.71	2.161 5
河南	22	1 417.3	25.78	371.29	1 788.59	3.934 9
黑龙江	2	4 500.0	27.31	393.26	4 893.26	0.978 7
湖北	29	1 062.9	31.16	448.73	1 511.63	4.383 7
湖南	10	1 562.0	30.33	436.81	1 998.81	1.998 8
吉林	4	2 467.3	29.22	420.74	2 888.04	1.155 1
江苏	85	1 449.6	37.28	536.81	1 986.41	16.884 5
辽宁	14	1 513.6	29.17	420.11	1 933.71	2.707 2
内蒙古	3	1 809.5	31.81	458.00	2 267.50	0.680 3
宁夏	2	7 500.0	34.15	491.78	7 991.78	1.598 4
青海	2	1 650.0	34.68	499.42	2 149.42	0.429 9
山东	35	1 675.7	32.57	469.04	2 144.74	7.506 6
山西	13	1 136.5	27.97	402.79	1 539.29	2.001 0
陕西	17	1 559.4	31.06	447.28	2 006.68	3.411 4
上海	105	1 486.9	62.47	899.51	2 386.41	25.057 3
四川	11	2 105.0	33.29	479.45	2 584.45	2.842 9
天津	6	2 311.2	44.95	647.29	2 958.49	1.775 1
新疆	3	2 733.3	33.20	478.04	3 211.34	0.963 4
云南	1	2 075.0	31.48	453.38	2 528.38	0.252 9

续表

地区	调查人数/人	平均旅行花费/元	小时工资/(元/小时)	人均旅游时间价值/(元/人)	人均旅行费用/(元/人)	总体旅行费用/(万元)
浙江	105	1 227.3	38.19	549.95	1 777.25	18.661 1
重庆	7	1 557.1	34.14	491.59	2 048.69	1.434 1
台湾	6	2 750.0	68.75	990.00	3 740.00	2.244 0
总计	910	—	—	—	—	174.299 4

注：除玉山代表玉山县，上饶代表上饶市，其他地区为省(直辖市、自治区)。

②游客消费者剩余评估。游客消费者剩余是指游客为享受某种环境资源愿意支付的最高价格与这种环境资源实际市场价格之差，即游客消费者剩余＝支付意愿－实际支付量。本次评估以旅游意愿需求率(Q)为因变量，以旅行费用区间下限(C)为自变量建立回归模型，从而得到游客的个人意愿需求曲线。运用 SPSS 22.0 软件对线性模型、二次项模型、三次项模型、指数模型、增长模型、复合模型以及对数模型这七种常规模型进行拟合(见表 4-10)。

表 4-10 拟合模型汇总

模型	常数项	旅行费用支出	旅行费用支出$\times 10^2$	旅行费用支出$\times 10^3$	R^2	调整 R^2
线性模型	-0.810^{***}	0.000^{***}	—	—	0.846	0.838
对数模型	—	—	—	—	—	—
二次项模型	1.031^{***}	-0.001^{***}	9.07×10^{-8}	—	0.987	0.986
三次项模型	1.068^{***}	-0.001^{***}	$1.721\text{E}\times 10^{-7\ ***}$	-1.365×10^{-11}	0.991	0.989
复合模型	1.207^{***}	0.999^{***}	—	—	0.992	0.991
增长模型	-0.001^{***}	0.188^{***}	—	—	0.992	0.991
指数模型	-0.001^{***}	1.207^{***}	—	—	0.992	0.991

注：自变量(旅行费用支出)包含非正数值，无法计算对数模型和幂模型；*** 表示在 1%的水平下显著。

最终得到最优拟合的回归模型为指数模型，即

$$Q = e^{1.207-0.001C}$$

根据调查问卷结果，将游客的旅行费用共划分为 21 个区间，则对应的消费者剩余也有 21 个区间，每个区间内单个游客的消费者剩余是相等的。因此，各区间总消费者剩余＝各区间游客的数量×该区间每个游客的消费者剩余，那么总的消费者剩余就等于每个区间总的消费者剩余之和(见表 4-11)。经计算得出三清山景区样本游客总消费者剩余为 23.917 万元。

表 4-11　旅行费用分区及消费者剩余

旅行费用区间/元	旅行费用区间游客数/人	旅游意愿游客数/人	旅游意愿需求率/%	个体消费者剩余/元	总消费者剩余/万元
0～200	20	910	100.00	606.06	1.212 1
201～400	100	890	97.80	496.20	4.962 0
401～600	161	790	86.81	406.26	6.540 8
601～800	79	629	69.12	332.61	2.627 6
801～1 000	165	550	60.44	272.32	4.493 3
1 001～1 200	24	385	42.31	222.96	0.535 1
1 201～1 400	29	361	39.67	182.54	0.529 4
1 401～1 600	81	332	36.48	149.45	1.210 5
1 601～1 800	19	251	27.58	122.36	0.232 5
1 801～2 000	84	232	25.49	100.18	0.841 5
2 001～2 200	17	148	16.26	82.02	0.139 4
2 201～2 400	8	131	14.40	67.15	0.053 7
2 401～2 600	35	123	13.52	54.98	0.192 4
2 601～2 800	7	88	9.67	45.01	0.031 5
2 801～3 000	33	81	8.90	36.85	0.121 6
3 001～3 200	3	48	5.27	30.17	0.009 1
3 201～3 400	4	45	4.95	24.70	0.009 9
3 401～3 600	6	41	4.51	20.23	0.012 1
3 601～3 800	2	35	3.85	16.56	0.003 3
3 801～4 000	9	33	3.63	13.56	0.012 2
>4 001	24	24	2.64	61.23	0.146 9
总计	910	—	—	—	23.917 0

③三清山巨蟒峰使用价值损害评估。对三清山巨蟒峰使用价值损害进行评估，首先评估三清山景区旅游资源的使用价值，然后评估三清山巨蟒峰的使用价值，最后评估巨蟒峰受损的使用价值。

根据前面估算可知，样本游客的全部旅行费用为 174.299 4 万元，样本游客的全部消费者剩余为23.917万元，2016年三清山年游客接待量为1 658.390万人次，利用评估方法中关于旅行费用法的评估公式，最终可以计算得到三清山景区2016年旅游资源的总使用价值为(174.299 4＋23.917 0)÷910×1 658.390＝361.231(亿元)。

根据调查问卷结果可知(见表4-12)，巨蟒峰在三清山使用价值中的占比为39.71％，可求得巨蟒峰游憩使用价值为361.231亿元×39.71％＝143.445亿元。根据调查问卷结果还可知，巨蟒峰使用价值的受损比例为54.39％，可求得巨蟒峰使用价值受损为54.39％×143.444亿元＝78.019亿元。其中，直接使用价值(即游客旅行费用)受损为174.299/910×1 658.390×39.71％×54.39％＝68.606(亿元)，间接使用价值(即旅游消费者剩余价值)受损为23.917÷910×1 658.390×39.71％ ×54.39％＝9.414(亿元)。因此，此次三清山巨蟒峰攀爬破坏事件导致巨蟒峰使用价值损失共78.019亿元，其中，直接使用价值损失68.606亿元，间接使用价值损失9.414亿元。

表4-12　三清山巨蟒峰使用价值占比

类型	极小值	极大值	均值	标准差
巨蟒峰使用价值占比/％	0.00	100.00	39.71	23.034 4
巨蟒峰使用价值受损占比/％	0.00	100.00	54.39	32.723 7

(5) 非使用价值损害评估

采用条件价值法计算三清山巨蟒峰受损的非使用价值。

①游客支付意愿及金额。根据游客支付意愿调查结果(见表4-13)，表示愿意为修复和保护三清山巨蟒峰旅游资源而支付一定费用的游客为374人，占1 048份样本的比例为35.69％，其中，明确支付金额的游客共有366人。总体上看，游客支付意愿金额不高，愿意支付60元以下的游客占比为59.56％，愿意支付100元以下的游客占比为74.04％。其中，支付意愿金额区间在20～39元的游客最多，共127人，占比为34.70％；支付意愿金额区间在100～149元和40～59元的游客次之，分别为71人和69人，占比分别为19.40％和18.85％；支付意愿金额区间在150～299元和300元及以上的游客比重最低，均为3.28％。

表4-13　巨蟒峰修复和保护的游客支付意愿金额及其频度分布

支付金额/元	人数/人	频度比重/％	相对频度比重/％	累计频度比重/％
0～19	22	2.10	6.01	6.01

续表

支付金额/元	人数/人	频度比重/%	相对频度比重/%	累计频度比重/%
20～39	127	12.12	34.70	40.71
40～59	69	6.58	18.85	59.56
60～79	35	3.34	9.56	69.13
80～99	18	1.72	4.92	74.04
100～149	71	6.77	19.40	93.44
150～299	12	1.15	3.28	96.72
300及以上	12	1.15	3.28	100.00
无明确支付金额	8	0.76	—	—
未表态支付意愿	16	1.53	—	—
拒绝支付	658	62.79	—	—
合计	1 048	100.00	100.00	—

为避免支付意愿金额平均值受极端值的影响，在评估中采用累计频度中位数来反映样本的整体支付意愿，即以累计频度为50%的支付额度作为个人年均总支付意愿值。根据表4-13可知，三清山景区游客的支付意愿累计频度分布最接近50%的是59.56%，经计算，其对应的累计频度中位数为40元，即三清山景区游客的人均总支付意愿值为40元/人。

②游客支付意愿动机。游客的支付意愿动机通常被界定为三类：存在价值、遗产价值和选择价值。根据调查问卷的统计结果，出于存在价值考虑的支付金额占其总支出的平均比重为39.17%；出于遗产价值考虑的支付金额占其总支出的平均比重为32.56%；出于选择价值考虑的支付金额占其总支出的平均比重为28.26%。

③三清山巨蟒峰非使用价值损害评估。2016年，三清山景区的游客接待量为1 658.390万人次。结合以上计算所得的样本游客人均总支付意愿值40元/(人·年)，可得三清山巨蟒峰旅游资源的非使用价值受损值为40元/人×35.69%×1658.390万人=2.368亿元。景区的非使用价值由存在价值、遗产价值和选择价值三部分组成。根据游客对三清山巨蟒峰旅游资源的存在价值、遗产价值和选择价值的支付动机占比分别为39.17%、32.56%和28.26%，可进一步推算出三清山巨蟒峰非使用价值受损的货币化情况：存在价值受损0.928亿元、遗产价值受损0.771亿元以及选择价值受损0.689亿元。

④三清山巨蟒峰非使用价值损害评估的敏感性分析。条件价值法是将一假想市场提供给被调查者，让被调查者在假想市场情况下想象和完成交易行为，这与在真实市场

情况下被调查者做出的决策未必相同，难以通过真实的市场行为对其加以验证，即产生假想偏差。考虑到假想偏差的影响，需要对三清山巨蟒峰非使用价值损害评估进行敏感性分析，即以实际总体支付意愿与假想总体支付意愿的比例进行敏感性因素分析。由表4-14 可知，考虑假想偏差的三清山巨蟒峰非使用价值受损评估值区间为 0.119 亿～2.368 亿元。由非使用价值的组成可知，考虑假想偏差的三清山巨蟒峰的存在价值受损评估值区间为 0.047 亿～0.928 亿元，遗产价值受损评估值区间为 0.039 亿～0.771 亿元，选择价值受损评估值区间为0.033 亿～0.669 亿元。

表 4-14　三清山巨蟒峰非使用价值受损估算的敏感性分析

敏感性因素	比例/%	WTP 值/[元/(人·年)]	价值受损评估值/亿元	存在价值/亿元	遗产价值/亿元	选择价值/亿元
实际 WTP 与假想 WTP 的比例	100	4.0	2.368	0.928	0.771	0.669
	90	3.6	2.133	0.837	0.693	0.603
	85	3.4	2.015	0.790	0.655	0.570
	80	3.2	1.896	0.744	0.616	0.536
	75	3.0	1.778	0.698	0.578	0.502
	70	2.8	1.659	0.651	0.539	0.469
	65	2.6	1.541	0.605	0.501	0.435
	60	2.4	1.422	0.558	0.462	0.402
	55	2.2	1.304	0.512	0.424	0.368
	50	2.0	1.185	0.465	0.385	0.335
实际 WTP 与假想 WTP 的比例	45	1.8	1.067	0.418	0.347	0.302
	40	1.6	0.948	0.372	0.308	0.268
	35	1.4	0.830	0.325	0.270	0.235
	30	1.2	0.711	0.279	0.231	0.201
	25	1.0	0.593	0.233	0.193	0.167
	20	0.8	0.474	0.186	0.154	0.134
	15	0.6	0.356	0.140	0.116	0.100
	10	0.4	0.237	0.093	0.077	0.067
	5	0.2	0.119	0.047	0.039	0.033

(6)评估结果

综合运用旅行费用法和条件价值法评估三清山巨蟒峰价值的损害情况，得到以下结论。

①此次事件对三清山巨蟒峰使用价值造成的损害评估值为 78.019 亿元，其中，直接使用价值受损 68.606 亿元，间接使用价值受损 9.414 亿元。使用价值是游客为获得身心满足感所愿意支付费用的直接体现。巨蟒峰遭到破坏后，将降低景点游憩价值，影响三清山景区的形象，损害社会公共利益，造成巨大的经济损失。因此，评估三清山巨蟒峰使用价值受损金额，是追究责任人对其价值损害赔偿的重要依据。

②此次事件对三清山巨蟒峰非使用价值造成的损害评估值区间为 0.119 亿～2.368 亿元，其中，存在价值受损评估值区间为 0.047 亿～0.928 亿元，遗产价值受损评估值区间为 0.039 亿～0.771 亿元，选择价值受损评估值区间为 0.033 亿～0.669 亿元。非使用价值强调的是人们尚无利用，但可供自己未来或子孙后代持续利用的价值。因此，通过人们愿意为巨蟒峰永续长存而进行生态修复所支付的费用，对巨蟒峰非使用价值损害进行评估，也是追究责任损害赔偿的重要依据。

③该事件对三清山巨蟒峰造成的损害不低于其非使用价值的最低值（即 1 190 万元）。此次三清山巨蟒峰损害事件不同于一般生态环境损害案例，其主要对存在价值、遗产价值和选择价值等非使用价值造成了损害。此次事件的发生一方面给巨蟒峰造成了极大的负面影响，但另一方面该事件舆论也提升了景区的曝光度，有提升游客游览量的可能性。因此，根据环境民事公益诉讼法律法规，将三清山巨蟒峰的非使用价值损害作为最终的损害赔偿金额可能更为合理且更具执行性。

第5章　生物资源损害价值评估

生物资源是指生物圈中对人类具有一定经济价值的动物、植物、微生物有机体以及由它们所组成的生物群落。生物资源是生态环境的重要组成部分，也是我国重要的战略性资源，在维护国家生态安全和粮食安全中发挥着重要作用。当前，受生态破坏、环境污染、资源过度利用等影响，我国生物资源受到较大威胁，生物资源损害事件频发，生物多样性受到威胁，一些物种濒危程度加剧，栖息地丧失严重，一些农作物野生近缘种的生存环境受到破坏，对我国的生态安全和社会经济可持续发展造成了一定影响。本章提及的生物资源损害是指因污染环境、破坏生态造成的森林资源、渔业资源、农产品资源、野生动物资源、古树名木等生物资源的不利改变。由于森林资源、渔业资源和农产品资源往往属于私人财产，其涉及的损害一般属于普通民事侵权案件，严格来讲不属于生态环境损害范畴，因此本章主要关注野生动物资源和古树名木等生物资源损害价值评估。

5.1　野生动物资源损害价值评估

野生动物是大自然赐予人类的宝贵资源，是人类社会发展的重要物质基础，它们以物种的形式存在，构成了生物多样性的重要内容，是自然生态系统中的重要组成部分。野生动物的生存不仅关乎生物进化的连续性、野生动物栖息的生物群落的完整性和生态系统的平衡性，而且关乎人类生存环境的稳定性。近年来，虽然全社会生态保护的意识不断增强，但是仍有破坏野生动物资源违法犯罪重大案件陆续发生，引起了社会舆论的广泛关注和国家的高度重视。人们对于加强野生动物执法监管、严厉打击相关违法犯罪活动的呼声越来越高。野生动物及其制品价值是判定破坏野生动物资源违法犯罪案件情节和对涉案人员定罪量刑的重要依据。因此，在野生动物资源受到损害的情况下，需要对野生动物资源产生的经济价值、生态价值、文化价值等进行统一的价值评估，从而真正达到保护野生动物以及实现野生动物资源可持续发展的目标。

5.1.1　适用范围及术语定义

5.1.1.1　适用范围

(1)本章提及的野生动物资源损害价值评估是指《中华人民共和国野生动物保护法》规定的猎获物价值、野生动物及其制品价值的评估活动。

(2)本章提及的野生动物是指野生动物的整体(含卵、蛋)以及野生动物制品(野生动物的部分及其衍生物,包括产品)。

(3)本章提及的野生动物包括国家重点保护野生动物,列入《濒危野生动植物种国际贸易公约》附录但未核准为国家重点保护的野生动物,有重要生态、科学、社会价值的野生动物,地方重点保护的野生动物等。

5.1.1.2　术语定义

(1)野生动物资源

野生动物资源指一切对人类的生产和生活有用的野生动物的总和,主要包括珍贵、濒危的陆生、水生野生动物和有重要生态、科学、社会价值的陆生野生动物,泛指兽类、鸟类、爬行类、两栖类、鱼类以及软体动物和昆虫类等。

(2)国家重点保护野生动物

国家对珍贵、濒危的野生动物实行重点保护机制。国家重点保护的野生动物分为一级保护野生动物和二级保护野生动物。《国家重点保护野生动物名录》由国务院野生动物保护主管部门组织科学评估后制定,并每五年根据评估情况对名录进行调整。《国家重点保护野生动物名录》报国务院批准公布。

(3)有重要生态、科学、社会价值的陆生野生动物

有重要生态、科学、社会价值的陆生野生动物指对未列入国家重点保护的兽类、鸟类、两栖爬行类、昆虫类等,综合考虑种群变化动态、面临威胁、社会关注等多方面因素,由国务院野生动物保护主管部门组织科学评估后制定、调整并公布的陆生野生动物物种。其中,具有重要生态价值的陆生野生动物一般指在自然生态系统、食物链中处于重要地位,在维护生态平衡方面具有重要作用,且种群分布范围缩减、数量呈下降趋势、面临各类威胁的物种;具有重要科学价值的陆生野生动物一般指具有学术代表性、重要科研对象及试材、特有遗传资源等物种;具有社会价值的陆生野生动物一般指有利于疫病防控、文化传承和符合公众意愿的物种。

(4)地方重点保护野生动物

地方重点保护野生动物指国家重点保护野生动物以外，由省、自治区、直辖市重点保护的野生动物。地方重点保护野生动物名录由省、自治区、直辖市人民政府组织科学评估后制定、调整并公布。

5.1.2 基准价值法

5.1.2.1 方法原理及适用情形

运用基准价值法评估野生动物资源损害价值的方法原理为物种基准价值与各项系数相乘:野生动物资源损害价值=物种基准价值标准×保护级别系数×发育阶段系数或繁殖力系数×涉案部分系数×物种来源系数×损害数量。

野生动物不同于一般商品，因此简单的市场价格无法客观评价相关案件情节严重与否。例如，有些物种的市场价值很低甚至没有经济价值，但却具有很大的生态价值、社会价值或科研价值，一旦资源遭到破坏会产生非常严重的后果。这就要求给出一个能够客观反映物种综合价值的数值，也就是野生动物的基准价值。我国野生动物的基准价值是由国务院野生动物保护主管部门会同科研单位，充分考虑物种濒危程度、生态作用、科研价值等因素，对每个物种的生态、社会、科学基准价值进行综合考量，力求客观体现物种的综合价值，最终形成的野生动物基准价值标准。

本方法的适用范围主要是针对各种破坏野生动物资源的违法违规案件，具体包括涉嫌违反《中华人民共和国刑法》第一百五十一条、第三百四十一条，《中华人民共和国野生动物保护法》以及《中华人民共和国濒危野生动植物进出口管理条例》或其他野生动物相关法律法规，可能被处以行政或刑事处罚的行为。

本方法适用于《中华人民共和国野生动物保护法》规定的珍贵濒危野生动物，包括列入《国家重点保护野生动物名录》或《濒危野生动植物种国际贸易公约》附录的物种，有重要生态、科学、社会价值的野生动物，地方重点保护的野生动物等。

本方法仅用于对案件情节的判定，不适用于合法经营活动中交易价格的确定。

5.1.2.2 评估方法

(1)基本方法

野生动物损害价值按照对应物种的基准价值乘以损害数量、相应的调整系数核算。具体计算公式为

$$V_w=\sum_{0}^{n}V_{wi}\times(1+\delta_{wi})\times(1+G_{wi})\times(1+R_{wi})\times(1+P_{wi})\times(1+O_{wi}) \quad (5\text{-}1)$$

式中，V_w 为野生动物资源损害价值（元）；V_{wi} 为第 i 个野生动物基准价值（元）；δ_{wi} 为第 i 个野生动物保护级别系数；G_{wi} 为第 i 个野生动物发育级别系数；R_{wi} 为第 i 个野生动物繁殖力系数；P_{wi} 为第 i 个野生动物涉案部分系数；O_{wi} 为第 i 个野生动物物种来源系数；n 为野生动物损害数量。

（2）基准价值

野生动物的基准价值标准通过查阅《陆生野生动物基准价值标准目录》《水生野生动物基准价值标准目录》中对应物种的基准价值核算。若某一物种在附表中未列明基准价值，则参照附表所列与其同属、同科或同目的最近似物种基准价值标准核算。

《濒危野生动植物种国际贸易公约》附录所列在我国没有自然分布的野生动物、经国家林业局核准按照国家重点保护野生动物管理的野生动物及其制品，其基准价值按照与其同属、同科或者同目的国家重点保护野生动物的价值核算。

《濒危野生动植物种国际贸易公约》附录所列在我国没有自然分布的野生动物、未经国家林业局核准的以及其他没有列入《濒危野生动植物种国际贸易公约》附录的野生动物及其制品，其基准价值按照与其同属、同科或者同目的地方重点保护野生动物或有重要生态、科学、社会价值的野生动物的价值核算。

新增加的重点保护野生动物和有重要生态、科学、社会价值的野生动物，尚未列入《陆生野生动物基准价值标准目录》的，其基准价值按照与其同属、同科或者同目的野生动物的基准价值核算。

新列入《国家重点保护野生动物名录》或《濒危野生动植物种国际贸易公约》附录，但尚未列入《水生野生动物基准价值标准目录》的水生野生动物，其基准价值参照与其同属、同科或同目的最近似水生野生动物的基准价值核算。

（3）调整系数

①保护级别系数。保护级别系数根据物种的保护级别确定（见表5-1）。国家一级重点保护野生动物的保护级别系数为10。国家重点保护水生野生动物的保护级别系数为5。《濒危野生动植物种国际贸易公约》附录所列物种中已被核准为国家重点保护野生动物的，按照对应保护级别系数核算价值；未被核准为国家重点保护野生动物的，保护级别系数为1。有重要生态、科学、社会价值的野生动物以及地方重点保护的野生动物保护级别系数为1。

表 5-1 野生动物保护级别系数

序号	野生动物类别	保护级别系数
1	国家一级重点保护野生动物	10
2	国家二级重点保护野生动物	5
3	列入《濒危野生动植物种国际贸易公约》附录但未核准为国家重点保护的野生动物	1
4	有重要生态、科学、社会价值的野生动物	1
5	地方重点保护的野生动物	1

②发育阶段系数。发育阶段系数根据涉案动物所处的发育阶段确定。成年野生动物发育阶段系数为 1。幼体野生动物发育阶段系数不应超过 1，由核算其价值的执法机关或者评估机构综合考虑该物种繁殖力、成活率、发育阶段等实际情况确定。对于某些卵价值较高的物种(如中华鲟等)，在《陆生野生动物基准价值标准目录》和《水生野生动物基准价值标准目录》附表中已经单独列出卵的价值。计算这些物种卵的价值时，应当直接按相应的基准价值计算，在此情况下发育阶段系数/繁殖力系数应为 1。

③繁殖力系数。野生动物卵的价值，有单独基准价值的，按照其基准价值乘以保护级别系数计算，在此情况下发育阶段系数/繁殖力系数应为 1；没有单独基准价值的，按照该物种成年整体价值乘以繁殖力系数计算。野生动物卵繁殖力系数(见表 5-2)：鸟类野生动物卵的繁殖力系数为 0.5，爬行类野生动物卵的繁殖力系数为 0.1，两栖类野生动物卵的繁殖力系数为 0.001，无脊椎、鱼类野生动物卵的繁殖力系数综合考虑该物种繁殖力、成活率进行确定。

表 5-2 野生动物卵繁殖力系数

序号	野生动物类型	卵繁殖力系数
1	鸟类野生动物	0.5
2	爬行类野生动物	0.1
3	两栖类野生动物	0.001
4	无脊椎、鱼类野生动物	综合考虑该物种繁殖力、成活率进行确定

④涉案部分系数。涉案部分系数根据涉案制品利用部分对动物整体的重要程度确定：野生动物活体或完整死体系数为 1；涉案部分为制品或部分动物肢体的，应当根据涉案部分实际情况综合考虑，系数不超过 1；涉案部分为该物种主要利用部分的，涉案部分系数不低于 0.7。对于部分物种，在《陆生野生动物基准价值标准目录》和《水生野生动物

基准价值标准目录》附表中以单位质量列出基准价值的，涉案部分系数也要定为 1。涉案部分系数具体由核算其价值的执法机关或者评估机构综合考虑该制品利用部分、对动物伤害程度等因素确定。

野生动物制品的价值由执法机关或者评估机构根据实际情况予以核算，但不能超过该种野生动物的整体价值。但是，省级以上人民政府林业主管部门对野生动物标本和其他特殊野生动物制品的价值核算另有规定的除外。

⑤物种来源系数。物种来源系数根据涉案动物的来源方式确定：野生来源系数为 1；列入《人工繁育国家重点保护陆生野生动物名录》和《人工繁育国家重点保护水生野生动物名录》物种的人工繁育个体及其制品，物种来源系数为 0.25；其他物种的人工繁育个体及其制品，物种来源系数为 0.5。

5.1.3　市场价值法

按照《野生动物及其制品价值评估方法》（中华人民共和国国家林业局令第 46 号）和《水生野生动物及其制品价值评估办法》（中华人民共和国农业农村部令 2019 年第 5 号）规定，陆生、水生野生动物及其制品有实际交易价格的且实际交易价格高于按照基准价值法评估的价值的，按照野生动物实际交易价格计算野生动物损害价值。

5.1.4　替代修复法

在一些非法捕猎国家野生保护动物案例中，由于受损害的野生动物基准价值和损害数额都很少，利用基准价值法评估出来的野生动物损害价值很少，往往只有几十或者几百元。此外，还有一些案例，由于损害数额较大且肇事者家庭经济条件困难，短期内不能实现足额赔偿。在这些情形下，部分案例采用替代修复法对野生动物损害进行替代性赔偿，与直接按照基准价值赔偿野生动物资源损失相比，该方法起到了更好的警示作用且收获了生态、社会效益。例如，湖北省武汉市某村村民刘某在禁猎期内采用头灯照明、扩音器发出噪声、捞网捕捉等方式，非法捕猎国家野生保护动物黑水鸡。湖北省节能减排研究会以其破坏野生动物资源、损害社会公共利益为由，诉至武汉市中级人民法院。为加强野生动物保护宣传教育，提高公众意识，湖北省节能减排研究会提出替代性赔偿措施：由被告在居住地设置关于禁止狩猎野生动物的宣传展板。刘某表示，大部分村民不知道狩猎黑水鸡是违法的，设置宣传展板很有意义，并承诺担任禁止狩猎野生动物的宣传员、监督员。双方当庭达成调解协议，由被告刘某在其居住及侵权行为地设置两块关于禁止狩猎野生动物的宣传展板，并在市级以上媒体公开道歉。

5.1.5 其他规定

《国家保护的有重要生态、科学、社会价值的陆生野生动物名录》只列明在我国境内自然分布或有自然分布记录且原产于我国的野生动物，不包括原产于境外的野生动物。已调整列入《国家重点保护野生动物名录》或转按水生野生动物管理的野生动物，不再列入本名录，以避免管理重复、混乱问题。

5.1.6 案例应用

5.1.6.1 野生加利福尼亚湾石首鱼鱼鳔走私案的损失价值评估

(1)基本案情

某商贩被查获走私五个野生加利福尼亚湾石首鱼鱼鳔，需要计算涉案金额。

(2) 评估过程

查阅基准价值名录可得，加利福尼亚湾石首鱼的基准价值为 16 000 元/尾。加利福尼亚湾石首鱼是《濒危水生野生动植物种国际贸易公约》(CITES)附录水生动物物种，已被《濒危野生动植物种国际贸易公约附录水生物种核准为国家重点保护野生动物名录》(中华人民共和国农业农村部公告第 69 号)核准为国家一级重点保护野生动物，保护级别系数为 10。这五个加利福尼亚湾石首鱼的鱼鳔均为成体，发育阶段系数为 1。鱼鳔是加利福尼亚湾石首鱼的主要利用部分，涉案部分系数应不低于 0.7，最终认定为 0.9。涉案的加利福尼亚湾石首鱼均为野生种群，物种来源系数为 1。

(3)评估结果

五个加利福尼亚湾石首鱼鳔价值为 16 000 元/尾×10(保护级别系数)×1(发育阶段系数)×0.9(涉案部分系数)×1(物种来源系数)×5 尾=72 万元。

5.1.6.2 非法捕获买卖人工繁育大鲵的损失价值评估

(1)基本案情

某渔政部门在市场上查获一批非法的大鲵，总数量为 100 尾，经查确定为人工养殖个体。

(2)评估过程

查阅基准价值名录可得，大鲵的基准价值为 2 500 元/尾。大鲵是国家二级重点保护野生动物，保护级别系数为 5。涉案的大鲵为成年活体，发育阶段和涉案部分系数均为 1。大鲵已被列入人工繁育国家重点保护水生野生动物名录，涉案的大鲵为人工繁育种群，物种来源系数为 0.25。

(3)评估结果

非法买卖大鲵损失价值为 2 500 元/尾×5(保护级别系数)×1(发育阶段系数)×1(涉案部分系数)×0.25(物种来源系数)×100 尾＝31.25 万元。

5.1.6.3　非法狩猎野生蟾蜍刑事附带民事公益诉讼案

(1)基本案情

2018 年 8 月至 11 月、2019 年 5 月至 9 月，被告人王某在滨海县五汛镇境内采用网捕、手抓等方式，多次猎捕野生蟾蜍共计 3 200 余只，并通过出售方式非法获利 5 200 余元。根据《江苏省农林厅关于更换核发狩猎证的通知》(苏农林〔1989〕8 号)规定，每年 3 月 1 日至 11 月 30 日为江苏省禁猎期。经鉴定，涉案蟾蜍为野生中华蟾蜍，已被列入《国家保护的有重要生态、科学、社会价值的陆生野生动物名录》。2021 年 9 月，响水县人民检察院向灌南县人民法院灌河流域环境资源法庭提起被告人王某涉嫌犯非法狩猎罪刑事附带民事公益诉讼。检察机关请求判令王某进行生态资源环境修复并在市级以上媒体公开道歉，若不能修复则赔偿生态资源损失。

(2)涉案野生蟾蜍生态资源损失价值评估

对于涉案野生蟾蜍生态资源损失，根据《野生动物及其制品价值评估方法》(中华人民共和国国家林业局令第 46 号)进行评定。被猎杀的野生蟾蜍属两栖纲无尾目，每只生态资源价值为 100 元，涉案蟾蜍 3 200 只，因此生态资源损失共计 3 200 只×100 元/只＝32 万元。

(3)损害赔偿审理过程

对于刑事指控，王某表示认罪认罚，并退还了全部违法所得。民事方面，王某表示对野生蟾蜍生态资源损失无异议，但自己没有固定职业和收入，家庭也十分困难，无力支付 32 万元的生态资源损失费。案件一时陷入僵局。一方面，被告人确实犯了罪，客观上对野生动物资源造成了较大的破坏。法院依据《野生动物及其制品价值评估方法》(中华人民共和国国家林业局令第 46 号)判决其赔偿 32 万元并无不当，被告人也没有异议。另一方面，被告人是一个普通农民，猎捕野生蟾蜍是其谋生手段。以他的家庭情况可以预见的是，他在短期内不能足额赔偿上述款项。蟾蜍作为国家保护的且有重要生态、科学、社会价值的陆生野生动物，在保护林木、农作物和维持地域生态平衡方面具有重要的生态价值，滥捕滥杀会严重危害生态系统的平衡，破坏生物的多样性。法院经审理认为，被告王某的非法猎捕行为破坏了生态环境，王某应当承担相应的修复或赔偿责任。

(4)确定替代修复方案

参考非法捕捞案件里采用“增殖放流”以抵偿渔业资源损失的案例实践，承办法官与当地自然资源主管部门对接后得知在盐城当地具有人工繁育许可资质的野生蟾蜍生产合作社可以经许可对外出售蟾蜍苗，因此可采用生态修复法补偿非法狩猎造成的蟾蜍生物资源损失。灌河法庭向响水县自然资源和规划局、野生动物保护的专家征询意见。专家一致认为，按照非法狩猎 4 倍系数增殖放流符合生态保护要求。为此，检察机关委托响水县自然资源和规划局就该案出具《蟾蜍生态资源增殖放流方案》，并向社会公示。根据该方案，修复方式为增殖放流；放生品种为中华蟾蜍，数量为 10 000～13 000 只，所放生中华蟾蜍为人工养殖，能自然活动，成活率达到 90%以上；放生区域选择响水县中山河沿线，全长共计 55 km，采取分散放生方式，由相关部门监督实施。在保证放生品种、区域、质量、存活率的基础上，生态环境修复的目标可以达成。

(5)案件调解结果

2021 年 11 月，公益诉讼起诉人响水县人民检察院与被告王某达成调解协议并向灌河流域环境资源法庭申请司法确认。为达到惩戒与教育、修复与执行相结合的目的，使受损生态环境得到实质性修复，也让破坏环境者承担起修复生态环境的责任，并起到教育、宣传生态环境保护的意义，综合考虑王某造成的生态环境破坏情况及其家庭经济条件，结合《最高人民法院关于审理环境民事公益诉讼案件适用法律若干问题的解释》(法释〔2020〕20 号)的相关规定及专家论证意见，法院认定双方协议不违反法律规定，未损害社会公共利益，依法予以确认。

5.2 古树名木损害价值评估

古树名木是森林资源中的瑰宝，是一个地方文明程度的标志，蕴藏着丰富的政治、历史、人文资源，故又被称为“活文物”“活化石”。古树名木具有重要的文化和经济价值，是我国重要的森林和旅游资源。古树名木多为珍贵树木、珍稀和濒危植物，在维护生物多样性、生态平衡和环境保护方面有着不可替代的作用。但是长期以来，由于多种原因，我国古树名木遭受破坏现象严重，数量急剧减少。因此，加强古树名木的保护，严厉打击盗伐、非法移植等破坏古树名木的案件，对于人类社会珍贵资源、历史文化和生态文明的保护十分重要。基于基本价值和调整系数的确定方法、条件价值法可测算古树名木的货币价值，这里重点阐述基于基本价值和调整系数的确定方法。

5.2.1　适用范围及术语定义

5.2.1.1　适用范围

(1)本章提及的古树名木是指在人类历史过程中保存下来的年代久远或具有重要科研、历史、文化价值的树木。古树指树龄在100年以上的树木。名木指在历史上或社会上有重大影响的中外历代名人、领袖人物所植或者具有极其重要的历史、文化价值和纪念意义的树木。

(2)第5.2.2节提及的古树名木评估方法为生态环境部发布的《生态环境损害鉴定评估技术指南　森林(试行)》(环法规〔2022〕48号)中的方法。部分地区也已出台基于基本价值和调整系数的古树名木价值评估地方标准,主要在调整系数的规定上与生态环境部指南有所差别。此外,学界也有提出基于层次分析法的古树名木价值评估方法,可根据案例实际情况,多种方法结合使用。

5.2.1.2　术语定义

(1)古树名木价值

古树名木价值是指古树名木在自然状态下的价值,包括经济价值、生态价值、景观价值以及历史文化价值。

(2)经济价值

古树名木的经济价值是指花、果实、叶的食用或药用价值以及茎干的木材价值。

(3)生态价值

古树名木的生态价值是指古树名木对于调节气候、吸收CO_2、释放氧气、防止水土流失、减少流行病发生和提供鸟兽等动物栖息场所等的价值。

(4)景观价值

古树名木的景观价值是指树木自身的美学价值和由此产生的旅游观赏价值。

(5)历史文化价值

古树名木的历史文化价值是指古树名木经历了千百年的风风雨雨,见证了朝代兴替、农民耕种、民族的磨难与崛起,记载了中华民族悠久的历史和灿烂的文化。还可以根据年轮研究水文气候、地质地理、植物进化和生理生态等。

5.2.2 评估方法

5.2.2.1 评估公式

古树名木损害价值根据古树名木的价值降低比例、基本价值及调整系数确定，计算公式为

$$M=K_i\times A(1+a+b+c+d) \tag{5-2}$$

式中，M 为古树名木损害价值(元)；K_i 为价值降低比例；A 为古树名木的基本价值(元)；a 为生长势调整系数；b 为树木保护级别调整系数；c 为树龄调整系数；d 为树木生长场所调整系数。

5.2.2.2 价值降低比例

古树名木损害分为全部受损与局部受损两种情况。

(1)全部受损的界定

①树干皮层损伤部分超过树干周长 50%的。

②受伤根系超过全部根系 50%以上的。

③主枝损伤部分超过树冠 50%的。

④死亡的。

符合上述情况的界定为全部受损，价值降低比例为 1。

(2)局部受损的界定

局部受损主要指发生在古树名木根部、树干和树冠主枝的局部损伤。古树名木的价值降低比例应根据局部损伤的程度确定。局部损伤价值的降低比例之和最高为 100%。古树名木局部损伤程度与价值降低比例按表 5-3 确定。

表 5-3 古树名木局部损伤程度与价值降低比例对照表

受损树干皮层占树干周长的百分数	受损根系占全部根系的百分数	主枝损伤占树冠的百分数	价值降低比例
20%以下	20%以下	20%以下	20%
21%～30%	21%～30%	21%～30%	40%
31%～40%	31%～40%	31%～40%	80%

续表

受损树干皮层占树干周长的百分数	受损根系占全部根系的百分数	主枝损伤占树冠的百分数	价值降低比例
41%～50%	41%～50%	41%～50%	90%
50%以上	50%以上	50%以上	100%

5.2.2.3　古树名木基本价值

根据古树名木的树种类别，用同类主要规格苗木胸径处横截面积的每平方厘米单价乘以古树名木胸径（或地径）处的横截面积，即得该古树名木的基本价值（也称为树种价值）。

5.2.2.4　生长势调整系数

生长势调整系数指根据古树名木受损害前的生长势分级标准（见表 5-4）进行价值调整的系数。

表 5-4　古树名木生长势评分和分级标准

指标	评分标准				分级标准
枝、干破损度	枝、干完好，计 30 分	枝、干有轻微损伤，计 20 分	枝、干有较严重损伤或中空比例＜30%，计 10 分	枝、干严重损伤，或中空比例≥30%，计 5 分	良好（总分≥90）；一般（70＜总分＜90）；较差（50＜总分≤70）；差（总分≤50）
枯梢	枯梢数量＜5%，计 30 分	5%≤枯梢数量＜10%，计 20 分	10%≤枯梢数量＜20%，计 10 分	枯梢数量≥20%，计 5 分	
叶色	叶色表现基本正常，计 20 分	黄叶量＜20%，计 15 分	20%≤黄叶量＜40%，计 10 分	黄叶量≥40%，计 5 分	
病虫害	枝、干没有病虫害，叶片生长正常，计 20 分	枝、干无虫害，出现病虫害的叶片＜10%，计 15 分	枝、干出现病虫害，10%≤出现病虫害的叶片＜30%，计 10 分	枝、干出现病虫害，出现病虫害的叶片≥30%，计 5 分	

古树名木生长势调整系数的确定：对于受损害前分级标准为良好的古树名木，调整系数为 1；对于受损害前分级标准为一般的古树名木，调整系数为 0.8；对于受损害前分级标准为较差的古树名木，调整系数为 0.6；对于受损害前分级标准为差的古树名木，调整系数为 0.2。

5.2.2.5 树木保护级别调整系数

国家一级保护的古树名木调整系数为3,国家二级保护的古树名木调整系数为2。国家一级保护的濒危、珍贵树种系数再加2,国家二级保护的濒危、珍贵树种系数再加1。

5.2.2.6 树龄调整系数

以100年为一个级距,评估对象的树龄在100～199年的则树龄调整系数为1,以此类推;名木的树龄调整系数取值5。

5.2.2.7 树木生长场所调整系数

树木生长场所调整系数指根据古树名木生长所处的位置进行古树名木价值调整的系数。生长场所调整系数分别为:远郊野外1.5,乡村街道2.0,区县城区3.0,市区范围4.0,自然保护地、风景名胜区、森林公园、历史文化街区及历史名园5.0。

5.2.3 案例应用

5.2.3.1 安徽省香樟古树价值评估

(1)基本案情

安徽省境内一棵香樟树,树龄200年,胸径140 cm,冠幅12 m,树高14 m,生长在市级城市公园。根据安徽省《古树名木资源资产价值评估技术规范》(DB34/T 3546—2019),计算该香樟树价值。

(2)古树价值评估

香樟古树蓄积量利用伯克霍特“一元立木材积模型”计算,可得蓄积量为25.131 3 m^3,香樟古树出材率取值65%,香樟木材市场价取值2 600元/m^3。

树龄200年,调整系数为2;冠幅12 m,调整系数为2,;树高14 m,调整系数为3;生长在城区,调整系数为5;保护级别为国家二级,调整系数为3。

综上,香樟古树价值为25.131 3×65%×2 600×(1+2+2+3+5+3)=679 550.4(元)。

其中,古树的基本价值为42 471.90元;树龄中包含的生态调节服务价值、历史文化价值、科学研究价值等84 943.80元;冠幅和树高中包含的生态调节服务价值、观赏价值等212 359.50元;生长位置中包含的观赏价值、生态调节服务价值等212 359.50元;国家级保护包含的珍稀性价值等127 415.70元。

按照经济价值、生态价值和文化价值(旅游观赏、科研和历史文化)进一步分解可知，直接经济价值为 42 471.90 元，占总价值的 6.25%；生态调节服务价值(根据美国研究结果，生态价值是经济价值的 10 倍)为 424 719.00 元，占 62.5%；旅游观赏、科研和文化服务价值为 212 359.50 元，占 31.25%。

5.2.3.2 北京市古树“遮荫侯”价值评估

(1)基本案情

北京是国内率先进行古树名木保护与价值评估的省市，拥有的古树名木数量在全球处于首位。古树“遮荫侯”生长于北京市西城区北海公园团城承光殿东侧，树种为油松，树高 20.0 m，胸径 98.7 cm，树龄 800 多年。相传乾隆年间，宫人们在团城一株高大的油松下设置案椅，请乾隆皇帝来纳凉。伴随着微风，乾隆帝暑气全无，内心欣喜，当即赐予“遮荫侯”的封号，此即“遮荫侯”名称的由来。

(2)古树“遮荫侯”价值评估

根据北京市地方标准《古树名木评价标准》(DB11/T 478—2007)(本部分重点展示的是古树价值的计算步骤，故仍旧采用了旧版标准)规定，基本价值与调整系数之积即古树名木价值。基本价值通过同类主要规格苗木胸径处横截面积的每平方厘米单价、古树名木胸径(或地径)处的横截面积、古树名木树种价值系数之积确定。在计算中相应数据参考《园林绿化用植物材料　木本苗》(DB11/T 211—2017)、《北京市建设工程和房屋修缮工程材料预算价格(园林绿化材料)》(以下简称《园林绿化材料预算价格》)及《古树名木评价标准》(DB11/T 478—2007)的规定。

现以“遮荫侯”为例，依据以上方法进行价值评估。“遮荫侯”为油松树，属常绿树种。基本价值计算步骤如下。

①查阅《园林绿化用植物材料　木本苗》(DB11/T 211—2017)主要规格质量标准，可知油松株高分为三个规格：3.0～4.0 m、4.0～5.0 m 和 5.0～6.0 m。由于“遮荫侯”株高 20.0 m，根据“就高原则”，取 6.0 m 作为参考质量标准。

②查阅《园林绿化材料预算价格》，可知株高 6.0 m 的油松预算价格为 4 000 元。

③查阅《古树名木评价标准》(DB11/T 478—2007)中主要树高常绿类苗木平均胸径，油松部分仅列出了树高为4～5 m 时，平均胸径为 11.4 cm，因此胸径仅能选取 11.4 cm。

④11.4 cm 胸径的横截面积为 $3.14\times(11.4\div2)^2=102.02(\text{cm}^2)$，胸径处横截面积为 102.02 cm^2 的油松预算价格为 4 000 元，则主要规格油松胸径处横截面积的每平方厘米单价为 $4\ 000\div102.02=39.2(\text{元/cm}^2)$。

⑤查阅《古树名木评价标准》(DB11/T 478—2007)附录 A，可得油松的价值系数

为 20。

⑥“遮荫侯”胸径为 98.7 cm,则其胸径处横截面积为 $3.14\times(98.7\div2)^2=7\ 647.2(cm^2)$。

⑦“遮荫侯”基本价值为 39.2×7 647.2×20=5 995 426(元)。

结合《古树名木评价标准》(DB11/T 478—2007)列出的相关调整系数等级划分及取值,通过查询北京市古树名木管理系统,可确定“遮荫侯”生长势调整系数取值 1;生长场所调整系数取值 5;树木级别调整系数取值 3～4,本次评估将树木级别调整系数取值确定为 3。因此,“遮荫侯”的总价值为 5 995 426×1×5×3=89 931 390(元)。

参考文献

[1]COSTANZA R, D'ARGE R, DE GROOT R, et al. The value of the world's ecosystem services and natural capital[J]. Nature, 1997, 387: 253-260.

[2]LARS H, KENNETH J B, CARL O, et al. Progress in natural capital accounting for ecosystems [J]. Science, 2020, 367(6477): 514-515.

[3]MORRISON R D, MURPHY B L. Environmental forensics: contaminant specific guide[M]. New York:Academic Press, 2005.

[4]GRETCHEN D, JOHN P M, JOSHUA R, et al. Nature's services: societal dependence on natural ecosystems[M]. Washington DC: Island Press, 1997.

[5]Millennium Ecosystem Assessment. Ecosystems and human well being: synthesis[M]. Washington DC: Island Press, 2005.

[6]OUYANG Z Y, SONG C S, ZHENG H, et al. Using gross ecosystem product (GEP) to value nature in decision making[J]. Proceedings of the national academy of sciences of the United States of America, 2020, 117(25): 14593-14601.

[7]TOURKOLISAS C, SKIADAA T, MIRASGEDIS S, et al. Application of the travel cost method for the valuation of the Poseidon Temple in Sounio, Greece[J]. Journal of cultural heritage, 2015, 4(16): 567-574.

[8]United Nations. System of Environmental-Economic Accounting-Ecosystem Accounting[EB/OL]. (2021-09-29) [2022-12-01]. https://seea.un.org/sites/seea.un.org/files/documents/EA/seea_ea_white_cover_final.pdf.

[9]薄晓波.倒置与推定:对我国环境污染侵权中因果关系证明方法的反思[J].中国地质大学学报(社会科学版),2014,14(6):68-81.

[10]蔡银莺,张安录.武汉市石榴红农场休闲景观的游憩价值和存在价值估算[J].生态学报,2008,28(3):1201-1209.

[11]曹明德.环境侵权法[M].北京:法律出版社,2000.

[12]陈志凡,向哲涛,耿文才,等.流动风险源突发性环境事件环境污染及生态损失价值评估[J].安徽农业科学,2015(33):1-5.

[13]程淑兰,石敏俊,王新艳,等.应用两阶段二分式虚拟市场评价法消除环境价值货币评估的偏差[J].资源科学,2006(2):191-198.

[14]崔峰,丁风芹,何杨,等.城市公园游憩资源非使用价值评估:以南京市玄武湖公园为例[J].资源科学,2012,34(10):1988-1996.

[15]杜乐山,李俊生,刘高慧,等.生态系统与生物多样性经济学(TEEB)研究进展[J].生物多样性,2016,24(6):686-693.

[16]郭晶.海洋生态系统服务非市场价值评估框架:内涵、技术与准则[J].海洋通报,2017,36(5):490-496.

[17]过孝民,於方,赵越.环境污染成本评估理论与方法[M].北京:中国环境科学出版社,2009.

[18]何东.论区域循环经济[D].成都:四川大学,2007.

[19]黄和平,王智鹏,林文凯.风景名胜区旅游资源价值损害评估:以三清山巨蟒峰为例[J].旅游学刊,2020,35(9):26-40.

[20]黄颖慧.某非法倾倒印染污泥事件环境损害鉴定评估研究[J].海峡科学,2021,128(10):49-51.

[21]林文凯.景区旅游资源经济价值评估方法研究述评[J].经济地理,2013,33(9):169-176.

[22]路国庆.基于环境重置成本法的陇南市森林生态补偿价值计量研究[D].兰州:兰州财经大学,2021.

[23]马中,蓝虹,杨利,等.环境与自然资源经济学概论[M].北京:高等教育出版社,2006.

[24]内蒙古自治区研究室,中国科学院生态环境研究中心,内蒙古自治区农牧业科学院,等.内蒙古生态产品总值(GEP)核算报告[M].北京:中国发展出版社,2021.

[25]彭文静,姚顺波,冯颖.基于TCIA与CVM的游憩资源价值评估:以太白山国家森林公园为例[J].经济地理,2014,34(9):186-192.

[26]生态环境部环境规划院,中国科学院生态环境研究中心.陆地生态系统生产总值(GEP)核算技术指南[EB/OL].(2020-10-29) [2022-12-01]. http://www.caep.org.cn/zclm/sthjyjjhszx/zxdt_21932/202010/W020201029488841168291.pdf.

[27]石平.应用效益转移法评价森林旅游资源价值[D].大连:大连理工大学,2010.

[28]孙丛婷,许瑞臣,吴佳美,等.虚拟治理成本法在地表水和沉积物环境损害价值量

化评估中的应用:以某油墨废水非法倾倒案为例[J].环境保护与循环经济,2022,42(1):14-18.

[29]田超,张衍燊,於方.环境损害司法鉴定:打开环境执法与环境司法新局面[J].环境保护,2016,44(5):62-64.

[30]卫滨,朱凌云,余泠.生态环境价值评估方法浅析[J].中国资产评估,2021(11):24-27.

[31]吴德胜,陈淑珍.生态环境损害经济学评估方法[M].北京:科学出版社,2020.

[32]吴璟,郑思齐,刘洪玉.编制住房价格指数的特征价格法细解[J].统计与决策,2007(24):16-18.

[33]杨新吉勒图,毛春艳,韩炜宏,等.县域生态系统服务价值评估方法与创新[C]//中国环境科学学会环境工程分会.中国环境科学学会 2019 年科学技术年会:环境工程技术创新与应用分论坛论文集(一).北京:《工业建筑》杂志社有限公司,2019.

[34]杨娱,田明华,秦国伟,等.城市古树名木综合价值货币化评估研究:以北京市古树"遮荫侯"为例[J].干旱区资源与环境,2019,33(6):185-191.

[35]叶脉,宋亦心,陈佳亮,等.虚拟治理成本法在环境损害司法鉴定中的应用研究[J].中国司法鉴定,2022(1):9-16.

[36]雍国锋.旅游景区游憩价值评估与价值分析研究[D].南昌:江西财经大学,2017.

[37]於方,田超,张衍燊,等.生态环境损害赔偿与鉴定评估相关术语辨析[J].环境保护,2022,50(10):43-48.

[38]於方,张志宏,孙倩,等.生态环境损害鉴定评估技术方法体系的构建[J].环境保护,2020,48(24):16-21.

[39]於方,赵丹,田超,等.生态环境损害鉴定评估工作指南与手册[M].北京:中国环境出版集团,2020.

[40]查爱苹,邱洁威,黄瑾.条件价值法若干问题研究[J].旅游学刊,2013,28(4):25-34.

[41]张巍巍.完善我国森林生态效益补偿途径的研究[D].南京:南京林业大学,2006.

[42]张衍燊,徐伟攀,齐霁,等.基于国内实践和国外经验优化生态环境损害简化评估方法[J].环境保护,2020,48(24):26-29.

[43]赵辉,徐方军,何帅.大气污染检察民事公益诉讼实践探索与理性检视[J].中国检察官,2020(22):49-52.

[44]赵玲,王尔大.基于 Meta 分析的自然资源效益转移方法的实证研究[J].资源科学,2011,33(1):31-40.

[45]高振会,杨建强,王培刚.海洋溢油生态损害评估的理论、方法及案例研究[M].北京:海洋出版社,2007.

[46]李霞.自然的控制:论威廉·莱斯的生态马克思主义思想[J].吉林省教育学院学报(下旬),2012,28(1):83-84.

[47]肖建红,程文虹,赵玉宗,等.群岛旅游资源非使用价值评估嵌入效应研究:以舟山群岛为例[J].旅游学刊,2021,36(7):132-148.

[48]中华人民共和国原国家海洋局.海洋生态损害评估技术指南(试行)[EB/OL].(2013-08-21)[2022-12-01].http://f.mnr.gov.cn/201806/t20180629_1964103.html.

[49]中华人民共和国农业农村部.水生野生动物及其制品价值评估办法(中华人民共和国农业农村部令 2019 年第 5 号)[EB/OL].(2019-08-27)[2022-12-01].https://www.gov.cn/gongbao/content/2019/content_5453434.htm.

[50]中华人民共和国生态环境部,中华人民共和国国家林业和草原局.生态环境损害鉴定评估技术指南:森林(试行)[EB/OL].(2022-07-26)[2022-12-01].https://www.mee.gov.cn/xxgk2018/xxgk/xxgk03/202208/t20220802_990621.html.

[51]中华人民共和国原国家林业局.野生动物及其制品价值评估方法(中华人民共和国国家林业局令第 46 号)[EB/OL].(2017-10-25)[2022-12-01].http://www.forestry.gov.cn/main/3951/20171204/1058011.html.

[52]中华人民共和国原环境保护部.环境污染损害数额计算推荐方法(第Ⅰ版)[EB/OL].(2011-05-25)[2022-12-01].https://www.mee.gov.cn/gkml/hbb/bwj/201105/t20110530_211357.htm.

[53]中华人民共和国原环境保护部.环境损害鉴定评估推荐方法(第Ⅱ版)[EB/OL].(2014-10-24)[2022-12-01].https://www.mee.gov.cn/gkml/hbb/bgt/201411/t20141105_291159.htm.

[54]中华人民共和国原环境保护部办公厅,中华人民共和国国家发展和改革委员会办公厅.生态保护红线划定指南[EB/OL].(2017-07-20)[2022-12-01].https://www.mee.gov.cn/gkml/hbb/bgt/201707/t20170728_418679.htm.

[55]最高人民法院.最高人民法院关于审理环境民事公益诉讼案件适用法律若干问题的解释[EB/OL].(2020-12-29)[2022-12-01].https://flk.npc.gov.cn/detail2.html?ZmY4MDgxODE3OTlkZjYxNDAxNzliMTljMmYxNzJlZDQ.

[56]北京市农业标准化技术委员会果林分会.古树名木评价标准:DB11/T 478—2007[S].北京:北京市质量技术监督局,2007.

[57]安徽省林业标准化技术委员会.古树名木资源资产价值评估技术规范:DB34/T

3546—2019 [S].合肥:安徽省市场监督管理局,2019.

[58]全国海洋标准化技术委员会. 海洋溢油生态环境损害评估技术导则:HY/T 095—2007 [S].北京:中国标准出版社,2007.

[59]全国海洋标准化技术委员会. 海洋碳汇核算方法:HY/T 0349—2022[S].北京:中国标准出版社,2022.

[60]全国海洋标准化技术委员会. 海洋生态资本评估技术导则:GB/T 28058—2011 [S].北京:中国国家标准化管理委员会,2011.

[61]全国海洋标准化技术委员会海洋生物资源开发与保护分技术委员会.海洋生态损害评估技术导则　第1部分:总则:GB/T 34546.1—2017[S].北京:中国标准出版社,2017.

[62]全国海洋标准化技术委员会海洋生物资源开发与保护分技术委员会.海洋生态损害评估技术导则　第2部分:海洋溢油:GB/T 34546.2—2017 [S].北京:中国标准出版社,2017.

[63]中华人民共和国生态环境部. 生态环境损害鉴定评估技术指南　总纲和关键环节　第1部分:总纲:GB/T 37971.1—2020[S].北京:国家市场监督管理总局,2020.

[64]国家林业和草原局. 森林生态系统服务功能评估规范:GB/T 38582—2020 [S].北京:国家标准化管理委员会,2020.

[65]中华人民共和国生态环境部. 生态环境损害鉴定评估技术指南　环境要素　第1部分:土壤和地下水:GB/T 39792.1—2020 [S].北京:国家市场监督管理总局,2020.

[66]中华人民共和国生态环境部. 生态环境损害鉴定评估技术指南　环境要素　第2部分:地表水和沉积物:GB/T 39792.2—2020 [S].北京:国家市场监督管理总局,2020.

[67]中华人民共和国生态环境部. 生态环境损害鉴定评估技术指南　基础方法　第1部分:大气污染虚拟治理成本法:GB/T 39793.1—2020 [S].北京:国家市场监督管理总局,2020.

[68]中华人民共和国生态环境部. 生态环境损害鉴定评估技术指南　基础方法　第2部分:水污染虚拟治理成本法:GB/T 39793.2—2020 [S].北京:国家市场监督管理总局,2020.